Das Problem
der
Entwicklung unseres Planetensystems.

Aufstellung einer neuen Theorie
nach vorhergehender Kritik der Theorien von Kant, Laplace, Poincaré, Moulton, Arrhenius u. a.

Von

Dr. Friedrich Nölke.

Mit 3 Textfiguren.

Berlin.
Verlag von Julius Springer.
1908.

ISBN-13: 978-3-642-47252-7 e-ISBN: 978-3-642-47646-4
DOI: 10.1007/978-3-642-47646-4

Vorwort.

Die Entwicklung unseres Planetensystems ist ohne Zweifel eines der wichtigsten Probleme, welche den menschlichen Geist beschäftigen. Schon in den ältesten Zeiten, als der Mensch zuerst über sich und die Welt nachzudenken begann, versuchte er, sich auf die Frage nach der Entstehung der Welt eine Antwort zu geben. Weil es ihm jedoch infolge seiner dürftigen Kenntnisse an tatsächlichen Anhaltspunkten fehlte, so überließ er sich phantasievollen Spekulationen und kleidete seine Gedanken über die Entstehung der Welt in ein mythologisches Gewand. Zwar waren es sicherlich nur wenige hervorragende Geister, welche die Bedeutung des Problems erkannten und durch selbständiges Denken über dasselbe zur Klarheit zu kommen suchten; aber das auch in dem weniger spekulativ veranlagten Menschen schlummernde metaphysische Bedürfnis ließ ihre Gedanken bald eine ausgedehnte Verbreitung gewinnen. Mit dem Charakter einer höheren göttlichen Dignität vererbten sich dann diese zum Teil von tiefer Einsicht zeugenden Reflexionen auf spätere Geschlechter und wurden ein Hauptbestandteil des Lehrgebäudes einer Religion. Keine der alten Religionen, weder die der Inder und Perser, noch die der Babylonier, Phönizier, Ägypter, Israeliten, Griechen und Germanen, entbehrt einer Kosmogonie.[1]) Bei den Griechen kam darauf mit dem Beginn der historischen Zeit, im Gegensatze zu der früheren naiven, poetischen Auffassung, zuerst die wissenschaftliche Erkenntnis zum Durchbruche. Als nun einigermaßen richtige Vorstellungen über die Gestalt und die Größe der Erde aufzudämmern begannen, vernachlässigte man die Frage nach der Entstehung der Welt über der Erforschung der tatsächlich vorliegenden kosmischen Erscheinungen. Während des ganzen Mittelalters war bei den christlichen Völkern kein Fortschritt zu verzeichnen. Man begnügte sich mit dem ptolemäischen Weltsysteme und wagte nicht, soweit man mit der Frage nach der Erschaffung der Welt beschäftigt war, sich mit der Bibel, die auf jene Frage eine Antwort gab, in Gegensatz zu stellen. Auch nachdem Kopernikus und Kepler die Verhältnisse und Gesetze unseres Planetensystems richtig dargestellt hatten, verfloß noch längere Zeit, bis man sich von den überlieferten Traditionen so weit frei gemacht hatte, daß man der uralten Frage nach der Entstehung der Welt, nun aber ausgerüstet mit

[1]) Siehe Fr. Lukas, „Kosmogonien der alten Völker". Leipzig, W. Friedrich.

einer Fülle naturwissenschaftlicher Kenntnisse, wieder näher treten konnte. Zwar ist die Frage nach der Entstehung der Welt in dem Sinne, wie die alten Völker sie verstanden, eigentlich ein Problem der Philosophie (siehe § 25); aber sie hat auch eine naturwissenschaftliche Seite, welche induktiver Erforschung zugänglich ist. Für uns handelt es sich natürlich nur um das physikalische Geschehen. Auch fassen wir das Problem nicht in seiner ganzen Allgemeinheit, als Frage nach der Entstehung sämtlicher Weltkörper, auf, sondern beschränken uns auf die Darstellung der Entwicklung unseres Planetensystems.

Zuerst hat Kant in seiner „Naturgeschichte des Himmels" versucht, eine Erklärung zu geben, nach ihm Laplace. Kants Theorie ist niemals recht zur Geltung gelangt, obgleich sie vor der Laplaceschen einige Vorzüge besitzt. Die Laplacesche Theorie jedoch wurde bald fast allgemein angenommen. Laplace selbst hat seine Theorie nicht mathematisch begründet und auch nicht den Versuch gemacht, die bestehenden Verhältnisse des Planetensystems auf Grund seiner Theorie einzeln herzuleiten; er beschränkt sich auf allgemeine Angaben. Die mathematische Begründung der Theorie gelang nur teilweise dadurch, daß man die Laplacesche Voraussetzung einer rotierenden Gaskugel fallen ließ und dafür die Kantische Annahme frei beweglicher Teilchen setzte. Auf diese Weise wurde die Laplacesche Theorie mit der Kantischen konfundiert und ging, nachdem man sie vielfach noch auf andere Art zurechtgestutzt hatte, unter der widerspruchsvollen Bezeichnung „Kant-Laplacesche Theorie" in fast alle Lehrbücher über. Allmählich jedoch mehrten sich die Angriffe auf die Theorie. Zuerst richteten sich dieselben nur gegen einige Punkte der Erklärung; als aber die Forscher Moulton und Chamberlin die Theorie auf Grund der in unserem Planetensystem vorliegenden Verhältnisse einer Prüfung unterwarfen, wurde ihr völlig der Boden entzogen. Der nicht gründlich mathematisch und physikalisch gebildete Leser vermochte leider ihre Gegengründe nicht in ihrer ganzen Beweiskraft zu erfassen; deswegen blieb man bei der alten widerspruchsvollen Annahme. Erst als vor kurzem der rückläufige Mond Saturns entdeckt wurde, mußte auch in den Augen des Laien die Theorie einen empfindlichen Stoß erleiden und in ihm das Verlangen nach einer besseren Theorie erwecken. Moulton und Chamberlin haben selbst versucht, eine neue Erklärung zu geben; aber es wird sich zeigen, daß auch diese nicht befriedigt. Bis jetzt ist keine Theorie vorhanden, welche allen Anforderungen genügte. Nach den vielen mißlungenen Versuchen ist die Aussicht, eine nach allen Richtungen hin einwurfsfreie Theorie aufzustellen, sehr gering geworden; der Verfasser jedoch ist der Ansicht, daß noch nicht alle Wege verschlossen sind. Nachdem in dem kritischen Teile des vorliegenden Buches die Unzulänglichkeit der wichtigsten aufgestellten Theorien in eingehender Weise nachgewiesen ist, hofft er, den Leser zu überzeugen, daß sich eine völlig befriedigende Lösung des Problems erreichen lasse. An zwei Punkten besitzt die vorzutragende Theorie mit den kritisierten Theorien Ähnlichkeit. Die Annahme, daß der Urnebel unseres Sonnensystems ein Spiralnebel gewesen sei, hat unsere Theorie mit der Moultonschen gemeinsam, und die Entstehung der regulären Monde erklären wir im wesentlichen wie Laplace. Die Gleichartigkeit der ersten Annahme wird jedoch, nachdem die Himmelsphotographie die Spiralnebel als die zahlreichste aller Nebelarten nachgewiesen hat, nicht leicht jemand verführen, unsere Theorie von der Moultonschen in Abhängigkeit zu bringen. Viel wichtiger als diese, wegen der Bedeutungslosigkeit, welche die Spiralform des Nebels bei Moulton besitzt, rein äußerliche Übereinstimmung ist die genannte Ähnlichkeit mit der Laplaceschen Theorie. Aber es wird sich zeigen, daß die Laplacesche Erklärung erst einer Modifikation bedarf, bevor sie mit bestimmten astronomischen Beobachtungsresultaten in Einklang gebracht und zur Erklärung herangezogen werden kann. Um uns des Richtigen der alten Theorien bedienen zu können, müssen wir es erst erweitern und ergänzen. Wenn es dem aufmerksamen Leser daher auch nicht verborgen bleiben wird, daß unsere Theorie völlig selbständig dasteht, so dürfte uns trotzdem der Vorwurf nicht erspart bleiben, daß wir von den alten Theorien entlehnt hätten. Wir nehmen diesen nur scheinbaren Vorwurf getrost auf uns und erwarten von unsern strengen Richtern nur, daß auch in ihren Augen der Gewinn, welcher in dem Besitze einer befriedigenden Lösung des Problems der Entwicklung unseres Planetensystems liegt, den von ihnen gerügten Mangel völlig in den Schatten stellt.

Bremen, im Februar 1908.

Dr. Fr. Nölke.

Inhaltsverzeichnis.

I. Teil.

Kritik der wichtigsten vorhandenen Theorien.

§ 1. Einleitung.

§ 2. Die Kantische Theorie.

§ 3. Die Theorien von L. Zehnder und von Fr. Weiß.

§ 4. Die Pseudo-Laplacesche Theorie.

[1]) Anmerkung. Im Inhaltsverzeichnis sind diejenigen Abschnitte des kritischen Teils, welche eine schon von anderer Seite aufgestellte und dem Verfasser bekannt gewordene Argumentation enthalten, durch Sternchen ausgezeichnet. Zwei Sternchen bedeuten, daß der Abschnitt nichts Neues bringt, ein Sternchen, daß die schon bekannten Argumente ergänzt, gründlicher dargestellt oder durch analytische Untersuchungen genauer bestimmt worden sind.

§ 5. Die Poincarésche Theorie.

§ 6. Die Laplacesche Theorie.

§ 7. Die Moulton-Chamberlinsche Theorie.

§ 17. Die Sonne.

§ 18. Die Planetoiden und die kleinen Planeten.

§ 19. Die Monde und die Ringe Saturns.

Berichtigung.

Seite 2 Zeile 14 von unten lies: **§§ 3, 6, 7, 8** anstatt §§ 3, 5, 7, 7a.

I. Teil.

Kritik der wichtigsten vorhandenen Theorien.

§ 1. Einleitung.

Die Kant-Laplacesche Theorie. Die verbreitetste, in die meisten Lehrbücher eingegangene Theorie ist die sog. Kant-Laplacesche Theorie. Schon öfters ist darauf hingewiesen worden, daß es im Grunde keinen Sinn habe, von einer Kant-Laplaceschen Theorie zu sprechen, da die Kantische und die Laplacesche Theorie wesentlich voneinander verschieden seien. Beiden ist nur gemeinsam, daß sie als den Urzustand unseres Sonnensystems eine Gasmasse annehmen, welche sich bis über die Neptunsbahn hinaus erstreckte, und die heutige Materie des Sonnensytems in feinster, nebelhafter Verteilung enthielt. Darin, wie dieser Urzustand in seinen Einzelheiten, und besonders wie die spätere Entwicklung der Dunstmasse zu denken ist, weichen sie sehr voneinander ab. Nun ist aber die Voraussetzung, daß ein Nebel die Urform unseres Sonnensystems sei, wohl für alle erdenklichen Theorien, die irgendwelche Glaubwürdigkeit besitzen sollen, als Grundlage anzunehmen. Wenn man die Berechtigung des Namens „Kant-Laplacesche Theorie" auf die Übereinstimmung des vorausgesetzten Urzustandes zurückführen wollte, so wäre also jede Theorie als Kant-Laplacesche zu bezeichnen. Aber es kommt im wesentlichen darauf an, in welcher Weise der jetzt bestehende Zustand aus dem Anfangszustande hergeleitet wird, und gerade in der Art dieser Herleitung unterscheiden sich die genannten Theorien bedeutend voneinander. Wir werden daher einzeln von der Kantischen und der Laplaceschen Theorie reden. Von der Kantischen und der Laplaceschen Theorie hat man aber sehr wohl die bereits erwähnte, in den meisten Lehrbüchern als Kant-Laplacesche bezeichnete Theorie zu unterscheiden. Diese Bezeichnung wird auf die verschiedensten Theorien angewandt, welche etwas von Kant oder Laplace entlehnt haben. Von Kant allerdings haben die meisten nicht viel mehr als den Namen geborgt; meistens sind sie nichts anderes als eine oberflächlich dargestellte Laplacesche Theorie. Sie reden gewöhnlich von einer rotierenden Gasmasse, an deren Äquator sich sukzessive in Zeitpunkten, wo die Schwerkraft der Zentrifugalkraft das Gleichgewicht hielt, Ringe ablösten, aus denen die einzelnen Planeten entstanden. Als experimentelle Bestätigung wird dann meistens der Plateausche Versuch herangezogen. Laplace hat nirgends etwas dieser Art geschrieben. Er spricht ausdrücklich von einer Atmosphäre der Sonne und läßt die Ringe sich von dieser Atmosphäre loslösen, als die Sonne in früheren Stadien ihrer Entwicklung noch einen viel größeren Raum ausfüllte als gegenwärtig. Auf diesen Unterschied hat man wohl acht zu geben; er ist für die Beurteilung der Laplaceschen Theorie von der größten Wichtigkeit. Die als Kant-Laplacesche bezeichnete Theorie, welche auf die Atmosphäre der Sonne bei der Ringbildung keine Rücksicht nimmt, soll als „Pseudo-Laplacesche Theorie" einer besonderen Kritik unterzogen werden.

Vorgänger. Die Mängel der genannten Theorien sind bereits von mehreren Forschern, die sich eingehender mit ihnen beschäftigt haben, hervorgehoben worden; man sehe z. B. Fr. Pfaff: Die Entwicklung der Welt auf atomistischer Grundlage, 1883. Die Unhaltbarkeit der Laplaceschen Theorie ist besonders von Moulton und Chamberlin unwiderleglich nachgewiesen (Astrophysical-Journal 1900, Journal of Geology 1900). Leider war es dem Verfasser nicht möglich, sich ihre Abhandlungen zu verschaffen und seine Resultate mit den ihrigen zu vergleichen. Nur ein kurzer Auszug in den Beiblättern der Annalen der Physik und Chemie ließ ihn den Gedankengang ihrer Widerlegung erkennen und erraten, daß die Resultate, zu denen er selbst infolge einer mehr als zehnjährigen Beschäftigung mit dem Problem bereits gelangt war, mit den ihrigen gleichbedeutend seien. Ganz neu ist eine „Widerlegung der Kant-Laplaceschen Theorie" von G. Holzmüller[1]) (Teubners Verlag). Da uns schon so viele auf diesem Gebiete vorgearbeitet haben, so kann es nicht ausbleiben, daß unsere Kritik nicht überall neues bringt. Der aufmerksame Leser wird jedoch ohne Zweifel eine ganze Reihe von Argumenten finden, die ihm bei anderen noch nicht begegnet sind. Die Argumentation der §§ 3, 5, 7, 7a ist von Vorarbeiten gänzlich unabhängig.

§ 2. Die Kantische Theorie.

Übersicht über die Theorie. Kants Theorie ist in Kürze folgende (Allgemeine Naturgeschichte und Theorie des Himmels, 1755, S. 27ff.): „Alle Materien, woraus die zu unserem Sonnensysteme gehören- „den Weltkörper bestehen, haben anfangs, in ihren elementarischen Grund- „stoff aufgelöst, den ganzen Raum des Weltgebäudes erfüllt, in welchem „sie sich jetzt bewegen. Die jedem Teilchen innewohnende Anziehungs- „und Abstoßungskraft lassen den als anfänglichen zu denkenden Zustand der „Ruhe nur einen Augenblick bestehen. Die Anziehungskräfte bestreben sich, „die Materien um einzelne Teilchen herum, welche eine größere anziehende „Kraft ausüben als die umgebenden, zu konzentrieren; die Abstoßungs- „kräfte lenken die nach diesen Anziehungszentren stürzenden Teilchen

[1]) Siehe den Schluß des § 2.

„von ihrer geradlinichten Bahn ab und verwandeln sie in krummlinichte. „Die genannten Anziehungszentren, zusamt der Materie, die sie mit sich „vereinigt haben, sammeln sich in Punkten, wo sich Teilchen von noch „dichterer Gattung befinden, diese in gleicher Weise zu noch dichteren usw. „— Die erste Wirkung der allgemeinen Senkung ist die Bildung eines „Körpers im Mittelpunkte der Attraktion. Wenn die Masse dieses Zentral-„körpers groß genug geworden ist, so werden alle übrigen Teilchen um „ihn herum sich bewegen, und zwar in krummen Linien, welche alle ein-„ander durchschneiden, wozu ihnen die große Zerstreuung in diesem Raume „Platz läßt. Doch sind diese auf mancherlei Art untereinander streitenden „Bewegungen natürlicherweise bestrebt, einander zur Gleichheit zu bringen, „das ist in einen Zustand, wo eine Bewegung der anderen so wenig wie „möglich hinderlich ist. Dieses geschieht erstlich dadurch, daß die Teil-„chen eines des anderen Bewegung so lange einschränken, bis alle nach „einer Richtung fortgehen, also in einander parallelen Ebenen sich bewegen, „zweitens dadurch, daß sie während ihres Fallens zum Anziehungsmittel-„punkte ihre Bewegungen so lange gegeneinander austauschen, bis ihre „Bahnen sich zu Kreisen umgebildet haben. Für jedes Teilchen aber, „welches in freier Bewegung einen Kreis beschreibt, bildet das Anziehungs-„zentrum den Mittelpunkt des Kreises. Es können daher von den soeben „genannten, einander parallelen Kreisbahnen nur diejenigen sich erhalten, „in deren Mitte das Anziehungszentrum sich befindet. Diese Kreisbahnen „liegen sämtlich sehr nahe in einer und derselben Ebene; sie wird von „Kant der ‚Plan der Beziehung‘ genannt. Alle oberhalb oder unterhalb „dieser Ebene befindlichen Teilchen werden in ihrer Bewegung gestört. „Infolge dieser Störungen verlieren sie entweder fast alle ihre Bewegung, „sinken zum Zentrum und vergrößern dessen Masse, oder sie verlegen all-„mählich ihre Bahn in den Plan der Beziehung hinein, wo sie, nachdem „sich ihre Bahnen zu Kreisen umgebildet haben, nicht mehr gestört werden. „In diesem Zustande zeigt uns also die Materie unseres Sonnensystems ein „ähnliches Bild, wie jetzt Saturn mit seinen Ringen. Wir sehen einen „Raum, der zwischen zwei nicht weit voneinander abstehenden Flächen, in „dessen Mitte der allgemeine Plan der Beziehung sich befindet, begriffen „ist, vom Mittelpunkte der Sonne an in unbekannte Weiten ausgebreitet, „in welchem die einzelnen Teilchen Kreisbewegungen in freien Umläufen „verrichten.

„Innerhalb der scheibenförmig ausgebreiteten Massen bilden sich, ver-„anlaßt durch Teilchen von größerer Dichte, neue Anziehungszentren, bei „denen sich der oben beschriebene Vorgang wiederholt. Es entsteht ein „größerer Zentralkörper, der spätere Planet, welcher die in der Nähe be-„findlichen Teilchen an sich heranzieht, sie größtenteils mit sich vereinigt, „und eine geringere Anzahl zwingt, in Kreisen sich um ihn herumzubewegen. „Die in demselben Sinne wie die Revolution stattfindende Rotation des „Planeten und Revolution seiner Monde erklärt sich daraus, daß die Teilchen,

„aus denen der Planet seine Masse sammelt, verschiedene Geschwindigkeiten „besitzen. Die der Sonne näheren Teilchen werden, infolge ihrer aus den „Keplerschen Gesetzen sich ergebenden größeren Geschwindigkeit, nach „Kants Ausdrucke gezwungen, ‚schon von weitem die Richtung ihres „Gleises zu verlassen, und in einer ablangen Ausschweifung sich über den „Planeten zu erheben‘.

„Die Größe der Planeten muß im allgemeinen mit der Entfernung „von der Sonne zunehmen: 1. weil die Sonne durch ihre Anziehung die „Attraktion des Planeten einschränkt; 2. weil die Kreise, aus denen die „Teilchen, welche einen Planeten ausmachen, zusammengekommen sind, um „so mehr Materie in sich fassen, je größer ihr Radius ist; 3. weil die Breite „zwischen den beiden Flächen, welche die Materie der Planeten zu beiden „Seiten des Planes der Beziehung begrenzen, mit der Entfernung von der „Sonne wächst. Abweichungen treten infolge des Einflusses ein, den die „Planeten aufeinander ausüben. Der Wirkung Jupiters ist es zuzuschreiben, „daß der Mars eine kleinere Masse hat als die Erde, und daß die Masse „Saturns trotz seiner größeren Entfernung von der Sonne kleiner ist als „die Jupiters.

„Die Teilchen von größerer spezifischer Schwere werden nicht so „bald von ihrem Wege abgebeugt, wie die leichteren; ihre Bahnen werden „daher erst in einer größeren Annäherung zur Sonne kreisförmig. Folglich „werden auch die Planeten, welche der Sonne am nächsten sind, weil sie „aus Teilchen von größerer spezifischer Schwere entstanden sind, eine „größere Dichtigkeit haben als die entfernteren. Die Sonne aber, welche „aus Teilchen aller vorhandenen spezifischen Schweren entstanden ist, wird „weniger dicht sein als die ihr nächsten Planeten; ihre Dichte wird mit „der mittleren Dichte der Planeten ungefähr übereinstimmen. Aus dem„selben Grunde sind auch die Monde dichter als ihre Planeten.“

Grundvoraussetzung der Theorie. Wenn man die Grundvoraussetzung der Kantischen Theorie, daß zu Anfang die Materie unseres Sonnensystems in einzelne Teilchen aufgelöst gewesen sei, von denen jedes infolge der großen Zerstreuung im Raume sich frei bewegen konnte, gelten läßt,[1]) so vermag man gegen den ganzen weiteren, von Kant dargelegten Entwicklungsgang kaum noch etwas einzuwenden. Die scheibenförmige Ansammlung der Materie in der Nähe der Äquatorebene der Sonne ergibt sich völlig ungezwungen, ebenso die Bildung der Planeten mit ihren Monden. Da mancher uns nicht beistimmen möchte, wenn wir daran, daß

[1]) Die Annahme jedoch, daß in einem Augenblicke absolute Ruhe geherrscht habe, ist fallen zu lassen. Da $\Sigma m \varrho^2 \frac{d\varphi}{dt} =$ konstans in diesem Augenblicke für alle 3 Koordinatenebenen gleich 0 wäre, so würde dasselbe in der ganzen folgenden Zeit der Fall sein. Es könnte also niemals ein Überschuß der Bewegung nach einer Richtung hin auftreten und infolgedessen auch durch die Vereinigung der Teilchen keine Rotationsbewegung entstehen.

ein solcher Urzustand vorhanden war, Zweifel vorbrächten, so wollen wir an ihm gar nicht weiter Kritik üben, sondern mit unserer Polemik nur dort einsetzen, wo die Theorie, auch unter der Anerkennung ihrer Grundvoraussetzung, schwache Stellen zeigt.

Dichte der Scheibenmaterie. Nennt man φ den kleinen, von den Grenzen des Ringgebietes eingeschlossenen Winkel, dessen Scheitel im Mittelpunkte der Sonne liegt, R seinen größten Radius, δ die mittlere Dichte der Ringmasse, so ist diese sehr nahe gleich $^2/_3 R^3 \pi \varphi \delta$. Die gesamte Planetenmasse beträgt 0,00134 der Sonnenmasse. Ist δ_1 die mittlere Dichte der Sonne zur Zeit der Erstreckung bis zu der äußersten Grenze des Ringgebietes, so besteht also die Gleichung:

$$^2/_3 R^3 \pi \varphi \delta = {}^4/_3 \pi R^3 \delta_1 \, . \, 0{,}00134,$$
$$\varphi \delta = 0{,}00268\, \delta_1.$$

Setzt man mit Kant $\varphi = 7^1/_2{}^0$, so erhält man $\delta = {}^1/_{50} \delta_1$. Selbst wenn man für φ den bedeutend kleineren Winkel von ungefähr 2^0 (1^0 Abweichung zu beiden Seiten der Jupitersbahn) wählt, so würde sich immer noch $\delta = {}^1/_{13} \delta_1$ ergeben. Die mittlere Dichte der Ringmasse würde also nur den 13. Teil der Dichte der ganzen Masse des Sonnensystems betragen, als diese sich noch bis zu den Grenzen des Ringgebietes erstreckte. Nach der Kantischen Theorie wäre für die Ringmasse mindestens die gleiche, sehr viel wahrscheinlicher aber eine größere Dichte als die der Sonne in ihrem Anfangszustande zu erwarten; denn es mußte sich nicht nur die Zentralmasse durch neu herabsinkende Teilchen beständig verdichten, sondern auch die im Plane der Beziehung frei schwebenden Massen, da viele, anfangs oberhalb und unterhalb desselben befindliche Teilchen allmählich ihre Bahn in den Plan der Beziehung hineinverlegten. Kant erklärt das Mißverhältnis der Dichtigkeiten daraus (Theorie des Himmels, S. 45), „daß in den oberen Räumen über dem Saturn, wo die planetarischen Bildungen entweder aufhören oder doch selten sind, . . . und wo vornehmlich die Bewegungen des Grundstoffes, indem sie daselbst nicht geschickt sind, zu der gesetzmäßigen Gleichheit der Zentralkräfte zu gelangen, als in der nahen Gegend zum Zentro, nur in eine fast allgemeine Senkung zum Mittelpunkte ausschlagen und die Sonne mit aller Materie aus so weit ausgedehnten Räumen vermehren“. Diese Erklärung ist erstens sehr unglaubwürdig, denn es ist kein Grund ersichtlich, weshalb in weiteren Entfernungen vom Mittelpunkte die Bewegungen nicht geschickt sein sollen, zu derselben Gesetzmäßigkeit der Zentralkräfte zu kommen, wie in größerer Sonnennähe; und zweitens erklärt sie nicht, was sie erklären soll; denn die äußeren Teilchen, von denen hier die Rede ist, müssen auf ihrem Wege zum Zentrum die Bahnen der der Sonne näheren Teilchen durchkreuzen, und dann also dieselben Veränderungen erleiden, wie die ursprünglich sich hier befindenden Teilchen, d. h. nicht nur einseitig die Zentralmasse, sondern auch die Masse des frei schwebenden Ringes vermehren. Die Tatsache, daß trotzdem, wie unsere Rechnung zeigt, die Dichte der Ringmasse, auch bei den der Theorie am weitesten entgegenkommenden Annahmen, noch geringer ist als $^1/_{10}$ der ursprünglichen Dichte der ganzen Sonnenmaterie, wirft auf die Theorie gewiß kein günstiges Licht.

Massen der Planeten. Die erst nach der Abfassung der Kantischen Schrift entdeckten Planeten Uranus und Neptun haben uns gezeigt, daß die Behauptung Kants, die Größe der Planeten wachse mit ihrer Entfernung von der Sonne, unrichtig ist; die Masse dieser Planeten beträgt nur ungefähr den 6. Teil der Masse Saturns, oder den 20. Teil der Masse Jupiters. Nun könnte man allerdings mit Hülfe einer kleinen Modifikation der Theorie die größeren Massen Jupiters und Saturns dadurch zu erklären versuchen, daß man die Massenverteilung innerhalb des Ringsystems als ungleichförmig voraussetzte. Man könnte an dem Orte dieser Planeten dem Ringe eine größere Dicke und auch eine größere Dichtigkeit beilegen. Aber abgesehen davon, daß man für diese Unregelmäßigkeit der Massenverteilung keine einigermaßen einleuchtende Ursache anzugeben vermöchte, sind doch auch die Abweichungen von den durch die Theorie geforderten Werten zu bedeutend, um diese Annahme glaubwürdig zu machen. Da Uranus vom Saturn ungefähr ebensoweit entfernt ist, wie Saturn von der Sonne, so wäre nach der nicht weiter modifizierten Kantischen Theorie zu erwarten, daß seine Masse mehr als das 7fache der Masse Saturns betrage; Neptun müßte wenigstens das 20fache der Masse Saturns besitzen. In Wirklichkeit betragen aber ihre Massen nur den 40. resp. 120. Teil des ihnen durch die Rechnung zugewiesenen Wertes. Diese Mißverhältnisse sind zu groß, um durch die angeführte Hülfshypothese noch einigermaßen verständlich zu werden.

Dichte der Planeten und der Monde. Auch die Dichtigkeiten der Planeten befolgen bei weitem nicht so genau das von Kant angegebene Gesetz, daß sich irgendwelche Schlüsse auf die Richtigkeit der Theorie daraus ziehen ließen. Sie geben im Gegenteile zu manchen Bedenken Anlaß. Nicht Merkur ist der dichteste Planet, sondern die Erde, und jenseits Saturns, dessen Dichte $^1/_8$ (Dichte der Erde $= 1$) beträgt, zeigt Uranus eine Dichte von $^1/_5$, Neptun von $^3/_{10}$. Besonders ist auch zu beachten, daß die aus der Theorie sich ergebende größere Dichtigkeit der Monde, als ihr Planet sie besitzt, den Tatsachen direkt widerspricht. Der Mond der Erde hat eine Dichte von nur 0,6.

Exzentrizität der Planetenbahnen. Auch die Behauptung Kants, daß mit der Entfernung von der Sonne die Exzentrizität der Planetenbahnen sich vergrößere, da bei der größeren Bewegungsfreiheit der entfernteren Teilchen die Zusammenstöße seltener erfolgten als in der Nähe der Sonne, und infolgedessen die Abrundung zur Kreisbahn unvollkommener ausfallen müßte, ist unrichtig. Der äußerste Planet, Neptun, der hiernach die größte Exzentrizität besitzen müßte, hat fast die kleinste

Exzentrizität, 0,009; nur die Exzentrizität der Venus ist noch kleiner, 0,0068, die der Erde ist fast das doppelte der seinigen, 0,017.

Schiefe der Achsen. Die Schiefe der Achsen erklärt Kant als die Wirkung untersinkender Schollen, in welche die starre Rinde des Planeten zerbrach. Allein wenn ihnen auch geringe Verschiebungen der Achse zugeschrieben werden können, ähnliche, wie sie noch jetzt die im Winter sich vergrößernde Eiskalotte an den Polen der Erde hervorruft, so ist es doch nicht erlaubt, die tatsächlich vorliegenden großen Abweichungen der Achsen von der Senkrechten auf der Bahn (bei der Erde beträgt die Abweichung $23^1/_2{}^0$, beim Mars $29^2/_3{}^0$, beim Saturn 30^0) allein auf sie zurückzuführen. Denn die unter dem Äquator liegende, infolge der Rotationsbewegung entstandene Massenanschwellung macht eine größere Achsenverschiebung im Innern des Planeten unmöglich. Es bleibt also auch die Schiefe der Achsen durch die Kantische Theorie unerklärt.

Rotationsrichtung der Planeten. Das Hauptargument gegen die Kantische Theorie liefert uns aber erst die Rotationsrichtung[1]) der Planeten. Kant erklärt die mit der Revolutionsrichtung übereinstimmende Rotationsrichtung, indem er sagt, daß die der Sonne näheren Teilchen unter dem Einflusse der Anziehungskraft des sich bildenden Planeten schon von weitem gezwungen wurden, die Richtung ihres Geleises zu verlassen und sich in einem großen Bogen über den Planeten zu erheben. Diese Erklärung ist etwas genauer zu prüfen, als es gewöhnlich geschieht. Meistens geht man bei einer Kritik der Kantischen Theorie zu flüchtig über sie hinweg. Indem man kurz schließt, daß bei einer Vereinigung der Ringmaterie zu einem Planeten infolge der größeren Geschwindigkeit der der Sonne näheren Teilchen eine Rotation entstehen müßte, welche der wirklichen gerade entgegengesetzt ist, bedenkt man nicht, daß Kant nicht von einer bloßen Zusammenballung redet, sondern der Anziehungskraft des neu entstehenden Körpers bei dem Vorgange eine wichtige Rolle zuschreibt. — Befindet sich innerhalb der Ringmaterie ein Teilchen von größerer Masse, so wird die Folge sein, daß es in den Kreisbewegungen der in der Nähe befindlichen Teilchen Störungen hervorruft. Die Bahnen dieser Teilchen werden Ausbuchtungen, wenn sie der Sonne näher sind, Einbuchtungen nach dem betr. Teilchen hin, wenn sie von der Sonne weiter entfernt sind, erleiden. Man sieht, daß, wenn gewisse Teilchen sich mit dem Anziehungszentrum vereinigen, eine Rotation entsteht, welche der bei den Planeten vorliegenden entgegengesetzt ist. Dies gilt, solange die Masse des neuen Anziehungszentrums noch klein ist, die Bahnstrecke, auf welcher es einen merklichen Einfluß ausübt, also ohne Fehler als gerade Linie betrachtet werden kann. Die Erscheinung ändert sich, wenn seine Masse eine gewisse Grenze übersteigt. In diesem Falle ist es nämlich möglich, daß ein der Sonne näheres Teilchen, welches sich im Rücken des sich

[1]) Die Fayesche Erklärung der Rotation der Planeten siehe im § 6.

bildenden Planeten befindet, schon in größerer Entfernung von demselben eine solche Störung erleidet, daß es ganz aus seiner Bahn gerissen und über den Planeten hinausgehoben wird. Wenn es mit ihm zur Vereinigung kommt, trägt es also zu einer Rotationsbewegung im Sinne der Revolutionsrichtung des Planeten bei. Kant denkt sich den Vorgang in der zuletzt angegebenen Weise. Wenn man auch nicht daran zu zweifeln braucht, daß der beschriebene Vorgang wirklich stattgefunden habe, so ist demgegenüber doch leicht einzusehen, daß die Rotation der Planeten niemals auf die angedeutete Weise hat entstehen können. Die Masse der Planeten, auch die des größten unter ihnen, ist im Verhältnisse zur Sonnenmasse so gering, daß die angegebenen Störungen nur bei solchen Teilchen hervorgerufen werden könnten, die in einer der Planetenbahn sehr nahe benachbarten Bahn laufen. Alle Teilchen aber, deren Bahnradien noch etwas kleiner sind als die der genannten Teilchen, werden, wenn sie in die Nähe des Planeten kommen, durch die Anziehung desselben nicht mehr über ihn hinausgehoben werden können. Wenn sie trotzdem aus ihrer Bahn gerissen werden, was als möglich angenommen werden muß, da sie zur Zeit der Konjunktion[1]) dem Planeten viel näher sind, als die Teilchen der ersten Art zu der Zeit, wo die Anziehung des Planeten anfängt, sie über ihn hinauszuschleudern, so müssen sie also, falls sie mit der Planetenmasse zur Vereinigung kommen, zu einer rückwärts gerichteten Rotation beitragen, und da sie viel zahlreicher sind als die Teilchen der ersten Art, die Wirkung derselben wieder aufheben. Kants Erklärung ist also nicht richtig. Wenn die Planeten wirklich, wie er angibt, ihre Masse aus den der Sonne näheren Teilchen gesammelt hätten, so müßten sie sich sämtlich rückwärts drehen.

Man gelangt zu ähnlichen Ergebnissen, wenn man Kants Erklärung in der Weise modifizieren würde, daß man annähme, der Planet baue sich aus Teilchen auf, deren Bahnradius größer als sein eigener sei. In diesem Falle holt der sich bildende Planet die Teilchen ein, zwingt sie, noch in gewisser Entfernung von denselben, ihre Bahn zu verlassen und sich ihm zu nähern. Wenn sie die Bahn des Planeten kreuzen, bevor der Planet die Kreuzungsstelle passiert hat, und sich mit ihm vereinigen, so müssen sie offenbar zu der im Sinne der Revolutionsbewegung erfolgenden Rotationsbewegung eine Komponente liefern. Dies ist jedoch, ähnlich wie im ersten Falle, nur bei den Teilchen möglich, deren Bahnradius nur wenig größer ist als der Bahnradius des Planeten. Alle etwas weiter entfernten Teilchen werden nicht schon vor dem Zeitpunkte ihrer Opposition die geforderten

[1]) Die Ausdrücke „Konjunktion“ und „Opposition“ sind hier und im folgenden vom Standpunkte eines Bewohners des in Frage kommenden Planeten zu verstehen und beziehen sich immer auf die Stellung, welche die bei dem Planeten befindliche Teilmasse in Beziehung zur Sonne besitzt. Während der Konjunktion steht die Teilmasse also zwischen Sonne und Planet, während der Opposition steht der Planet zwischen Sonne und Teilmasse.

bedeutenden Störungen erleiden, sondern erst unmittelbar vor oder nach der Opposition. Werden sie so weit aus ihrer Bahn gerissen, daß sie auf den Planeten stürzen, so können sie offenbar nur auf der Rückseite desselben mit ihm zur Vereinigung kommen und müssen dadurch zu einer rückwärts gerichteten Rotationsbewegung beitragen. Da sie viel zahlreicher sind als die Teilchen der ersten Art, so muß ihre Wirkung die Wirkung der ersten Teilchen gänzlich aufheben und zur Entstehung einer widersinnigen Rotation den Anstoß geben. Die Kantische Erklärung der Rotationsbewegung ist also hinfällig. Sie scheitert außerdem noch an der Tatsache, daß die Masse keines Planeten bedeutend genug ist, Teilchen an sich heranzuziehen, deren Bahnradius auch nur um einen größeren Bruchteil von dem Bahnradius des Planeten abwiche. Die Masse Jupiters, des größten Planeten, beträgt 0,001 der Sonnenmasse. Bezeichnet man seine Entfernung von der Sonne mit r, so übt er also innerhalb des kleinen Kugelraumes mit dem Radius $\varrho = r\sqrt{0{,}001} = 0{,}031\, r$ eine größere Anziehung aus als die Sonne; der Winkel an der Spitze des von der Sonne aus an die Kugel gezogenen Tangentenkegels beträgt nur $\varphi = 3{,}6^0$. Bedenkt man, daß Jupiter selbst noch in der Bildung begriffen war, also während der größten Zeit seiner Entwicklung bei weitem noch nicht die oben angenommene Masse besaß, so wird der ins Spiel kommende Winkel φ noch bedeutend kleiner. Wenn der Planet Teilchen aus der ihnen durch die Anziehung der Sonne zugewiesenen Bahn herausreißen soll, so dürfen sie also nicht viel weiter als $0{,}031\, r$ von ihm entfernt sein; alle weiter entfernten Teilchen erleiden nur unbedeutende Störungen. Da die Massen der anderen Planeten zum Teil noch beträchtlich kleiner sind als die Masse Jupiters, so ist ihr Störungsgebiet noch weniger umfangreich. Die Zwischenräume zwischen den Planetenbahnen, aus welchen nach Kant die Planeten die Massen an sich heranzogen, betragen aber nicht kleine Bruchteile der Bahnradien, sondern sind durchschnittlich ebenso groß wie diese. Es ist jedoch ganz und gar ausgeschlossen, daß die Planeten Teilchen in so weit entfernten Räumen noch zu zwingen vermöchten, sich ihnen zu nähern und mit ihnen zu vereinigen. Man könnte dieser Schwierigkeit allerdings durch die Annahme aus dem Wege gehen, daß die Teilchen der Ringmaterie sich in ihrer Bewegung gegenseitig hinderten, durch Zusammenstöße ihre kinetische Energie schwächten und infolge davon sich dem Zentrum allmählich näherten. In diesem Falle würden sich dem am inneren Rande des Ringes bewegenden Planeten immer neue Teilchen nähern; er könnte also, wenn endlich auch die äußersten Teilchen in seine Nähe gekommen wären, sie sämtlich an sich heranziehen. — Hiernach findet sich zwar, wenn man davon absieht, daß die beträchtliche Neigung der Achsen, die beim Uranus ungefähr 90^0 beträgt, der Theorie neue große Schwierigkeiten bieten würde, für die umgekehrte Rotationsrichtung der beiden äußersten Planeten eine Erklärung; die rechtsinnige Rotationsrichtung aller andern Planeten bleibt aber nach der Kantischen Theorie auf jeden Fall unerklärt.

Freie Beweglichkeit der Teilchen. Bis jetzt haben wir an den eigentlichen Voraussetzungen der Kantischen Theorie noch gar keine Kritik geübt, sondern sind, von ihnen ausgehend, nur zu anderen Resultaten gelangt als Kant. Es könnten an dieser Stelle noch die Ergebnisse der Untersuchung am Schlusse des § 4 herangezogen werden, wo die Entwicklung einer ellipsoidförmigen, homogenen Gasmasse, deren einzelne Teilchen sich frei nach den Gesetzen ihrer gegenseitigen Anziehung bewegen, verfolgt wird. Da auch Kant annimmt, die Teilchen der Gasmasse seien ursprünglich frei beweglich, so ergibt sich, wie im § 4 gezeigt wird, für die Sonne eine bedeutend größere Rotationsgeschwindigkeit, als sie in Wirklichkeit besitzt. Das im § 4 Gesagte dient daher als Argument auch gegen die Kantische Theorie.

Entstehung der Monde. Nunmehr soll eine der wichtigsten Annahmen Kants, nämlich die über die Art und Weise der Bildung der Planeten und ihrer Monde aus den die Zentralmasse umkreisenden, aus diskreten Teilchen bestehenden Ringen, auf ihre mechanische Zulässigkeit hin geprüft werden. Nach Kant entstehen die Planeten dadurch, daß Teilchen von größerer Masse die in ihre Nähe kommenden Teilchen zu sich heranziehen und sich mit ihnen vereinigen. Auch die Monde sind von den Planeten in deren Anziehungssphäre hineingezogene Bestandteile der sich auflösenden Ringe. Kant schreibt (2. Teil, 4. Hauptstück): „Was die Sonne mit ihren Planeten im großen ist, das stellet ein Planet, der eine weit ausgedehnte Anziehungssphäre hat, im kleinern vor. . . . Der sich bildende Planet, indem er die Partikeln des Grundstoffs aus dem ganzen Umfange zu seiner Bildung bewegt, wird aus allen diesen sinkenden Bewegungen, vermittels ihrer Wechselwirkung, Kreisbewegungen, und zwar endlich solche erzeugen, die in eine gemeinschaftliche Richtung ausschlagen. . . . In diesem Raume werden, so wie um die Sonne die Hauptplaneten, also auch um diese sich die Monde bilden. . . ." Es kann nachgewiesen werden, daß Kants Erklärung nicht richtig ist. Die Rechnung zeigt, daß das ohne weiteres behauptete „Hereinziehen der kleinen Teilmassen in die Anziehungssphäre des Planeten" unter der Voraussetzung, daß keine andern Kräfte wirken, als die der gegenseitigen Anziehung, niemals stattfinden kann.

Wir betrachten die Masse eines Mondes als verschwindend klein gegenüber der Masse seines Planeten und der Sonne und nehmen die Bahn des Planeten als Kreis an. Unter diesen Voraussetzungen erhält man aus den Differentialgleichungen des Problems der 3 Körper ein von Jacobi gefundenes neues Integral. Bedeutet x_1 die Entfernung der Sonne vom Schwerpunkt des Systems, x_2 die Entfernung des Planeten von demselben und ω ihre Winkelgeschwindigkeit, so lauten die Differentialgleichungen der Bewegung des Mondes, wenn man sie auf ein bewegliches Achsensystem transformiert, dessen Nullpunkt der Schwerpunkt und dessen x-Achse die Verbindungslinie der Sonne und des Planeten ist:

$$\frac{d^2 x}{d t^2} - 2 \frac{d y}{d t} \omega = x \omega^2 - k \frac{m_1 (x - x_1)}{r_1^3} - k \frac{m_2 (x - x_2)}{r_2^3},$$

$$\frac{d^2 y}{d t^2} + 2 \frac{d x}{d t} \omega = y \omega^2 - k \frac{m_1 y}{r_1^3} - k \frac{m_2 y}{r_2^3},$$

$$\frac{d^2 z}{d t^2} = - k \frac{m_1 z}{r_1^3} - k \frac{m_2 z}{r_2^3}.$$

Multipliziert man die Gleichungen mit dx, dy, dz, addiert und integriert, so erhält man:

$$\left(\frac{d x}{d t}\right)^2 + \left(\frac{d y}{d t}\right)^2 + \left(\frac{d z}{d t}\right)^2 = v^2 = (x^2 + y^2) \omega^2 + 2 k \frac{m_1}{r_1} + 2 k \frac{m_2}{r_2} - C.$$

Die Gleichung $v^2 = 0$ ist die Gleichung einer Fläche, in welcher die Geschwindigkeit des Mondes gleich 0 wird. Auf der einen Seite dieser Fläche ist v^2 positiv, anf der andern negativ. Auf der letzten Seite ist die Geschwindigkeit imaginär; der Mond kann also die Fläche nicht durchdringen. — Die Nullflächen der Geschwindigkeit sind zuerst von Hill (American Journal of Mathematics, vol. I), dann von Darwin (Acta Mathematica, vol. XXI) untersucht worden. Sie finden, daß für große Werte der Konstanten C die Nullfläche aus 3 Teilen besteht; zwei fast kugelförmige Teile schließen die Massen m_1 und m_2 ein und ein dritter hängt als Art Vorhang von einem asymptotischen Zylinder herab, der senkrecht auf der xy-Ebene steht. Für kleinere Werte von C strecken sich die geschlossenen Flächen in die Länge und gehen darauf ineinander über. Für noch kleinere Werte von C vereinigt sich der als Vorháng bezeichnete Teil mit dem aus den beiden geschlossenen Teilen entstandenen. Wird C endlich noch kleiner, so besteht die Nullfläche aus zwei zur xy-Ebene symmetrisch liegenden Teilen, welche die Ebene aber nicht mehr schneiden. Diese Beschreibung der Nullfläche ist dem Werke Moultons: „Celestial Mechanics“ entnommen; dort findet sich auch eine anschauliche Darstellung der Schnitte mit den Koordinatenebenen für verschiedene Werte von C (S. 190 ff.). — Berechnet man für sämtliche Monde unseres Planetensystems die Konstante C, so erhält man stets eine Nullfläche der ersten Art, und zwar findet man, daß der Radius des den Planeten einschließenden kugelförmigen Teiles etwas mehr als das Doppelte des Abstandes des Mondes vom Planeten beträgt. Da der Mond sich jetzt innerhalb dieser Fläche befindet und jenseits derselben seine Geschwindigkeit imaginär wird, so kann er sie nie verlassen, sich also nicht beliebig weit von seinem Planeten entfernen. Ebenso richtig, wie dieser Schluß für alle Zeiten der Zukunft ist, gilt er aber auch für alle Zeiten der Vergangenheit. Folglich kann auch früher die Masse des Mondes sich nicht beliebig weit von der Planetenmasse entfernt befunden haben. Dies wird jedoch von Kant angenommen, wenn er sagt, der Planet sammle die Teilchen, deren Bahnen der seinigen benachbart sind, und forme aus ihnen sich selbst und seine Monde.

Aus allem Gesagten geht hervor, daß die Kantische Theorie unhaltbar ist.

Anmerkung. Holzmüllers Kritik der Kantischen Theorie. Die von Holzmüller („Elementare kosmische Betrachtungen über das Sonnensystem“, Teubner) an der Kantischen Theorie geübte Kritik ist nicht immer zutreffend, zum Teil sogar ungerecht. Wenn die Kantischen Betrachtungen seiner Meinung nach an einigen Stellen eine kindliche Naivität erkennen lassen, so bedenkt er nicht, daß Kant seine Schrift zu einer Zeit abfaßte, wo nur die mathematischen Prinzipien der Mechanik sich einer gewissen Ausbildung erfreuten, während sich über alle anderen Zweige der Physik und Chemie noch ein dämmriges Zwielicht breitete. Der Vorwurf, daß Kant vorschnell über unendlich viele Massenpunkte abgeurteilt habe, während die ehrliche Mathematik schon bei 3 Punkten zu scheitern erkläre, geht etwas zu weit. Die Bewegung unendlich vieler Punkte, die in ihrer Gesamtheit ein homogenes Rotationsellipsoid bilden, läßt sich mathematisch behandeln; außerdem ist es möglich, einige allgemeine Schlüsse auch in dem Falle zu ziehen, wo die Dichte des Ellipsoids nach dem Innern hin zunimmt. Der Kantische Urnebel aber kann als ein im Innern verdichtetes, aus diskreten Teilchen bestehendes Rotationsellipsoid aufgefaßt werden. Wenn ferner behauptet wird, die Ringbildung sei bei Kant unmotiviert, so ist zu erwidern, daß Kant selbst von einer Ringbildung nicht spricht. Holzmüller versteht unter den Ringen die scheibenförmige Ansammlung der Materie, die sich zu beiden Seiten des Plans der Beziehung ausbreitet. Diese scheibenförmige Ansammlung der Materie mußte sich aber, vorausgesetzt, daß der Nebel ursprünglich die Form eines abgeplatteten Rotationsellipsoids besaß, ganz von selbst herausbilden, wenn die einzelnen Teilchen unelastisch oder wenigstens unvollkommen elastisch waren. In diesem Falle trat eine Vereinigung der Teilchen beim Zusammenstoße ein, und ihre Bewegungsrichtung verschmolz zu einer mittleren. Nachdem zahlreiche Zusammenstöße stattgefunden hatten, mußte also die Bewegung der endlich noch übrig bleibenden Teilchen ungefähr in der Äquatorebene erfolgen. Kant hat zwar seine Angaben nicht mathematisch begründet; aber wenn man als zulässige Theorie nur die betrachten wollte, welche mit einer mathematischen Begründung aufträte, so würden die meisten physikalischen Theorien nicht als wissenschaftliche gelten dürfen. Denn die mathematischen Untersuchungen, welche im Zusammenhange mit ihnen vorgetragen zu werden pflegen, schließen sich ihr meistens erst an, dienen aber nicht zu ihrer Begründung. Die Kantische Erklärung würde ohne eine mathematische Rechtfertigung erst dann zu verurteilen sein, wenn sie dem kritisch abwägenden Verstande unwahrscheinlich erschiene. Dies ist aber keineswegs der Fall. — Wenn H. gegen Kant ferner den Vorwurf erhebt, er habe bei seinen Untersuchungen nicht das sog. Flächengesetz herangezogen und die spiralige Annäherung an das Zentrum nicht hinlänglich erläutert, so müßte er sich auch veranlaßt sehen, z. B. Kepler deswegen zu tadeln, weil dieser bei der Aufstellung der Gesetze der Planetenbewegung nicht das Newtonsche Gesetz der Anziehung zur Herleitung derselben benutzt habe. Die oberhimmlischen Wasser endlich, von denen Noah noch den Regenbogen nach der Sündflut als Rest sah, bestehen keineswegs, was H. irrtümlich annimmt und ihm Stoff zu billiger Heiterkeit gibt, in der Vorstellung Kants, sondern es will diesem nur scheinen, daß eine solche Hypothese „sich denjenigen anpreisen könnte, die der herrschenden Neigung ergeben seien, die Wunder der Offenbarung mit den ordentlichen Naturgesetzen in ein System zu bringen". Er selbst hält es für ratsam, „den flüchtigen Beifall, den solche Übereinstimmung erwecken könne, dem wahren Vergnügen völlig aufzuopfern, welches aus der Wahrnehmung des regelmäßigen Zusammenhangs entspringt" usw. (2. Teil, 5. Hauptstück).

§ 3. Die Theorien von L. Zehnder und von Fr. Weiß.

Zehnders Erklärung der Rotationsbewegung. Eine der Kantischen in allen Hauptpunkten ähnliche Theorie hat Zehnder in seinem die Grundprobleme der Physik behandelnden Buche: „Die Mechanik des Weltalls", Freiburg 1897, aufgestellt. Auch er nimmt als Urzustand unseres Sonnensystems einen scheibenartig ausgebreiteten Gasnebel an, dessen Teilchen sich frei nach den Gesetzen ihrer gegenseitigen Anziehung bewegen. Es wäre daher, nachdem die Kantische Theorie als unhaltbar nachgewiesen worden ist, eigentlich nicht nötig, an den Zehnderschen Ausführungen Kritik zu üben. Aber da Zehnder eine von der Kantischen etwas abweichende Erklärung der Rotationsbewegung der Planeten gibt, und gerade dieser Punkt eines der wichtigsten Argumente gegen die Kantische Theorie lieferte, so soll auf seine Erklärung genauer eingegangen werden. Wir lassen dabei die inneren Verhältnisse der Gasmasse, die von Zehnder unter Heranziehung der kinetischen Theorie der Gase hergeleitet werden, aus den Augen, da sie für seine Erklärung von keiner wesentlichen Bedeutung und im übrigen auch an vielen Stellen angreifbar sind. Er schreibt S. 146: „Diejenigen konzentrischen Scheibenschichten, deren Radien einerseits von inneren, andererseits von äußeren Teilchen begrenzt werden, bewirken vermöge ihrer Anziehungskraft eine größere tangentiale Umlaufsgeschwindigkeit des äußeren Teilchens, als wenn die betreffenden Massen nicht vorhanden wären. Fällt also unter diesen neuen, der Wirklichkeit entsprechenden Voraussetzungen das äußere Teilchen gegen den Scheibenmittelpunkt hin, gelangt es in die Kreisbahn des inneren Teilchens und bewegt es sich fortan in der letzteren vorwärts, so läuft es mit einer größeren Geschwindigkeit um, als das innere Teilchen selbst. Zieht sich also die Scheibe in den Richtungen der Rotationsebene zusammen, so berühren sich zuerst die kleinsten Teilchen, welche in unendlich benachbarten Kreisen sich bewegen. Im Augenblicke der Berührung hat das von außen kommende, im größeren Kreise sich bewegende Teilchen eine größere fortschreitende Geschwindigkeit als das innere. Bei ihrer Vereinigung muß also ihre Gesamtmasse eine Rotationsbewegung annehmen im Sinne der Umdrehungsbewegung aller Teilchen um den Scheibenmittelpunkt."

Zehnder will also sagen: Ein Teilchen, das sich in dem äußeren Gebiete der Scheibe bewegt, besitzt infolge der Anziehung, welche die Scheibenmasse auf dasselbe ausübt, eine größere Geschwindigkeit, als wenn es nur den anziehenden Kräften der Zentralmasse unterworfen wäre. Dies ist nach mechanischen Gesetzen allerdings richtig; aber der Verfasser hat, wie schon so viele andere, die sich mit dem Problem der Entstehung unseres Planetensystems beschäftigt haben, übersehen, daß infolge ihrer verhältnismäßig geringen Masse die Scheibenmaterie die behauptete Wirkung auf keinen Fall hervorrufen konnte. Die gesamte Scheibenmasse beträgt nur etwas mehr als 0,001 der Masse des Zentralkörpers. Die Vergrößerung der Geschwindigkeit eines Teilchens am äußeren Rande der Scheibe kann also nur einen winzigen Bruchteil der aus den Keplerschen Gesetzen zu berechnenden, durch die Anziehung der Zentralmasse bewirkten Bahngeschwindigkeit betragen und daher niemals zu so bedeutenden Rotationsgeschwindigkeiten, wie sie Jupiter und Saturn besitzen, den Anstoß geben. Die Erklärung ist noch weiter angreifbar. Die Behauptung, daß ein äußeres Teilchen, welches gegen den Scheibenmittelpunkt hin falle und sich fortan in der Kreisbahn des inneren Teilchens bewege, mit größerer Geschwindigkeit umlaufe als das innere Teilchen selbst, ist unrichtig. Bewegt es sich in einer Kreisbahn zusammen mit dem inneren Teilchen, so hat es auch dieselbe Geschwindigkeit wie dieses. Eine größere Geschwindigkeit könnte es nur dann besitzen, wenn es in einer exzentrischen Bahn liefe und seine Periheldistanz vielleicht gleich dem Radius der Kreisbahn des inneren Teilchens wäre. Außerdem ist zu bemerken, daß das äußere Teilchen deswegen nicht zu einer Rotationsbewegung im Sinne der Revolutionsbewegung beitragen kann, weil es nicht, wie angegeben, mit der Geschwindigkeit, die es in der Bahn des inneren Teilchens besitzen würde, auf den sich zusammenballenden Planeten einwirkt, sondern, da die Planetenkugel in ihrem gasförmigen Zustande sich ziemlich weit erstreckt, mit der Geschwindigkeit, die das Teilchen in seiner äußeren Bahn besitzt; der Abstand seiner Bahn von der Bahn des Zentrums des Planeten kann so groß sein, wie der Radius des Planeten. Die Geschwindigkeit des Teilchens in der äußeren Bahn ist aber immer geringer als die Geschwindigkeit des Zentrums des Planeten. Nun müßte das äußere Teilchen schon dieselbe Winkelgeschwindigkeit, also eine größere lineare Geschwindigkeit als das Zentrum des Planeten besitzen, wenn es, mit seiner Masse sich vereinigend, nicht zu einer entgegengesetzten Rotationsbewegung beitragen soll. Eine gleiche Winkelgeschwindigkeit ist aber erst dann vorhanden, wenn die ganze Materie des Sonnensystems homogen in der Scheibe, falls diese als stark abgeplattetes Rotationsellipsoid aufgefaßt werden könnte, ausgebreitet wäre. In unserem Falle, wo die Hauptmasse sich als kugelförmige Anhäufung im Zentrum der Scheibe befindet, rotieren jedoch die inneren Teilchen der Scheibe mit größerer Winkelgeschwindigkeit als die äußeren. Eine größere Winkelgeschwindigkeit der äußeren Teilchen, welche die Zehndersche Erklärung anzunehmen gezwungen ist, würde nur dann entstehen können, wenn die Dichte der als Ellipsoid vorausgesetzten Masse des Sonnensystems von der Oberfläche nach dem Zentrum hin abnähme.

Aber es wird wohl niemand wagen, diese Behauptung aufzustellen (siehe den Schluß des § 4). — Außer diesen allgemeinen, die Bildung der Planeten und ihre Rotationsrichtung betreffenden Angaben enthält das Zehndersche Buch nichts, was für eine genauere Erklärung der Eigentümlichkeiten unseres Planetensystems in Frage käme. Auf die Größe der einzelnen Planeten, die Stellung ihrer Achsen, ihre Rotationsgeschwindigkeit, ihre Dichte usw. kommt der Verfasser gar nicht zu sprechen. Die Angabe über die Temperatur im Zentrum der Sonne, die unter Zugrundelegung der kinetischen Theorie der Gase zu 217 Millionen Celsiusgraden berechnet wird, dürfte von den meisten Lesern wohl mit einiger Skepsis aufgenommen werden.

Das Gesetz der Satellitenbildung von Weiß. In seinem Buche: „Die Gesetze der Satellitenbildung“, Gotha 1860, verschmilzt Fr. Weiß die Kantische mit der Laplaceschen Theorie und behauptet, die Entstehung unseres Planetensystems mit Hülfe mathematischer Prinzipien hergeleitet zu haben. Aber fast jeder Satz seiner theoretischen Betrachtungen ist angreifbar; vieles ist sogar falsch; man sehe z. B. den 5. Abschnitt des 4. Buches. Das Gesetz der Satellitenbildung, welches aus ziemlich willkürlichen Annahmen hergeleitet wird, lautet in der Ausdrucksweise des Buches:

$$M_1 : M_2 = \left(\frac{r_1}{\varrho_1}\right)^2 \gamma_1 : \left(\frac{r_2}{\varrho_2}\right)^2 \gamma_2.$$

M bedeutet die Masse, r den Radius, ϱ die Umdrehungszeit, γ die Geschwindigkeit eines Planeten in seiner Bahn. Aus dem Gesetze glaubt der Verfasser die Massen der Planeten berechnet zu haben. Es trifft aber, wie er selbst eingesteht, aus besonderen Gründen beim Jupiter nicht zu. Außerdem ist es nicht auf den Merkur und wahrscheinlich auch nicht auf die Venus anwendbar, da diese Planeten außer der jährlichen keine Rotationsbewegung besitzen, was dem Verfasser noch unbekannt war. Für Neptun ergibt es einen unrichtigen Wert, da, dem Gesetze gemäß, Neptun eine größere äquatoreale Geschwindigkeit besitzen müßte, als Uranus, was gewiß nicht der Fall ist. Die Rotationszeit des Uranus ist ferner noch gar nicht bekannt; die Grenzen, welche man mit einiger Wahrscheinlichkeit für seine Rotationsdauer angeben kann (9 und 12 Stunden), liegen so weit auseinander, daß sie zu keiner auch nur angenäherten Rechnung die Hand bieten. Endlich ist der für die Erde berechnete Wert falsch, weil die ihr beigelegte größere Winkelgeschwindigkeit, als sie in Wirklichkeit besitzt, auf eine den Gesetzen der Mechanik nicht entsprechende Weise hergeleitet ist. Das betr. Gesetz gilt also für 6 Planeten nicht. Von den übrig bleibenden zwei Planeten Mars und Saturn müssen die Größenverhältnisse des einen als Maßeinheit zugrunde gelegt werden; es bleibt demnach nur ein einziger Planet, dessen Masse sich nach dem genannten Gesetze bestimmen läßt. Man sieht hieraus, wie es mit der Allgemeingültigkeit desselben bestellt ist.

Neuere Erklärungen der Rotationsbewegung. Schon seit längerer Zeit hat man erkannt, daß eines der hauptsächlichsten Argumente, welche den Kern der Kantischen Theorie treffen, von der Rotationsrichtung der Planeten hergenommen ist. Man hat daher versucht, die Rotationsbewegung auf andere Weise zu erklären, als es bei Kant geschieht. Einige wollen sie auf die Flutbewegung zurückführen, welche die Anziehung der Sonne auf dem gasförmigen Planeten hervorrufen mußte. Eine Flutwelle aber kann überhaupt zu keiner Rotationsbewegung den Anstoß geben; man sehe Laplaces Untersuchungen über diesen Gegenstand in der Mécanique céleste. Andere wieder lassen die Rotation durch das Aufeinanderstoßen verschiedener Massen entstehen. — Hieraus ist zu ersehen, zu was für allgemeinen, willkürlichen, der Rechnung nicht zugänglichen und bei genauerem Hinsehen auch unwahrscheinlichen Hypothesen man seine Zuflucht genommen hat, um zu erklären, was auf die genannte Weise doch nicht zu erklären ist.

§ 4. Die Pseudo-Laplacesche Theorie.

Übersicht über die Theorie. In der Mehrzahl der neueren Lehrbücher ist folgende als Laplacesche oder als Kant-Laplacesche bezeichnete Theorie zu finden: „Im Urzustande bildeten die Körper unseres „Sonnensystems eine ungeheuere Gasmasse, welche sich bis über die Bahn „des letzten Planeten hinaus erstreckte. Diese Gasmasse rotierte als „Rotationsellipsoid, und zwar gab es einen Zeitpunkt, wo am Äquator des„selben die Zentrifugalkraft der Schwerkraft gerade das Gleichgewicht hielt. „Infolgedessen mußten sich die am Äquator befindlichen Massen in einer „Ringform ablösen. Während sich die Gasmasse auf einen kleineren Raum „zusammenzog, wurde die Schwerkraft am Äquator größer; es vergrößerte „sich aber auch die Zentrifugalkraft, da das Ellipsoid nach der Zusammen„ziehung mit größerer Winkelgeschwindigkeit rotierte. Der genannte Vor„gang der Ringbildung konnte sich also mehrere Male wiederholen. Aus „jedem Ringe entstand ein Planet mit seinen Monden.“

Gültigkeit des Flächensatzes. Wenn die Zusammenziehung der ursprünglichen Gasmasse nach mechanischen Gesetzen erfolgt, so gelten für die Bewegung eines im Innern des Ellipsoids liegenden Punktes (x, y, z) die hydrodynamischen Bewegungsgleichungen:

$$\mu \frac{d^2 x}{d t^2} = \mu X - \frac{\partial p}{\partial x},$$

$$\mu \frac{d^2 y}{d t^2} = \mu Y - \frac{\partial p}{\partial y},$$

$$\mu \frac{d^2 z}{d t^2} = \mu Z - \frac{\partial p}{\partial z}.$$

μ ist die Dichte, p der Druck im Punkte (x, y, z); X, Y, Z sind die Komponenten der auf den Punkt wirkenden Kräfte. Da in unserm

Falle nur anziehende Kräfte wirksam sind, so besitzen sie ein Potential V. Ist die Dichte μ in konzentrischen Ellipsoidschalen überall dieselbe und $r^2 = x^2 + y^2$, so läßt sich V offenbar als Funktion von r und z darstellen; dasselbe gilt von p. Dann ist:

$$X = \frac{\partial V}{\partial x} = \frac{\partial V}{\partial r}\frac{x}{r}; \quad Y = \frac{\partial V}{\partial y} = \frac{\partial V}{\partial r}\frac{y}{r},$$

also $yX - xY = 0$. Ebenso ist $y\frac{\partial p}{\partial x} - x\frac{\partial p}{\partial y} = 0$. Multipliziert man die erste der obigen Gleichungen mit y, die zweite mit x, und subtrahiert, so erhält man demnach:

$$\mu\left[y\frac{d^2 x}{d t^2} - x\frac{d^2 y}{d t^2}\right] = 0.$$

μ ist außer von x, y, z von der Zeit t abhängig; denn im Laufe der Entwicklung vergrößert sich die Dichte. Multipliziert man die Gleichung mit dem Raumelement $d\tau$, so ist $\mu\, d\tau$ als Massenelement von der Zeit unabhängig. Integriert man nach t, so erhält man also:

$$d m\left[y\frac{d x}{d t} - x\frac{d y}{d t}\right] = \text{konst.}$$

oder, wenn man Polarkoordinaten einführt:

$$d m\, r^2 \frac{d\varphi}{d t} = \text{konst.}$$

Für die Bewegung jedes Teilchens ist also in Beziehung auf die xy-Ebene der Flächensatz gültig. Nimmt man an, daß bei der Zusammenziehung das Ellipsoid in allen seinen Teilen eine gleichförmige Rotationsbewegung behält, daß also in einem beliebigen Zeitpunkte die Winkelgeschwindigkeit $\frac{d\varphi}{d t} = \omega$ für alle Punkte des Ellipsoids denselben Wert habe, so erhält man aus der letzten Gleichung, wenn man über das ganze Ellipsoid summiert und mit J sein Trägheitsmoment in Beziehung auf die Rotationsachse bezeichnet, $J\omega = J_0\,\omega_0$.

Annahme der Homogenität. Wir nehmen der Einfachheit halber zuerst an, die Gasmasse sei homogen. Diese Annahme ist allerdings durch nichts gerechtfertigt; sie ist sogar als höchst unwahrscheinlich zu bezeichnen. Es wird aber erlaubt sein, die erlangten Resultate, wenigstens in einigen Hauptpunkten, auch für eine nicht völlig homogene Masse als annähernd gültig zu betrachten. Mehrfach lassen sich auch aus dem Verhalten des homogenen Ellipsoides vollkommen strenge Schlüsse ziehen, die das nicht homogene Ellipsoid betreffen. Ein besonderer Fall des heterogenen Ellipsoides, und zwar der wahrscheinlichste, der vorkommen kann, nämlich der Fall einer dichteren Masse als Kern und einer sie umgebenden, nach außen hin an Dichte abnehmenden Atmosphäre, wird bei der Laplaceschen Theorie zur ausführlichen Besprechung kommen.

Abtrennung von Teilmassen. Es läßt sich leicht zeigen, daß sich, unter Voraussetzung der Gültigkeit des Flächensatzes, am Äquator eines homogenen Rotationsellipsoids in früheren Zeiten seiner Entwicklung Teilmassen nicht abtrennen konnten. Es seien x und y die Koordinaten eines Planeten, r sein Abstand von der Sonne. Aus den Differentialgleichungen der Bewegung des Planeten:

$$\frac{d^2 x}{d t^2} = -k \frac{M x}{r^3}; \quad \frac{d^2 y}{d t^2} = -k \frac{M y}{r^3}$$

folgt:

$$\left(\frac{d x}{d t}\right)^2 + \left(\frac{d y}{d t}\right)^2 = k M \left(\frac{2}{r} - \frac{1}{a}\right),$$

wo a die halbe große Achse seiner elliptischen Bahn bedeutet. Ist die Bahn kreisförmig, so wird $r = a$ und die Geschwindigkeit konstant. Bezeichnet man sie mit c, so folgt $r c^2 = k M$. Für einen andern Planeten, dessen Bahnradius r_1 und dessen Geschwindigkeit c_1 ist, erhält man ebenso $r_1 c_1^2 = k M$. Folglich ist $r c^2 = r_1 c_1^2$. Die Geschwindigkeit eines in einer Kreisbahn um die Sonne sich bewegenden Körpers ist hiernach der Wurzel aus dem Radius der Bahn umgekehrt proportional. Für ein homogenes Rotationsellipsoid, dessen Äquatorealradius gleich a ist, hat J den Wert $^2/_5\, M a^2$. Dann ergibt sich aus dem Flächensatze $a^2 \omega = a_0^2 \omega_0$, oder da $a \omega = v$ die lineare Geschwindigkeit eines Punktes am Äquator bedeutet, $a v = a_0 v_0$; die äquatoreale Geschwindigkeit ist also dem Äquatorealradius umgekehrt proportional.[1]) Bei Vergrößerung des Äquatorealhalbmessers nimmt hiernach die äquatoreale Geschwindigkeit viel schneller ab, als erlaubt wäre, wenn sich in früheren Zeiten am Äquator Teilmassen sollten ablösen können. Man erkennt, daß nicht in früheren Stadien der Entwicklung, sondern erst im Verlaufe einer weiter fortschreitenden Zusammenziehung der Sonne die Möglichkeit einer Abtrennung von Teilmassen vorliegt. Den Radius, bis zu welchem sich der heutige Sonnenradius verkürzen müßte, damit, unter Voraussetzung der Gültigkeit des Flächensatzes, am Äquator Teilmassen zur Ablösung kommen könnten, findet man auf folgende Weise. Es bedeute r den Radius, c die äquatoreale Geschwindigkeit der Sonne zur Zeit der Ablösung der Teilmasse, a_0 ihren heutigen Radius, v_0 ihre gegenwärtige äquatoreale Geschwindigkeit, ferner r_e den Radius der Erdbahn, c_e die Revolutionsgeschwindigkeit der Erde; dann müssen die Gleichungen $r c^2 = r_e c_e^2$ und $r c = a_0 v_0$ erfüllt sein. Aus ihnen folgt:

$$r = \left(\frac{v_0}{c_e}\right)^2 \frac{a_0^2}{r_e}.$$

---

[1]) Dies gilt, und ebenso die sich anschließende Folgerung, auch für ein beliebiges nicht homogenes Rotationsellipsoid, wenn bei seiner Zusammenziehung die Dichte überall gleichmäßig zunimmt, d. h. also, wenn sie an jedem Punkte n^3 mal so groß wird, falls die Achsen des Ellipsoids sich bis auf ihren n-Teil verkleinern.

Nun ist v_0, die Geschwindigkeit eines Punktes am Sonnenäquator, gleich 2 km sec^{-1}, c_e, die Geschwindigkeit der Erde in ihrer Bahn, gleich 30 km sec^{-1}, ferner r_e, der Radius der Erdbahn, ungefähr das 210 fache des Sonnenhalbmessers, folglich:

$$r = \left(\frac{1}{15}\right)^2 \frac{a_0}{210} = \frac{a_0}{47250}.$$

Hieraus geht hervor, daß erst dann, wenn der Radius der Sonne sich bis auf den 47 250. Teil des heutigen verkleinert hätte, d. h. wenn er den 430. Teil des Erdradius betragen würde, am Äquator der Sonne Teilmassen zur Ablösung kommen könnten. Daß, wenn der Flächensatz Gültigkeit hat, die Planeten unseres Sonnensystems sich unmöglich vom Äquator der Sonne haben abtrennen können, erkennt man auch sogleich, wenn man die Größe ihrer Revolutionsgeschwindigkeiten bedenkt. Die Geschwindigkeit Merkurs beträgt 48 km sec^{-1}, und der äußerste Planet Neptun bewegt sich immer noch mit 5,4 km sec^{-1} Geschwindigkeit in seiner Bahn. Die äquatoreale Geschwindigkeit der Sonne ist aber nur 2 km sec^{-1}, und zur Zeit der Abtrennung der Planeten war sie noch bedeutend geringer. Da Merkur ungefähr 80 Sonnenradien von der Sonne entfernt ist, so ergibt sich die äquatoreale Geschwindigkeit der Sonne zur Zeit ihrer Erstreckung bis zur Merkursbahn aus dem Flächensatze zu $\frac{2}{80} = 0{,}025$ km sec^{-1}. Neptun ist 6300 Sonnenradien von der Sonne entfernt; die äquatoreale Geschwindigkeit der Sonne zur Zeit ihrer Erstreckung bis zur Neptunsbahn würde sich also zu $\frac{2}{6300} = 0{,}0003$ km sec^{-1} berechnen. Diese Werte lassen sich mit den vorliegenden Geschwindigkeiten der betreffenden Planeten gar nicht in Vergleichung bringen.

Gründe gegen die Anwendbarkeit des Flächensatzes. Da die Annahme, daß die Rotationsgeschwindigkeit der Zentralmasse durch irgendwelche Ursachen sich verringert habe und jetzt nur noch einen geringen Bruchteil der früheren betrage, wohl niemand im Ernste auszusprechen wagen wird, so ergibt sich also, daß, wenn die Zusammenziehung der homogenen Gasmasse dem Flächensatze gemäß erfolgte, die Planeten sich am Äquator derselben nicht abtrennen konnten. Es wäre aber immerhin möglich, daß die Zusammenziehung nicht dem Flächensatze gemäß vor sich gegangen sei. Wir nahmen bis jetzt an, die Gasmasse sei reibungslos gewesen und habe bei der Zusammenziehung in allen ihren Teilen jederzeit eine übereinstimmende Winkelgeschwindigkeit besessen. Nun ist es aber wahrscheinlich, daß die Zusammenziehung in den äußeren Teilen des Ellipsoids schneller erfolgte als in den inneren, weil die Ausstrahlung der Wärme in den Weltraum die Massen an der Oberfläche sich am schnellsten abkühlen ließ. Die dadurch hervorgerufene Beschleunigung ihrer Rotationsbewegung aber mußte, infolge der Reibung, sich teilweise auf die inneren Massen übertragen; denn ein Ellipsoid, dessen Teile mit verschiedener Winkelgeschwindigkeit rotieren, ist, wenn Reibung vorhanden ist, bestrebt, die verschiedenen Bewegungen ins Gleichgewicht zu bringen und eine übereinstimmende Winkelgeschwindigkeit herzustellen. Dabei mußte sich ein Teil der aus dem Flächensatze resultierenden Vergrößerung der Rotationsenergie in innere Arbeit, in Wärme umsetzen. Es konnte also die ganze Masse nicht in dem Maße ihre Rotation beschleunigen, wie es der Flächensatz verlangt, wenn die Flüssigkeit reibungslos wäre. Daher soll jetzt noch untersucht werden, ob sich vielleicht günstigere Bedingungen für die Ablösung ergeben, wenn man annimmt, es habe sich die Winkelgeschwindigkeit nicht in dem Maße beschleunigt, wie es aus dem Flächensatze folgt, und zwar soll die extremste, d. i. für die Theorie der Abtrennung günstigste Annahme, daß die gesamte bei der Kontraktion verloren gehende potentielle Energie sich in Wärme verwandelt habe, zugrunde gelegt werden. In diesem Falle mußte die Rotationsenergie dieselbe bleiben.

Unveränderlichkeit der Rotationsenergie. Wenn J wie früher das Trägheitsmoment des Ellipsoids in Beziehung auf die Rotationsachse bedeutet, so ist die Rotationsenergie gleich $^1/_2\, J\omega^2$, also gleich $^1/_5\, M v^2$. Aus diesem Ausdrucke ergibt sich, daß, wenn die Rotationsenergie bei der Zusammenziehung konstant bleibt, auch die äquatoreale Geschwindigkeit denselben Wert behält. Dann aber erkennt man sogleich, daß sich auch nach dieser modifizierten Theorie die Abtrennung der Planeten vom Äquator der Zentralmasse nicht erklären läßt; denn die Revolutionsgeschwindigkeiten sämtlicher Planeten sind bedeutend größer als die konstante äquatoreale Geschwindigkeit der Zentralmasse. Diese beträgt 2 km sec^{-1}; der äußerste Planet bewegt sich jedoch mit 5,4 km sec^{-1} Geschwindigkeit noch fast dreimal so schnell. Die Annahme der Unveränderlichkeit der Rotationsenergie führt daher ebensowenig zum Ziele, wie die Voraussetzung der Gültigkeit des Flächensatzes. Doch hat die zuletzt gemachte Annahme wenigstens den Vorzug vor der ersten, daß nach ihr die Abtrennung von Teilmassen am Äquator der Zentralmasse in früheren Zeiten nicht zu den mechanischen Unmöglichkeiten gehört. Unter Voraussetzung der Gültigkeit des Flächensatzes ist eine Abtrennung in früheren Zeiten überhaupt undenkbar; bei konstanter Rotationsenergie würden sich aber Teilmassen haben ablösen können, als der Äquatorealradius der Zentralmasse 225 Erdweiten, d. h. ungefähr das siebenfache des Radius der Neptunsbahn betrug; denn in dieser Entfernung bewegt sich ein Körper mit 2 km sec^{-1} Geschwindigkeit kreisförmig um die Sonne.

Einfluß der Abplattung. Da beide Annahmen nicht zu einer Erklärung der Entstehung der vorhandenen Planeten führen, so könnten wir sie füglich verlassen, wenn nicht die Tatsache, daß bei konstanter Rotationsenergie das Ellipsoid in früheren Zeiten eine größere Abplattung besaß als jetzt, noch zu einigen Bemerkungen Anlaß gäbe. Betrachtet man die Zentralmasse, wie es soeben bei der Berechnung des Wertes von 225 Erdweiten geschah, als kugelförmig, so ist nur ein Zeitpunkt vorhanden, in welchem die Schwerkraft der Zentrifugalkraft am Äquator gerade das Gleichgewicht hielt. Setzt man sie aber richtiger als Rotationsellipsoid voraus, so zeigt sich, daß während einer längeren Zeitdauer das Gleichgewicht der genannten Kräfte am Äquator bestehen und sich also nicht wie im ersten Falle nur ein Planet, sondern mehrere in verschiedenen Abständen von der Sonne bilden konnten.

Schreibt man:

$$\psi = \int_0^\infty \frac{du}{(u + a^2)\sqrt{u + b^2}},$$

und bedeutet k die Gravitationskonstante, so hat das Potential V eines homogenen Rotationsellipsoides mit den halben Achsen a und b und der Masse M in Beziehung auf einen im Innern oder auf der Oberfläche liegenden Punkt (x, y, z) den Wert:

$$V = {}^3/_4\, k M \left(\psi + \frac{x^2 + y^2}{2a} \frac{\partial \psi}{\partial a} + \frac{z^2}{b} \frac{\partial \psi}{\partial b}\right).$$

Für einen auf dem Äquator liegenden Punkt ist $x^2 + y^2 = r^2 = a^2$, die auf diesen Punkt ausgeübte Anziehung also proportional mit:

$$-\frac{\partial V}{\partial r} = -{}^3/_4\, k M \frac{\partial \psi}{\partial a}.$$

Nun ist:

$$\frac{\partial \psi}{\partial a} = -2a \int_0^\infty \frac{du}{(u + a^2)^2 \sqrt{u + b^2}} = -\frac{2a}{(a^2 - b^2)^{3/2}} \left[arc\ cos\ \frac{b}{a} - \frac{b}{a^2}\sqrt{a^2 - b^2}\right].$$

Schreibt man $\frac{b}{a} = x$, ferner:

$$\varphi(x) = \frac{1}{(1 - x^2)^{3/2}} \left[arc\ cos\ x - x\sqrt{1 - x^2}\right],$$

bezeichnet die in einem späteren Zeitpunkte vorhandenen halben Achsen mit a_1 und b_1 und nennt die auf einen Punkt des Äquators ausgeübte Anziehung q_1, so erhält man also:

$$\frac{q}{q_1} = \left(\frac{a_1}{a}\right)^2 \frac{\varphi(x)}{\varphi(x_1)}.$$

Durch einfache Kriterien überzeugt man sich leicht, daß der Wert von $\varphi(x)$ mit wachsendem x beständig abnimmt. Da ein Ellipsoid, welches am Äquator Teilmassen abschleudert, keine Gleichgewichtsfigur der Flüssigkeit ist, so läßt sich nicht im voraus durch die Rechnung bestimmen, ob die Abplattung bei der Zusammenziehung sich vergrößert oder verkleinert. Macht man zuerst die Annahme, daß sich die Abplattung vergrößere, so ist $x_1 < x$. Dann ergibt sich aus der letzten Gleichung, wenn man beachtet, was über die Funktion $\varphi(x)$ gesagt wurde, die Bedingung $q_1 > \left(\frac{a}{a_1}\right)^2 q$. Nennt man die auf einen Punkt des Äquators wirkende Zentrifugalkraft c, so ist, da die äquatoreale Geschwindigkeit sich nicht ändert, $c_1 = \frac{a}{a_1} c$. Nun ist $a_1 < a$ anzunehmen, da andernfalls die bereits losgetrennten Massen mit der Zentralmasse wieder zur Vereinigung kämen. Man sieht, daß, wenn vielleicht in einem bestimmten Zeitpunkte die Schwerkraft der Zentrifugalkraft gerade das Gleichgewicht hielt, dieser Vorgang sich später niemals wiederholen konnte, denn die Schwerkraft wächst in einem viel schnelleren Verhältnisse als die Zentrifugalkraft. Es hätte also nur ein Planet, und zwar in einem Abstande von mehr als 225 Erdweiten von der heutigen Sonne, entstehen können.

Es sei nunmehr $x_1 > x$. In diesem Falle verringert sich die Abplattung des Ellipsoids bei der Zusammenziehung. Da die Dichte sich bei der Kontraktion nicht verringern kann, so besteht die Bedingung $a_1^2 b_1 \leqq a^2 b$; folglich ist $\frac{a_1}{a} \leqq \left(\frac{x}{x_1}\right)^{1/3}$. Die frühere Gleichung:

$$\frac{q}{q_1} = \left(\frac{a_1}{a}\right)^2 \frac{\varphi(x)}{\varphi(x_1)}$$

läßt sich demnach umformen in:

$$\frac{q}{q_1} \leqq \frac{a_1}{a} \; \frac{x^{1/3} \varphi(x)}{x_1^{1/3} \varphi(x_1)}.$$

Die Funktion $x^{1/3} \varphi(x)$ ist gleich 0 für $x = 0$. Nimmt x bis zu dem Werte $x = 1/3$ zu, so wächst die Funktion beständig; für $x = 1/3$ erreicht sie ihren Maximalwert, der ungefähr gleich 0,76 ist. Für größere Werte von x fällt sie beständig bis zu dem Werte $2/3$, den sie für $x = 1$ annimmt. Ist $x_1 < 1/3$, so erhält man also $\frac{q}{q_1} \leqq \frac{a_1}{a}$, d. h. die Schwerkraft wächst schneller als die Zentrifugalkraft. Für $x_1 > 1/3$ aber könnte die obige Bedingung in $\frac{q}{q_1} > \frac{a_1}{a}$ übergehen, und damit wäre die Möglichkeit einer sukzessiven Abtrennung mehrerer Ringe gegeben. Die Wahrscheinlichkeit, daß die Ungleichung $\frac{q}{q_1} > \frac{a_1}{a}$ bestehe, ist offenbar um so größer, je langsamer die Dichte der Gasmasse zunimmt. Wir wählen den für die wiederholte Lostrennung günstigsten Fall, wo die Dichte dieselbe bleibt. Wenn sich mehrere Planeten sollen bilden können, so müssen zur Zeit der Ablösung des äußersten Planeten die Achsen des zentralen Ellipsoids die Bedingung $\frac{b}{a} \geqq 1/3$ erfüllen. Wir setzen $\frac{b}{a} = 1/3$. Bei einer Vergrößerung der kleinen Achse geht die Gasmasse allmählich in die Kugelform über. Der Radius dieser Kugel ergibt sich aus der Gleichung $\frac{4\pi}{3} R^3 \delta = \frac{4\pi}{3} a^2 b \delta$. Da $b = 1/3\, a$ gesetzt wurde, so folgt $R = a \sqrt[3]{1/3} = 0{,}694\, a$. Aus dem

Ausdrucke für $\frac{\partial \psi}{\partial a}$ ergibt sich, daß die von einem Ellipsoide mit dem Achsenverhältnis $\frac{b}{a} = {}^1/_3$ auf einen Punkt des Äquators ausgeübte Anziehung das 1,437fache der Anziehung einer Kugel von derselben Masse beträgt, deren Radius gleich der halben großen Achse ist. Aus den Differentialgleichungen der Bewegung eines Planeten erkennt man, daß das Quadrat seiner Geschwindigkeit der anziehenden Masse proportional ist. Es folgt also aus der Gleichung $a : a_1 = v_1^2 : v^2$, daß ein Ellipsoid mit dem Achsenverhältnisse $\frac{b}{a} = {}^1/_3$, dessen Masse der Sonnenmasse gleich ist, mit 2 km/sec Geschwindigkeit einen Planeten in einer Kreisbahn mit dem Radius $a = 1{,}437 \left(\frac{30}{2}\right)^2 a_1 = 323$ Erdweiten sich zu bewegen zwingt, wenn die Kreisbahn mit ihrem Äquator zusammenfällt. Ist $a = 323$ Erdweiten, so ist $R = 0{,}694\, a = 225$ Erdweiten. Im günstigsten Falle hätten sich also in den Räumen, deren Entfernung vom Zentrum der Sonne 225 bis 323 Erdweiten beträgt, mehrere Planeten bilden können. Aber der äußerste Planet, Neptun, ist nur 30 Erdweiten, der innerste, Merkur, nur 0,4 Erdweiten von der Sonne entfernt. — Auch die zweite Annahme, daß die gesamte potentielle Energie sich bei der Zusammenziehung in Wärme verwandelt habe, führt also zu keiner Erklärung der Entstehung unseres Planetensystems.

Freie Beweglichkeit der einzelnen Teilchen. Endlich könnte man noch die Annahme machen, und sie ist in der Tat auch gemacht worden, daß sich die einzelnen Teilchen der Zentralmasse, den Gesetzen ihrer gegenseitigen Anziehung entsprechend, frei bewegten. Diese Annahme ist auch der Ausgangspunkt der Kantischen Theorie. Um zu erklären, daß die Planetenbahnen sämtlich ziemlich genau in einer Ebene liegen, müßte man der Zentralmasse die Form eines Rotationsellipsoids geben. Das Ellipsoid würde aber keine einheitliche Rotationsbewegung besitzen; denn da die Bahnen der verschiedenen Teilchen miteinander alle möglichen Winkel von 0° bis 180° bilden, so ist kein Pol und kein Äquator vorhanden. Da nun bei Teilchen, welche sich einzeln in freier Bewegung befinden, stets Gleichgewicht zwischen der Schwere und Zentrifugalkraft vorhanden ist, von einem Übergewichte der einen Kraft über die andere zu sprechen also keinen Sinn hat, so würde eine Abtrennung gewisser Teile der Zentralmasse niemals durch die Beschleunigung ihrer Bewegung infolge eines Sinkens nach dem Mittelpunkte erfolgen können (dadurch würde in den Verhältnissen der Masse nichts wesentlich geändert, nur die mittleren Abstände der Teilchen würden sich verkleinern), sondern allein durch ein durch irgendwelche Ursachen hervorgerufenes Sichzurückziehen der inneren Teile der Masse von den äußeren. Äquatoreale Ringbildungen, welche die geringen Abweichungen der Lage der Planetenbahnen voneinander erklären würden, hätten dann eintreten können, wenn die in gleicher Weise von der Zusammenziehung ergriffenen Teilchen sich vielleicht in konzentrischen Schalen um den Mittelpunkt gruppierten. Um einzusehen, daß auch diese Annahme mit den Tatsachen im Widerspruche steht, beachte man folgendes. Der vorausgesetzte Zustand der selbständigen Bewegung der Teilchen konnte nur bis zu einem bestimmten Zeitpunkte dauern; denn in ihrem jetzigen Entwicklungsstadium haben doch sowohl die Sonne als auch die Planeten eine einheitliche Rotationsbewegung. Dieser Zeitpunkt konnte für die Sonne erst dann eingetreten sein, als ihr Radius kleiner war als der Radius der Merkursbahn; denn der Ring, aus welchem Merkur entstand, mußte sich noch in der oben beschriebenen Weise von der Zentralmasse abgelöst haben. Nehmen wir der Einfachheit halber zuerst an, daß die Gasmasse ein homogenes Rotationsellipsoid sei. Die Differentialgleichungen der Bewegung eines im Innern eines solchen Ellipsoides gelegenen Punktes lauten:

$$\frac{d^2 x}{d t^2} = -x A, \qquad A = -{}^3/_4\, k \frac{M}{a} \frac{\partial \psi}{\partial a},$$

$$\frac{d^2 y}{d t^2} = -y A,$$

$$\frac{d^2 z}{d t^2} = -z B, \qquad B = -{}^3/_2\, k \frac{M}{b} \frac{\partial \psi}{\partial b},$$

wenn man die Äquatorebene zur xy-Ebene nimmt. a bedeutet die halbe große, b die halbe kleine Achse, k die Gravitationskonstante. Aus den Gleichungen folgt, wenn man mit r und φ die Polarkoordinaten der xy-Ebene bezeichnet:

$$r^2 \frac{d\varphi}{dt} = c_1, \quad \left(\frac{ds}{dt}\right)^2 = c_2 - A r^2,$$

und hieraus ergibt sich:

$$r^2 = \frac{2 c_1^2}{c_2 + \sqrt{c_2^2 - 4 A c_1^2} \cos 2(\varphi + \varphi_0)}.$$

Legt man die Achse, von welcher aus φ gerechnet wird, so, daß sie die Kurve senkrecht durchschneidet, nennt dann a_0 die Entfernung dieses Punktes vom Mittelpunkte des Ellipsoides, v_0 die auf die xy-Ebene projizierte Geschwindigkeit des Teilchens in demselben, so ist:

$$c_1 = a_0 v_0, \quad c_2 = v_0^2 + A a_0^2,$$

folglich:

$$r^2 = \frac{2 a_0^2 v_0^2}{(v_0^2 + A a_0^2) + (v_0^2 - A a_0^2) \cos 2\varphi}.$$

Dies ist die Gleichung einer Ellipse mit den Achsen $2 a_0$ und $\frac{2 v_0}{\sqrt{A}}$. Ferner erhält man für die Zeit t:

$$t = \frac{1}{2\sqrt{A}} \left[arc \sin \frac{2 A r^2 - c_2}{v_0^2 - A a_0^2} - \frac{\pi}{2} \right].$$

Folglich ist die ganze Umlaufszeit:

$$T = \frac{2\pi}{\sqrt{A}}.$$

Da T von a_0 und v_0 ganz unabhängig ist, so vollenden alle Teilchen ihre Umläufe in derselben Zeit.

Um die fernere Erörterung auf eine nicht homogene Masse beziehen zu können, machen wir die vereinfachende Annahme, die Masse habe Kugelgestalt. Die Resultate lassen sich ohne weiteres auf ein Ellipsoid übertragen. — Vorausgesetzt, daß die Dichte der nicht homogenen Kugel eine bloße Funktion des Abstandes vom Mittelpunkte sei, so ist es für ein Teilchen, welches sich in der Oberfläche der Kugel bewegt, bedeutungslos, ob die Kugel homogen oder nicht homogen sei, da die Anziehung einer homogenen Kugelschale gefunden wird, wenn man ihre Masse im Mittelpunkte vereinigt denkt. Man stelle sich nun vor, daß die nicht homogene Kugel aus der homogenen durch Verdichtung der inneren und Verdünnung der äußeren Schichten hervorgegangen sei, ohne daß dabei eine gegenseitige Verschiebung der einzelnen Teilchen und eine Verkleinerung des Radius eingetreten wäre. In beiden Kugeln wirkt dann auf jedes Teilchen dieselbe anziehende Masse. Da aber ein Teilchen der nicht homogenen Kugel sich dem Zentrum näher befindet als das entsprechende Teilchen der homogenen Kugel, so ist seine lineare Geschwindigkeit eine größere; diese nimmt z. B. bei einer kreisförmigen Bahn, wie es hier der Einfachheit halber vorausgesetzt werden soll, umgekehrt mit der Quadratwurzel aus dem Abstande vom Zentrum zu. Dann folgt weiter, daß die ganze in der Kugel vorhandene lebendige Kraft, welche sich als die Summe $^1/_2\, \Sigma\, m\, v^2$ darstellt, da, abgesehen von gewissen Teilchen der Oberfläche, für jedes Teilchen der nicht homogenen Kugel v^2 nach dem Gesagten einen größeren Wert als für das entsprechende Teilchen der homogenen Kugel besitzt, bei der nicht homogenen Kugel größer als bei der homogenen ist. Die lebendige Kraft einer Kugel mit frei beweglichen Teilchen ist aber wieder größer als die lebendige Kraft einer andern gleich großen, dasselbe Dichtegesetz aufweisenden Kugel, deren Teilchen sich nicht frei, sondern in parallelen, zu einer Rotationsachse senkrechten Bahnen bewegen. Denn angenommen, eine Kugel der ersten Art bilde sich in eine der zweiten Art um, so bleibt nur der mit dem Kosinus des von der Bahn der Teilchen und der Äquatorebene eingeschlossenen Neigungswinkels multiplizierte Wert der lebendigen Kraft als solche erhalten,[1]) während sich der andere Teil in Wärme verwandelt. Hiernach ist auch die Rotationsenergie einer rotierenden nicht homogenen Kugel größer als die

[1]) Die nicht homogene Kugel rotiert dann nicht als einheitliche Masse, d. h. überall mit derselben Winkelgeschwindigkeit, sondern die inneren Teile bewegen sich im allgemeinen schneller als die äußeren; doch besitzen die in derselben Kugelschale befindlichen Teilchen dieselbe Winkelgeschwindigkeit.

einer gleich großen homogenen Kugel von derselben Masse. Man erhält also einen Minimalwert der Rotationsenergie der Sonne, wenn man sich ihre Masse bis zur Bahn des zuletzt entstandenen Planeten homogen ausgebreitet und mit der Geschwindigkeit eines in der Oberfläche frei beweglichen Teilchens, d. h. also mit der Geschwindigkeit Merkurs, rotierend denkt. In dem Ausdrucke der Rotationsenergie $^1/_5 M c^2$ müßte demnach c mindestens gleich 48 km sec^{-1} sein. In Wirklichkeit ist aber c kleiner als 2 km sec^{-1}; denn da die Sonne als eine im Innern verdichtete, gleichförmig, d. h. an jedem Punkte des Innern mit derselben Winkelgeschwindigkeit rotierende[1]) Masse betrachtet werden darf, so ist ihre Rotationsenergie kleiner als diejenige, welche sich unter der Voraussetzung einer homogenen, mit der gleichen Winkelgeschwindigkeit rotierenden Masse berechnet; diese letztere erhält man, wenn man für c den Wert der äquatorealen Geschwindigkeit der Sonne 2 km sec^{-1} setzt. Der angegebene Widerspruch macht die Annahme freier Beweglichkeit der einzelnen Teilchen hinfällig.

Unmöglichkeit einer Kontraktion. Wir haben im vorhergehenden ganz davon abgesehen, daß keine Ursache angegeben wird, welche ein Sich-Zurückziehen der inneren Teile der Gasmasse von den äußeren hervorrufen könnte. Denn von anderen als den anziehenden Kräften war nicht die Rede; die ganze Wirkung dieser Kräfte aber besteht in der berechneten Bewegung. In dem Zustande der Gasmasse würde also, ohne Postulierung neuer, unbekannter Kräfte, in Ewigkeit keine Änderung eintreten. Alle Teilchen würden ohne Aufhören ihre elliptischen Bahnen beschreiben und es käme niemals zur Bildung einer Zentralmasse und mehrerer Planeten.

Ungleich dichtes Ellipsoid. Die Untersuchungen dieses Paragraphen beziehen sich vorwiegend auf ein Ellipsoid, dessen Dichte homogen ist. Da man eine ellipsoidförmige Masse, deren Dichte nach dem Innern hin zunimmt, ohne einen großen Fehler zu begehen, als eine Masse mit dichterem Kerne und umhüllender dünnerer Atmosphäre, deren Dichte mit der Entfernung vom Kerne abnimmt, ansehen kann, so nähert sich die Annahme eines nicht homogenen Ellipsoides als der Urform des Sonnensystems, wie schon früher bemerkt wurde, der Laplaceschen Hypothese. Weiteres sehe man daher im § 6.

§ 5. Die Poincarésche Theorie.

Unbewiesene Annahme der Pseudo-Laplaceschen Theorie. Die Pseudo-Laplacesche Theorie legt eine unbewiesene Annahme zugrunde. Sie geht nämlich von der Voraussetzung aus, daß eine homogene rotierende Masse, deren Teilchen sich gegenseitig umgekehrt mit dem

[1]) Die Annahme verschiedener Winkelgeschwindigkeiten ist unbegründet; siehe die Kritik der Moultonschen Theorie, § 7.

Quadrate der Entfernung anziehen, immer die Form eines Rotationsellipsoides annehme. Die mathematische Behandlung des Problems ergibt nun folgendes Resultat: „Bedeutet ω die Winkelgeschwindigkeit der Masse, δ ihre Dichte, so kann die Flüssigkeit, wenn $\frac{\omega^2}{2\pi\delta} < 0{,}1871$ ist, die Formen dreier verschiedener Ellipsoide annehmen, welche Gleichgewichtsfiguren sind, nämlich zweier Rotationsellipsoide, von denen das eine mehr, das andere weniger abgeplattet ist, und eines dreiachsigen, sog. Jacobischen Ellipsoides. Für $\frac{\omega^2}{2\pi\delta} = 0{,}1871$ verwandelt sich das Jacobische Ellipsoid in ein Rotationsellipsoid. Für $0{,}1871 < \frac{\omega^2}{2\pi\delta} < 0{,}2246$ genügen zwei verschieden abgeplattete Rotationsellipsoide den Bedingungsgleichungen. Für $\frac{\omega^2}{2\pi\delta} = 0{,}2246$ gehen sie ineinander über. Für $\frac{\omega^2}{2\pi\delta} > 0{,}2246$ gibt es kein Ellipsoid mehr, welches Gleichgewichtsfigur der Flüssigkeit werden könnte." Von Ellipsoiden, die Gleichgewichtsfiguren sind, können sich am Äquator keine Teilmassen ablösen. Wenn die Pseudo-Laplacesche Theorie von Ellipsoiden spricht, an deren Äquator sich Massen abtrennen, so behauptet sie also, daß die Flüssigkeit auch für $\frac{\omega^2}{2\pi\delta} > 0{,}2246$ Ellipsoidform annehme; die einzelnen Teilchen dieses Ellipsoides müßten dann, da es keine Gleichgewichtsfigur ist, in unaufhörlicher, gegenseitiger Bewegung sein. Nun ist aber keineswegs bewiesen, daß, wenn, bei Annahme eines Rotationsellipsoides als der Form der rotierenden Flüssigkeit, $\frac{\omega^2}{2\pi\delta} > 0{,}2246$ sich ergibt, überhaupt keine Gleichgewichtsfigur für dieselbe mehr bestehe. Es könnte sein, daß die Flüssigkeit ganz neue Formen annähme, die sich vielleicht bedeutend in die Länge ziehen und dadurch den Wert von ω heruntersetzen, ohne daß sich dadurch der gegebene Wert von $J\omega$, der, wenn die Zusammenziehung nach rein mechanischen Gesetzen vor sich geht, konstant bleibt, veränderte.

Poincarés Untersuchungen. Durch die Untersuchungen Poincarés in den Acta mathematica Bd. 7 (Sur l'équilibre d'une masse fluide animée d'un mouvement de rotation) und in den Transactions of the Royal Society, Series A, 1902 (Sur la stabilité de l'équilibre des figures pyriformes affectées par une masse fluide en rotation) hat sich ergeben, daß eine rotierende, homogene Flüssigkeit, die sich allmählich zusammenzieht, anfangs bei geringer Rotationsgeschwindigkeit die Form eines wenig abgeplatteten Rotationsellipsoides annimmt, daß sich dann, wenn die Dichte sich vergrößert, das Ellipsoid immer mehr abplattet, bis es bei dem Achsenverhältnis $\frac{a}{c} = 1{,}716$ in ein dreiachsiges Ellipsoid übergeht, daß dieses sich mehr und mehr verlängert, bis die Achsenverhältnisse $\frac{a}{b}$ und $\frac{a}{c}$ die Werte 2,898 und 2,314[1]) angenommen haben, und es ist höchst wahr-

[1]) Diese Zahlenwerte ergeben sich aus einer Abhandlung Darwins in den

scheinlich gemacht, daß sich das Ellipsoid bei der weiteren Kontraktion nach einer Seite hin verlängert und eine birnenförmige Gestalt annimmt. Poincaré hat nachgewiesen, daß die genannte birnenförmige Figur eine Gleichgewichtsgestalt der Flüssigkeit sei; es fehlt aber noch der Beweis, daß sie Stabilität besitze. Wenn dieser Beweis gelingen sollte, so wird sich wahrscheinlich ergeben, daß, welchen Wert auch die konstante Größe $J\omega$ und die veränderliche Größe δ besitzen mag, immer eine stabile Gleichgewichtsfigur sich angeben lasse, deren Form die Flüssigkeit annehmen werde. Ist bei gegebenem δ das Moment der Bewegungsgröße $J\omega$ groß genug, so zeigt die Rechnung, daß ein Ring die Gleichgewichtsfigur sein kann; allerdings bleibt er bei beliebigen Deformationen wahrscheinlich nicht stabil (Poincaré, Acta math. Bd. 7, § 5). Vielleicht ergibt sich auch eine neue Gleichgewichtsfigur durch die weitere Entwicklung der von Poincaré bestimmten Birnenform, wenn sie, falls sie stabil sein sollte, sich bis zu den Grenzen ihrer Stabilität entwickelt hat. Poincaré vermutet, daß der kleinere Teil der Birne sich von dem größeren abtrennen und sich in freier Bahn um diesen herumbewegen werde, was einen neuen Gleichgewichtszustand einleiten würde. Bei der weiteren Zusammenziehung der zentralen und der Teilmasse könnte sich dieser Entwicklungsgang mehrere Male wiederholen. — Aus dem Gesagten geht hervor, daß es zum mindesten sehr gewagt ist, wenn die Pseudo-Laplacesche Theorie annimmt, eine rotierende Flüssigkeit brauche sich nicht zu bestreben, eine stabile Gleichgewichtsfigur anzunehmen, sondern könne als Rotationsellipsoid rotieren und am Äquator Massen abschleudern.

Poincarés Theorie. Wenn der von Poincaré angegebene Entwicklungsgang einer sich selbst überlassenen, rotierenden Flüssigkeit, deren Dichte sich vergrößert, richtig ist, so ergibt sich aber eine neue Theorie der Entwicklung unseres Planetensystems. Poincaré selbst hat darauf hingewiesen, daß man versucht sein könnte, in seinen Untersuchungen eine Bestätigung oder eine Widerlegung der Laplaceschen Theorie zu finden; aber zu gleicher Zeit macht er darauf aufmerksam, man dürfe nicht vergessen, daß die Bedingungen doch sehr verschiedene seien, da die von ihm vorausgesetzte Masse homogen wäre, während der Laplacesche Nebel nach dem Zentrum hin verdichtet vorausgesetzt werden müsse (Acta, § 15). Trotzdem scheint er der Meinung zu sein, daß seinen Untersuchungen in kosmogonischer Beziehung doch eine Bedeutung zukommen möchte. In den Transactions 1902 weist er mit Nachdruck darauf hin, daß, wenn sich auch herausstellen sollte, die Birnenform sei für eine homogene Flüssigkeit nicht stabil, eine heterogene Flüssigkeit gleichwohl eine birnenförmige Gleichgewichtsfigur annehmen könnte, welche stabil wäre. Wir wollen daher jetzt genauer untersuchen, ob die Poincarésche Theorie unter der Annahme, die Birnenform sei eine stabile Gleichgewichtsfigur einer homo-

Transactions of the R. S., Ser. A, 1902: On the pear-shaped figure of equilibrium of a rotating mass of liquid.

genen oder nicht homogenen rotierenden Flüssigkeit, zu einer Erklärung der Entstehung der Planeten und der Monde unseres Sonnensystems führt.

Kinetische Energie der Planeten. Der Zweck der Abtrennung des mit größerer linearer Geschwindigkeit rotierenden kleineren Teiles der Birne von dem größeren ist offenbar, der rotierenden Hauptmasse einen beträchtlichen Teil der Rotationsenergie zu nehmen, damit sie imstande sei, wieder die Gleichgewichtsfigur eines Rotationsellipsoides, eines Jacobischen Ellipsoides oder einer Birne anzunehmen. Wenn die Teilmasse auch kleiner als die Zentralmasse ist, so wird doch, da sie sich in derselben Zeit, in der die Zentralmasse rotiert, frei um dieselbe herumbewegt, ihre kinetische Energie einen bedeutenden Bruchteil der Rotationsenergie der Zentralmasse betragen. Ist M die Masse der Sonne, v_0 ihre äquatoreale Geschwindigkeit, so ist ihre Rotationsenergie $E = {}^1/_2 J\omega^2 = {}^1/_5 M v_0^2$; ist m die Masse eines Planeten, c seine mittlere Revolutionsgeschwindigkeit, so ist seine kinetische Energie $e = {}^1/_2\, m\, c^2$. Man erhält also:

$$\frac{e}{E} = \frac{5}{2}\,\frac{m}{M}\left(\frac{c}{v_0}\right)^2.$$

Berechnet man nach dieser Formel für die einzelnen Planeten den Wert des Verhältnisses $\frac{e}{E}$, so erhält man für Merkur 0,00031, für Venus 0,00216, für die Erde 0,00173, für Mars 0,00013, für Jupiter 0,1029, für Saturn 0,0168, für Uranus 0,00129, für Neptun 0,00125. Hiernach betragen die Revolutionsenergien der Planeten zusammengenommen ungefähr den achten Teil der Rotationsenergie der heutigen Sonne. Die angegebenen Werte sind aber nicht die Verhältnisse zwischen den Revolutionsenergien der Planeten und der Rotationsenergie der Zentralmasse zur Zeit der Bildung der Planeten; denn die Rotationsenergie der Sonne war früher bedeutend geringer. Wir bezeichnen die 8 großen Planeten, bei Neptun beginnend, der Reihe nach mit den Buchstaben α, β, γ, k, λ, μ, ν, π. Es sei r_k der Radius der Bahn des Planeten k, c_k seine Revolutionsgeschwindigkeit, ferner a_k der Äquatorealhalbmesser der als Rotationsellipsoid[1]) vorausgesetzten Zentralmasse, v_k ihre äquatoreale Geschwindigkeit nach der Abtrennung des Planeten k. Da die Planeten

[1]) Es ist unwahrscheinlich, daß die in die Teilmasse übergehende Rotationsenergie so klein sei, daß die zurückbleibende Zentralmasse wieder die Form eines Jacobischen Ellipsoids oder gar einer Birne anzunehmen gezwungen wäre. In diesem Falle würde nämlich schon nach kurzer Zeit das Jacobische Ellipsoid und die Birnenform an der Grenze ihrer Stabilität angelangt sein und in der Folge eine neue Teilmasse sich absondern. Da die Planeten und die Monde aber sehr weit voneinander entfernt sind, so muß der nach einer Abtrennung eintretende Gleichgewichtszustand längere Zeit andauern; die zurückbleibende Zentralmasse darf also nicht sogleich wieder die Form eines Jacobischen Ellipsoids oder einer Birne annehmen. Es ist demnach gerechtfertigt, sie als Rotationsellipsoid vorauszusetzen.

λ, μ, ν, π sich erst später bildeten, so hat man ihre Revolutionsenergien der Rotationsenergie der Zentralmasse hinzuzurechnen, aber nicht in der Größe, welche sie gegenwärtig besitzen, sondern in dem Verhältnisse verkleinert, wie es der die Zusammenziehung der Zentralmasse regelnde Flächensatz verlangt. Die gegenwärtige Rotationsenergie der Sonne beträgt $^1/_5 M v_0^2$; die gegenwärtige Revolutionsenergie l_λ des Planeten λ ist gleich $^1/_2 m_\lambda c_\lambda^2$. Da nach dem Flächensatze die Geschwindigkeiten dem Abstande der Massen vom Zentrum umgekehrt proportional sind, so hat also die Rotationsenergie der Zentralmasse nach der Abtrennung des Planeten k den Wert:

$$L_k = {}^1/_5 M v_0^2 \left(\frac{a_0}{a_k}\right)^2 + \sum_{\lambda, \mu, \nu, \pi} {}^1/_2 m_\lambda c_\lambda^2 \left(\frac{r_\lambda}{a_k}\right)^2.$$

Schreibt man:

$$A_\lambda = \frac{m_\lambda}{M} \frac{c_\lambda^2 r_\lambda^2}{v_0^2 a_0^2},$$

so erhält man hieraus:

$$\frac{L_k}{l_k} = \frac{1}{A_k} \left(\frac{r_k}{a_k}\right)^2 \left[\frac{2}{5} + \sum_{\lambda, \mu, \nu, \pi} A_\lambda\right].$$

Berechnet man den Wert A für die einzelnen Planeten, so findet man für Merkur 0,5, für Venus 18, für die Erde 31, für Mars 5,6, für Jupiter 50000, für Saturn 28000, für Uranus 8000, für Neptun 15000. Der Augenschein zeigt, daß der beim Zerfallen der Birne zwischen der Teilmasse und der Zentralmasse entstehende Zwischenraum nicht sehr groß sein kann. Setzt man $a_k = \varepsilon r_k$, so ist also ε ein Bruch, dessen Wert der 1 ziemlich nahe liegt. Berechnet man nun aus der letzten Gleichung mit Hülfe der für A angegebenen Werte das Verhältnis $l_k : L_k$, so erhält man für Merkur 1,2 ε^2, für Venus 20 ε^2, für die Erde 1,6 ε^2, für Mars 0,11 ε^2, für Jupiter 905 ε^2, für Saturn 0,56 ε^2, für Uranus 0,1 ε^2, für Neptun 0,19 ε^2. Da ε nur wenig kleiner als 1, zum mindesten größer als $^1/_2$ ist, so erkennt man, daß die Revolutionsenergie der Planeten Venus und Jupiter, wahrscheinlich auch die des Merkur und der Erde, sich nach der Rechnung größer ergibt als die Rotationsenergie der Zentralmasse zu der Zeit, als sich die betreffenden Planeten von ihr losgelöst hatten. Wenn die Theorie richtig wäre, so hätte man erwarten müssen, daß sämtliche Werte Bruchteile der Einheit seien; denn wenn auch ein bedeutender Teil der Rotationsenergie beim Zerfallen der Birne in die Teilmasse übergeht, so wird dieser Teil doch kleiner sein als die in der Zentralmasse zurückbleibende Rotationsenergie. Und selbst wenn sie größer werden sollte als diese, so bleiben doch zweifellos solche Werte, wie sie für Venus und Jupiter berechnet wurden, völlig ausgeschlossen. Es ist also nicht möglich, daß diese Planeten durch Zerfallen einer Birnenform aus der Zentralmasse sich haben bilden können. Die für die andern Planeten berechneten Werte sind allerdings kleiner als 1; aber da sie unter der Voraussetzung, daß die verhältnismäßig bedeutenden Revolutionsenergien der zuerstgenannten Planeten einmal in der Rotationsenergie der Zentralmasse enthalten gewesen seien, abgeleitet wurden, so werden sie, nachdem diese Voraussetzung sich soeben als unhaltbar erwiesen hat, bedeutungslos.

Ungültigkeit des Flächensatzes. Unveränderlichkeit der Rotationsenergie. Da es bis jetzt überhaupt noch nicht feststeht, ob in früheren Zeiten der Entwicklung unseres Sonnensystems eine Birnenform sich hat bilden können, so wird es nicht überflüssig sein, diese Frage noch zu beantworten. Es wurde schon im § 4 gezeigt, daß, unter Voraussetzung der Gültigkeit des Flächensatzes, die Entwicklung der Sonne nicht in der Vergangenheit, sondern erst in der Zukunft zu der Ausbildung eines Jacobischen Ellipsoids und einer Birnenform führen könne. Wenn man die Entwicklung der Sonne rückwärts verfolgt, so ergibt sich nämlich, daß ihre schon jetzt unmerkliche Abplattung immer noch kleinere Werte annimmt, daß sich nur bei fortschreitender Entwicklung die Abplattung vergrößert, bis das Rotationsellipsoid endlich in ein Jacobisches übergeht. Wenn wir trotzdem den Versuch machen wollen, die Poincarésche Theorie auf die Erklärung der Entstehung unseres Planetensystems anzuwenden, so sind wir also gezwungen, anzunehmen, daß, wenigstens während der Zeit, die seit der Abtrennung des letzten Planeten verflossen ist, der Flächensatz auf die Entwicklung der Sonne keine Anwendung finde. Die Wahrscheinlichkeit, daß in früheren Entwicklungsstadien kein Rotationsellipsoid, sondern ein Jacobisches Ellipsoid und eine Birnenform die Gleichgewichtsfigur der rotierenden Gasmasse gewesen sei, ist offenbar um so größer, je größer die Rotationsenergie der Zentralmasse in früheren Zeiten war. Wir wählen die günstigste Annahme, nämlich die, daß die gesamte heutige Rotationsenergie auch früher schon in der Zentralmasse vorhanden gewesen sei, daß sie sich also nicht allmählich durch Umwandlung verschwindender potentieller Energie vergrößert habe.

Achsen des kritischen Rotations- und des kritischen Jacobischen Ellipsoids. Das am meisten abgeplattete Rotationsellipsoid, welches stabile Gleichgewichtsfigur einer rotierenden Flüssigkeit werden kann, besitzt das Achsenverhältnis $\frac{a}{b} = \frac{1,1972}{0,6977}$; für dasselbe hat $\frac{\omega^2}{2\pi\delta}$ den Wert 0,18712 (Darwin, loc. cit.). Ist δ' die Dichte der heutigen Sonne, ϱ' ihr Radius, so hat man $\frac{4\pi}{3} a^2 b \delta = \frac{4\pi}{3} \varrho^3 \delta'$, also $\delta = \frac{\varrho^3}{a^2 b} \delta'$; ferner ist, wenn v die äquatoreale Geschwindigkeit des Ellipsoids bedeutet, $\omega = \frac{v}{a}$; man erhält dann:

$$\frac{1}{2\pi} \left(\frac{v}{a}\right)^2 \frac{a^2 b}{\varrho^3 \delta'} = 0,18712.$$

In der Gleichung ist die Dichte δ' nicht in absolutem Maße ausgedrückt. Bei der Berechnung des Wertes 0,18712 wurde die zwischen zwei Massen m_1 und m_2 wirkende Anziehung gleich $\frac{m_1 m_2}{r^2}$, die Gravitationskonstante also gleich 1 gesetzt. Um δ' zu erhalten, hat man demnach die mit absolutem Maße gemessene Sonnendichte mit der Gravitationskonstanten des absoluten Maßsystems zu multiplizieren. Die mittlere Dichte der Sonne ist das 1,343fache der Dichte des Wassers; die Gravitationskonstante hat den Wert $6{,}66 \cdot 10^{-8}$ cm^3 g^{-1} sec^{-2}. Folglich ist, da die absolute Dichte die Dimension g cm^{-3} besitzt, $\delta' = 1{,}343 \cdot 6{,}66 \cdot 10^{-8}$ sec^{-2}. Es möge hierbei bemerkt werden, daß, da ω die Dimension sec^{-1} hat, 0,18712 eine reine Zahl ist. Multipliziert man die obige Gleichung mit $\frac{a}{b} = \frac{1{,}1972}{0{,}6977}$, so erhält man, da bei gleichbleibender kinetischer Rotationsenergie die äquatoreale Geschwindigkeit sich nicht ändert, also $v = v_0$ ist:

$$\frac{a}{\varrho} = 0{,}18712 \cdot 2\pi \frac{1{,}1972}{0{,}6977} \left(\frac{\varrho}{v_0}\right)^2 \delta'.$$

Der Radius ϱ der Sonne beträgt 700000 km, ferner ist $v_0 = 2$ km sec^{-1}. Setzt man für ϱ, v_0 und δ' die angegebenen Werte ein, so folgt $\frac{a}{\varrho} = 22250$, oder, da $\varrho = \frac{r_e}{210}$ ist, $a = 106\, r_e$, $b = 62\, r_e$. Dies sind also, in Erdweiten ausgedrückt, die halben Achsen des kritischen Rotationsellipsoids. — Es soll nunmehr unter derselben Voraussetzung der Unveränderlichkeit der Rotationsenergie die Größe des kritischen Jacobischen Ellipsoides berechnet werden. Für dasselbe ist:

$$\frac{a}{b} = \frac{1{,}88583}{0{,}81498}, \quad \frac{a}{c} = \frac{1{,}88583}{0{,}65066}, \quad \frac{\omega^2}{2\pi\delta} = 0{,}14200$$

(Darwin l. c.). Da das Trägheitsmoment eines um die z-Achse rotierenden dreiachsigen Ellipsoids gleich $^1/_5\, M\,(a^2 + b^2)$, seine Rotationsenergie also gleich $^1/_{10}\, M\,(a^2 + b^2)\,\omega^2$ ist und diese den Wert $^1/_5\, M\, v_0^2$ besitzen soll, so erhält man $\omega^2 = \frac{2\, v_0^2}{a^2 + b^2}$. Die Gleichung $\frac{\omega^2}{2\pi\delta} = 0{,}142$ geht also über in:

$$\frac{1}{2\pi} \frac{2 v_0^2}{a^2 + b^2} \frac{a\,b\,c}{\varrho^3 \delta'} = 0{,}142,$$

und hieraus folgt:

$$\frac{a}{\varrho} = \frac{0{,}142 \cdot 1{,}88583^2}{0{,}65066 \cdot 0{,}81498} \left[1 + \frac{b^2}{a^2}\right] \left(\frac{\varrho}{v_0}\right)^2 \pi\, \delta'.$$

Setzt man auf der rechten Seite die angegebenen Werte ein, so erhält man $\frac{a}{\varrho} = 39165$, oder $a = 187\, r_e$, $b = 81\, r_e$, $c = 65\, r_e$. Für das kritische Rotationsellipsoid berechnet sich die Dichte zu $2{,}181 \cdot 10^{-13}$ der Dichte des Wassers, für das kritische Jacobische Ellipsoid zu $1{,}564 \cdot 10^{-13}$. Also nur dann, wenn die Dichte der homogenen Gasmasse einmal geringer gewesen wäre, als der zuletzt angegebene Wert, würde ihre Entwicklung zur Ausbildung einer Birnenform und zur Abtrennung einer Teilmasse haben führen können; doch würde sich diese Teilmasse mehr als 187 Erdweiten von der Sonne entfernt befunden haben. Der äußerste Planet Neptun ist aber nur 30 Erdweiten von der Sonne entfernt. Die berechneten Werte vergrößern sich noch bedeutend, wenn man annimmt, daß nicht die gesamte heutige Rotationsenergie der Zentralmasse ihr schon stets eigen gewesen, sondern daß sie früher geringer gewesen sei. — Wollte man die Revolutionsenergien der Planeten mit in Rechnung bringen, so müßte man, da sie zusammen ungefähr $^1/_8$ der Rotationsenergie der heutigen Sonne betragen, für v_0 nicht 2, sondern $2\sqrt{^9/_8}$ km sec^{-1} setzen. Die für die halben Achsen der Ellipsoide berechneten Werte sind dann mit $^8/_9$ zu multiplizieren. Man erhält für das kritische Rotationsellipsoid $a = 94\ r_e$, $\delta = 3{,}106 \,.\, 10^{-13}$, für das kritische Jacobische Ellipsoid $a = 166\ r_e$, $\delta = 2{,}227 \,.\, 10^{-13}$. Im allergünstigsten Falle hätte sich also 166 Erdweiten von der Sonne entfernt ein Planet bilden können, aber nicht mehr in geringerer Entfernung von der Sonne.

Kinetische Energie der Monde. Von den Monden läßt sich ähnliches sagen wie von den Planeten. Für den Erdmond erhält man z. B., da seine Masse $^1/_{80}$ der Erdmasse, seine Geschwindigkeit c, die Erde als ruhend gedacht, 1020 m sec^{-1} und die äquatoreale Geschwindigkeit der Erde 464 m sec^{-1} beträgt, nach der Formel $\frac{l}{L} = \frac{5}{2}\,\frac{m}{M}\left(\frac{c}{v}\right)^2$ das gegenwärtige Verhältnis der lebendigen Kraft der Mondmasse zu der Rotationsenergie der Erdmasse gleich $\frac{5}{2}\,\frac{1}{80}\left(\frac{1020}{464}\right)^2 = 0{,}151$. Zur Zeit der Entstehung des Mondes war aber, da die äquatoreale Geschwindigkeit der Erde nach der Theorie ihrem Radius umgekehrt proportional zu setzen ist, und die Entfernung des Mondes von der Erde 60 Erdradien beträgt, das Verhältnis der lebendigen Kräfte $(60\,\varepsilon)^2$ mal größer, also gleich $545\,\varepsilon^2$. Dieser Wert ist ebenso unsinnig wie der oben für Jupiter berechnete. Bei den Monden anderer Planeten ergibt sich für das Verhältnis $\frac{l}{L}$ wiederum ein zu kleiner Wert. Z. B. ist bei allen regulären Jupitersmonden[1]) das Verhältnis $\frac{l}{L}$ kleiner als $^1/_{12}\,\varepsilon^2$. Der in die Monde übergehende Teil der Rotationsenergie des Planeten ist hiernach so gering, daß sein Verlust für die zurückbleibende Zentralmasse unmöglich einen neuen, längere Zeit[2]) andauernden Gleichgewichtszustand zur Folge haben konnte.

[1]) Die neu entdeckten Monde VI und VII gehören wegen der beträchtlichen Neigung ihrer Bahn gegen den Jupitersäquator (29° und 31°) nicht zu den regulären Monden (siehe § 19).

[2]) Da die Radien der Mondbahnen beträchtlich voneinander verschieden sind, so muß zwischen zwei aufeinanderfolgenden Abtrennungen eine bedeutende Zusammenziehung der Zentralmasse stattfinden, der nach einer Abtrennung eintretende Gleichgewichtszustand also längere Zeit andauern.

Massen der Planeten und der Monde. Ein weiteres Argument gegen die Anwendbarkeit der Poincaréschen Theorie auf die Erklärung der Entstehung unseres Sonnensystems liefert das Verhältnis der Massen der Planeten und der Monde zu ihrer Zentralmasse. Unter der Voraussetzung, daß sich nach der Abtrennung der Teilmasse wieder ein Gleichgewichtszustand in dem rotierenden System herausbilde und daß die Zentralmasse die Form eines Rotationsellipsoides annehme,[1]) läßt sich nämlich eine untere Grenze für die Größe der Teilmasse berechnen, und es wird sich zeigen, daß die Massen sämtlicher Planeten und Monde bedeutend unter dieser Grenze liegen.

Wenn nach der Abtrennung der Teilmasse das System wieder eine Gleichgewichtsgestalt annehmen soll, so muß die Winkelgeschwindigkeit der Teilmasse dieselbe sein wie die der Zentralmasse. Die Zentralmasse setzen wir als Rotationsellipsoid voraus; die Teilmasse betrachten wir als Kugel; von den Deformationen, welche die gegenseitige Anziehung der beiden Körper zur Folge hat, sehen wir ab. Um die zu berechnende Größe der Teilmasse möglichst klein zu gestalten, legen wir der Zentralmasse die größte Rotationsenergie bei, die sie bei der vorliegenden Dichte besitzen kann, geben ihr also die Form des kritischen Rotationsellipsoides. — Bedeuten a, b, c die halben Achsen, δ die Dichte, M die Masse, ω die Winkelgeschwindigkeit des vor der Abtrennung der Teilmasse zur Ausbildung gekommenen Jacobischen Ellipsoides, und ist $\frac{b}{a} = \frac{0{,}81498}{1{,}88583} = \varepsilon$, $\frac{c}{a} = \frac{0{,}65066}{1{,}88583} = \varepsilon'$, so hat die Größe $J\omega$ für dasselbe den Wert:

$$\frac{M}{5}(1 + \varepsilon^2)\, a^2\, \omega.$$

Bedeuten ebenso a_1, b_1 die halben Achsen, δ_1 die Dichte, m_1 die Masse, ω_1 die Winkelgeschwindigkeit des zentralen Rotationsellipsoides, ist $\frac{b_1}{a_1} = \frac{0{,}6977}{1{,}1972} = \varepsilon_1$ und bezeichnet s_1 den Abstand seines Zentrums von dem gemeinschaftlichen Schwerpunkte der Zentral- und der Teilmasse, so hat $J\omega$ für das zentrale Ellipsoid den Wert:

$$\tfrac{2}{5}\, m_1\, a_1^2\, \omega_1 + m_1\, s_1^2\, \omega_1.$$

Ist endlich ϱ der Radius der Teilmasse, m_2 ihre Masse, s_2 der Abstand ihres Mittelpunktes vom Schwerpunkte des Systems, so hat, da ihre Winkelgeschwindigkeit dieselbe sein soll wie die der Zentralmasse, die Größe $J\omega$ für sie den Wert:

$$m_2\, s_2^2\, \omega_1 + \tfrac{2}{5}\, m_2\, \varrho^2\, \omega_1.$$

Wenn der Flächensatz im Zeitpunkte der Abtrennung der Teilmasse Gültigkeit besitzt, so besteht also die Gleichung:

$$\tfrac{1}{5} M (1 + \varepsilon^2)\, a^2\, \omega = \tfrac{2}{5}\, m_1\, a_1^2\, \omega_1 + m_1\, s_1^2\, \omega_1 + m_2\, s_2^2\, \omega_1 + \tfrac{2}{5}\, m_2\, \varrho^2\, \omega_1.$$

[1]) Die Begründung der letzten Annahme gibt die Anmerkung auf S. 29.

Wir machen nun im voraus die Annahme, die Größe der Teilmasse werde sich im Verhältnis zu der der Zentralmasse als so gering ergeben, daß sie ihr gegenüber vernachlässigt werden könne und der Schwerpunkt des Systems infolgedessen mit dem Zentrum der Zentralmasse zusammenfalle. In diesem Falle können wir auf der rechten Seite der letzten Gleichung die Größen $m_1 s_1^2 \omega_1$ und $^2/_5 m_2 \varrho^2 \omega_1$ unberücksichtigt lassen, und, wenn r den Abstand der Mittelpunkte der beiden Massen bedeutet, $s_2 = r$ setzen. Die Gleichung lautet dann:

$$^1/_5 M(1+\varepsilon^2)\, a^2 \omega = {}^2/_5 m_1 a_1^2 \omega_1 + m_2 r^2 \omega_1.$$

Nun ist $\omega^2 = 2\pi\delta \,.\, 0{,}142$, $\omega_1^2 = 2\pi\delta_1 \,.\, 0{,}187\,12$, also:

$$\frac{\omega}{\omega_1} = \left(\frac{0{,}142}{0{,}187\,12}\right)^{1/2} \left(\frac{\delta}{\delta_1}\right)^{1/2}.$$

Ferner ist $M = m_1 + m_2$, also $a\,b\,c\,\delta = a_1^2 b_1 \delta_1 + \varrho^3 \delta_1$, oder $a^3 \varepsilon\,\varepsilon' \delta = a_1^3 \varepsilon_1 \delta_1 + \varrho^3 \delta_1$. Hieraus folgt:

$$\frac{a}{a_1} > \left(\frac{\varepsilon_1}{\varepsilon\,\varepsilon'}\right)^{1/3} \left(\frac{\delta_1}{\delta}\right)^{1/3}.$$

Dividiert man die oben aus dem Flächensatze hergeleitete Gleichung durch $^2/_5 M a_1^2 \omega_1$ und setzt für $\frac{\omega}{\omega_1}$ und $\frac{a}{a_1}$ die angegebenen Werte ein, so erhält man:

$$\frac{1}{2}\left(\frac{\varepsilon_1}{\varepsilon\,\varepsilon'}\right)^{2/3} \left(\frac{0{,}142}{0{,}187\,12}\right)^{1/2} (1+\varepsilon^2) \left(\frac{\delta_1}{\delta}\right)^{1/6} < \frac{m_1}{M} + \frac{5}{2}\,\frac{m_2}{M}\left(\frac{r}{a_1}\right)^2.$$

Setzt man für ε, ε', ε_1 ihre Werte, schreibt $m_1 = M - m_2$ und beachtet, daß $\delta_1 \geqq \delta$ ist, so folgt:

$$0{,}3022 < \frac{m_2}{M}\left[\frac{5}{2}\left(\frac{r}{a_1}\right)^2 - 1\right].$$

Ein Rotationsellipsoid mit dem Achsenverhältnis $\frac{b_1}{a_1} = \frac{0{,}6977}{1{,}1972}$ zieht einen an seinem Äquator befindlichen Punkt, wie sich aus dem auf S. 21 für die Größe der Anziehung eines homogenen Rotationsellipsoids angegebenen Ausdrucke berechnet, 1,34 mal so stark an als eine Kugel von derselben Masse. Da sich für eine kreisförmige Zentralbewegung, die mit der Geschwindigkeit v erfolgt, aus den Differentialgleichungen der Bewegung die Gleichung $v^2 = \frac{\lambda\,\mu}{r}$ ergibt, wo λ eine von dem Achsenverhältnis der Zentralmasse μ abhängende Zahl bedeutet, so ist in unserem Falle:

$$v^2 = r^2 \omega_1^2 = \frac{\lambda\, m_1}{r}; \quad 1 < \lambda < 1{,}34.$$

Setzt man für ω_1^2 und m_1 ihre Werte $2\pi\delta_1 \,.\, 0{,}187\,12$ und $\frac{4\pi\,\varepsilon_1}{3} a_1^3 \delta_1$, so erhält man:

$$r^3 = \frac{2\,\varepsilon_1\,\lambda}{3\,.\,0{,}18712}\,a_1^3.$$

Hieraus folgt $r = 1{,}276\,\lambda^{1/3}\,a_1$. Demnach ist:

$$0{,}3022 < \frac{m_2}{M}\left[\frac{5}{2}\,1{,}276^2\,\lambda^{2/3} - 1\right].$$

Man erhält den kleinsten Wert für $\frac{m_2}{M}$, wenn man $\lambda = 1{,}34$ setzt. Dann wird:

$$\frac{m_2}{M} > 0{,}0766 \quad \text{oder} \quad \frac{m_2}{M} > \frac{1}{13}.$$

An diesem Werte wollen wir nachträglich noch eine Korrektion anbringen, indem wir die weggelassenen Größen berücksichtigen. Setzt man:

$$\frac{m_2}{M} = \frac{1}{13}, \text{ so ist } \frac{m_1}{m_2} = 12, \text{ folglich } s_1 = \frac{r}{12} = \frac{1{,}276}{12}\,\lambda^{1/3}\,a_1.$$

Ferner ist $\frac{a_1^2\,b_1}{\varrho^3} = 12$ oder $\varrho = a_1\left(\frac{\varepsilon_1}{12}\right)^{1/3}$. Wir erhalten also, wenn wir die vollständige Gleichung des Flächensatzes durch $^2/_5\,M\,a_1^2\,\omega_1$ dividieren und auf der linken Seite für ε, ε', ε_1 ihre Werte setzen:

$$1{,}3022 < \frac{m_1}{M}\left[1 + \frac{5}{2}\,\frac{1{,}276^2\,\lambda^{2/3}}{12^2}\right] + \frac{m_2}{M}\left[\frac{5}{2}\,1{,}276^2\,\lambda^{2/3} + \left(\frac{\varepsilon_1}{12}\right)^{2/3}\right].$$

Schreiben wir wieder $m_1 = M - m_2$ und $\lambda = 1{,}34$, so folgt:

$$0{,}2678 < 4{,}0462\,\frac{m_2}{M}$$

oder $\frac{m_2}{M} > 0{,}0662 = {}^1/_{15}$. — Der berechnete Wert $m_2 = {}^1/_{15}\,M$ ist aus mehreren Gründen ein Minimalwert. δ_1 ist zu klein, λ zu groß gewählt, und wahrscheinlich ist auch die für das System angenommene Winkelgeschwindigkeit zu groß. Bei geringerer Winkelgeschwindigkeit nimmt die Zentralmasse nicht die Form des kritischen Rotationsellipsoids an; es muß also ein größerer Teil der Rotationsenergie in die Teilmasse übergehen und diese daher verhältnismäßig größer sein. Doch schon der Wert $\frac{m_2}{M} = {}^1/_{15}$ zeigt zur Genüge, daß die Bildung der Planeten und der Monde nicht der Poincaréschen Theorie gemäß vor sich gegangen sein kann. Denn das Verhältnis $\frac{m_2}{M}$ bleibt bei ihnen sämtlich bedeutend unter dem Werte ${}^1/_{15}$. Der größte vorkommende Wert ist ${}^1/_{80}$ (Erde und Erdmond); dann folgt in weitem Abstande ${}^1/_{1050}$ (Sonne und Jupiter) usw.

Ungleich dichte Zentralmasse. Die abgeleiteten Rechnungsresultate gelten nur für homogene Massen; auf nicht homogene Massen lassen sie keinen Schluß zu. Wenn eine im Innern verdichtete Masse sich birnenförmig nach einer Seite verlängert und schließlich den äußersten Teil sich abzutrennen zwingt, so hängt das zwischen der Teilmasse und der Zentralmasse bestehende Massenverhältnis von der Feinheit der äußersten Schichten und der Größe der Verdichtung im Innern ab. Da das Dichtigkeitsgesetz der rotierenden Masse nicht bekannt ist, so kann man also keine bestimmten Angaben machen. Es genügt jedoch, folgendes zu erwägen. Wenn nach der Abtrennung einer Masse längere Zeit vergehen soll, bis sich von neuem eine Birnenform herausbildet, so muß die nach der Abtrennung erfolgende Verdichtung der Zentralmasse die äußeren Schichten verhältnismäßig mehr ergreifen als die inneren, da sich andernfalls bei der gemäß dem Flächensatze erfolgenden Beschleunigung der Rotationsbewegung schon nach kurzer Zeit der kritische Zustand wieder einstellen würde. Nach längerer Zeit aber muß die Zusammenziehung der inneren Massen doch so bedeutend geworden sein, daß eine Birnenform entsteht und eine Teilmasse sich ablöst. Diese ist stets nur klein; bei den Planeten beträgt sie mehrfach weniger als 0,00001 der Zentralmasse. Wenn nun nicht unmittelbar nach der Abtrennung der Teilmasse die inneren Schichten der Zentralmasse sich wieder verhältnismäßig langsamer zusammenziehen als die äußeren, so muß sich schon in kürzester Zeit wieder eine Birnenform bilden und eine Abtrennung erfolgen. Will man also nicht die höchst unwahrscheinliche Annahme machen, daß die Zusammenziehung der inneren Teile der Zentralmasse genau von dem Zeitpunkte an, wo eine Abtrennung erfolgte, verhältnismäßig langsamer vor sich ging als die der äußeren Schichten, während sie sich schon längere Zeit vorher schneller zusammengezogen hatten als diese, da andernfalls keine Birnenform entstanden sein würde, so läßt sich kein Grund dafür angeben, daß die Planeten so weit voneinander entfernt sind und nicht mehrere ungefähr in derselben Bahn laufen. — Da wir nicht imstande sind, genauere Angaben über die Entstehung eines Planeten aus einer nicht homogenen Birnenform zu machen, so verweisen wir hier auf die Kritik der Laplaceschen Theorie, wo die Frage der Möglichkeit der Abtrennung einer Teilmasse von einer im Innern verdichteten Zentralmasse eingehend geprüft wird. Allerdings nimmt Laplace nicht an, daß sich die Zentralmasse birnenförmig in die Länge streckte; aber bei genauerer Prüfung zeigt sich doch, daß es fast belanglos ist, ob man sich vorstellt, daß eine derartige Zentralmasse über ihrem Äquator Massen in einer Ringform abgeschleudert, oder ob man denkt, daß sie als Birne den äußersten Teil zur Abtrennung gebracht habe. Sogar die Laplacesche Erklärung der Rotationsbewegung der Planeten würde sich auf die letzte Erklärung übertragen lassen.

Rotationsgeschwindigkeit der Sonne. Da unmittelbar nach der Abtrennung der Teilmasse diese und der Zentralkörper ihre Revolution und Rotation in derselben Zeit vollenden und ihr gegenseitiger Abstand nicht sehr groß ist, so darf die äquatoreale Geschwindigkeit der Zentralmasse, wenigstens in dem Falle, wo ihre Dichte homogen oder fast homogen ist, nicht beträchtlich geringer als die Revolutionsgeschwindigkeit der Teilmasse sein. Da ferner die Zentralmasse sich weiter zusammenzieht und infolgedessen ihre äquatoreale Geschwindigkeit wächst, und zwar so weit, daß es in den meisten Fällen, nämlich bei der Sonne und bei allen Planeten, die mehr als einen Mond besitzen, noch mehrere Male zur Ausbildung einer Birne und zur Ablösung einer Teilmasse kommen muß, so ist zu schließen, daß die äquatoreale Geschwindigkeit des Zentralkörpers in seinem jetzigen Zustande die lineare Geschwindigkeit der zuerst abgeschleuderten Teilmassen bedeutend übertreffe. Nun bleibt aber die äquatoreale Geschwindigkeit der Sonne mit 2 $km\,sec^{-1}$ nicht nur weit hinter der Revolutionsgeschwindigkeit Merkurs, die 48 $km\,sec^{-1}$ beträgt, sondern sogar noch hinter der Revolutionsgeschwindigkeit des äußersten Planeten, Neptuns, zurück, der sich mit 5,5 $km\,sec^{-1}$ Geschwindigkeit in seiner Bahn bewegt. Ebenso besitzen fast alle Monde eine größere lineare Geschwindigkeit, als ein Punkt am Äquator ihres Planeten; eine Ausnahme bilden, abgesehen von dem rückläufigen Monde Saturns und den irregulären Jupitersmonden VI und VII, nur die Jupitersmonde III und IV und die Saturnsmonde Rhea, Titan, Hyperion, Japetus.

Der innere Marsmond und die inneren Teile der Saturnsringe. Einen noch mehr in die Augen springenden Einwand gegen die Poincarésche Theorie, einerlei, ob sie die rotierende Masse als homogen oder nicht homogen voraussetzt, liefert die Tatsache, daß der innerste Mond des Mars und die innerhalb der Cassinischen Trennung liegenden Teile der Saturnsringe sogar eine größere Winkelgeschwindigkeit besitzen als der Planet. Der dem Planeten nächste Mond des Mars vollendet seinen Umlauf schon in $17^1/_2$ Stunden, der Planet seine Rotation aber erst in $24^1/_2$ Stunden. Die innersten Teile der Saturnsringe umkreisen den Planeten in $4^1/_2$ Stunden; der Planet braucht zu seiner Rotation aber $10^1/_4$ Stunden. Wenn man nicht zu der Hypothese einer völlig unerklärlichen, nachträglichen bedeutenden Verlangsamung der Rotationsgeschwindigkeit der betr. Planeten greifen will, so lassen sich diese Tatsachen mit der Theorie überhaupt nicht in Einklang bringen.[1])

Die in dem Planetensysteme tatsächlich vorliegenden Verhältnisse schließen also eine Anwendung der Theorie bei der Erklärung der Entstehung desselben aus.

Andere Mängel. Außerdem läßt die Theorie viele Besonderheiten des Planetensystems, welche der Erklärung ebenso bedürfen, wie die allerdings grundlegende Frage nach der Möglichkeit einer Abtrennung, auf welche allein die Theorie sich bezieht, ganz unbeachtet. Die Massenverhältnisse der Planeten, Rotation derselben, Rotationsrichtung, Größe der Rotationsbewegung, Stellung der Rotationsachse, Anzahl und Größe der

---

[1]) Auch die Rückläufigkeit des neu entdeckten Saturnsmondes Phoebe findet durch die Poincarésche Theorie keine Erklärung.

Monde usw., alles dies bliebe noch zu erklären, auch wenn man die Poincarésche Theorie annehmen wollte. Im übrigen wäre auch noch zu entscheiden, ob der bei dem Zerfallen der Birne sich abtrennende Teil eine solche Geschwindigkeit besitzt, daß er den zentralen frei zu umkreisen vermag, ob er nicht unmittelbar nach der Abtrennung wieder auf den zentralen Körper zurückstürzt und sich mit ihm vereinigt; in dem letzten Falle würde es immer von neuem wieder zur Ausgestaltung einer Birne und zur Abtrennung des Teilkörpers, aber niemals zur Bildung eines selbständigen Planeten kommen.

Allgemeines Bedenken. Zum Schlusse möge noch einmal darauf hingewiesen werden, daß es, wie schon anfangs hervorgehoben wurde, noch nicht mit Gewißheit feststeht, ob die fortschreitende Entwicklung des dreiachsigen Jacobischen Ellipsoids zu der Birnenform als einer stabilen Gleichgewichtsfigur führt. Allerdings ist dies sehr wahrscheinlich, aber es ist doch immer noch nicht ausgeschlossen, daß sich herausstellen werde, die Birnenform sei nicht stabil. In diesem Falle würde, wenn die Flüssigkeit die Form des kritischen Jacobischen Ellipsoids angenommen hat, sogleich nach Art einer plötzlichen Katastrophe eine ungeheure Umwälzung vor sich gehen und eine Reihe von Oszillationen ihren Anfang nehmen (Poincaré, Transactions 1902, § 1).

§ 6. Die Laplacesche Theorie.

Übersicht über die Theorie. Laplace schreibt (Exposition du système du monde; tome II, livre V, chap. VI): „La considération des „mouvements planétaires nous conduit donc à penser qu'en vertu d'une „chaleur excessive, l'atmosphère du soleil s'est primitivement étendue „au-delà des orbes de toutes les planètes, et qu'elle s'est resserrée successive- „ment, jusqu'à ses limites actuelles. . . . . . L'atmosphère du soleil ne „peut pas s'étendre indéfiniment: sa limite est le point, où la force centri- „fuge due à ce mouvement de rotation balance la pesanteur; or à mesure „que le refroidissement resserre l'atmosphère, et condense à la surface de „l'astre, les molécules qui en sont voisines, le mouvement de rotation aug- „mente; car en vertu du principe des aires, la somme des aires décrites „par le rayon vecteur de chaque molécule du soleil et de son atmosphère, „et projetées sur le plan de son équateur, étant toujours la même; la „rotation doit être plus prompte, quand ces molécules se rapprochent du „centre du soleil. La force centrifuge due à ce mouvement, devenant „ainsi plus grande; le point où la pesanteur lui est égale, est plus près „de ce centre. En supposant donc, ce qu'il est naturel d'admettre, que „l'atmosphère s'est étendue à une époque quelconque, jusqu'à sa limite, „elle a dû, en se refroidissant, abandonner les molécules situées à cette „limite et aux limites successives produites par l'accroissement de la rotation „du soleil. Ces molécules abandonnées ont continué de circuler autour de „cet astre, puisque leur force centrifuge était balancée par leur pesanteur."

Richtige Würdigung der Theorie. Es wurde schon früher darauf hingewiesen, daß, um zu einer richtigen Würdigung der Laplaceschen Theorie zu gelangen, sehr wohl zu beachten sei, daß Laplace, wie aus dem obigen Zitate deutlich hervorgeht, die Ringe von der Atmosphäre der Sonne sich loslösen läßt. Keine der gegen die Pseudo-Laplacesche Theorie vorgebrachten Einwendungen ist nämlich auf die eigentliche Laplacesche Theorie anwendbar. Nach dieser erklärt es sich sehr leicht, daß ein Punkt des Sonnenäquators sich langsamer bewegt als Merkur. Ebenso liegt in der Behauptung einer wiederholten Abtrennung von Ringen keine mechanische Unmöglichkeit. Man würde daher Laplacen großes Unrecht tun, wenn man ihm die zuerst kritisierte Theorie als die seinige unterschieben wollte.[1]) Allein, wenn auch die Laplacesche Theorie von keinem der bereits angeführten Argumente getroffen wird, so wird sich dennoch aus dem folgenden ihre Unhaltbarkeit ergeben.

Masse der Atmosphäre. Da die höheren Teile der Atmosphäre ihre Rotation in derselben Zeit ausführen müssen wie die tieferen, so ist ihre lineare Geschwindigkeit eine größere. In einer gewissen Höhe über dem Äquator werden sie gerade die Geschwindigkeit besitzen, welche ein Körper haben müßte, der sich in der betreffenden Entfernung frei um die Zentralmasse bewegen sollte. In dieser Höhe hat daher die Atmosphäre ihre Grenze, und hier müssen sich, der Theorie Laplacens zufolge, die Massen der Planeten abgelöst haben. Wenn die Laplacesche Theorie von den gegen die Pseudo-Laplacesche Theorie angeführten Argumenten unberührt bleiben soll, sò ist die Gesamtmasse der Atmosphäre so gering anzunehmen, daß kein bedeutender Bruchteil der Rotationsenergie der rotierenden Masse in ihr enthalten ist. Denn man sieht leicht und es wird sich im folgenden auch noch genauer zeigen, daß nur dann, wenn die eigentliche Kernmasse der Träger des Hauptteiles der Rotationsenergie ist, auch in späteren Zeiten der Entwicklung, wo infolge der vergrößerten Anziehung eine Abschleuderung der äußersten Teile der Atmosphäre größeren Schwierigkeiten begegnet als im Anfange derselben, die Kernmasse imstande sein wird, eine Atmosphäre von beträchtlicher Höhe mit sich herumzuführen und den äußersten Teilen derselben über dem Äquator eine solche Geschwindigkeit zu verleihen, daß sie sich ablösen müssen.

Kugelförmige Kernmasse. Um die Rechnung zu vereinfachen, soll die von der Atmosphäre eingehüllte Kernmasse als kugelförmig vorausgesetzt werden. Wenn man sie genauer als Rotationsellipsoid betrachten wollte, so würden sich die Resultate nur unwesentlich ändern, und zwar

---

[1]) Die von Holzmüller an der Laplaceschen Theorie geübte Kritik berührt diese Theorie gar nicht, sondern nur ihr Zerrbild, die Pseudo-Laplacesche Theorie. Sie stimmt in mehreren Punkten mit unserer Kritik der Pseudo-Laplaceschen Theorie überein. H. übersieht bei seiner Kritik ganz, daß Laplace sich die Ringe von der Atmosphäre der Sonne loslösen läßt.

noch zu ungunsten der Laplaceschen Theorie. Da die von einem Ellipsoide auf einen Punkt seiner Äquatorebene ausgeübte Anziehung etwas größer ist als die einer Kugel von derselben Masse, so würden nämlich, wenn man die Kernmasse als Ellipsoid annähme, die durch Rechnung sich ergebenden Höhen der Atmosphären, an deren Grenzen sich Massen ablösen können, eine Vergrößerung erfahren.

Gültigkeit des Flächensatzes. Laplace setzt voraus, daß während der Zusammenziehung der Gasmasse die Bewegung der Teilchen bei ihrer Annäherung an den Mittelpunkt gemäß dem Flächensatze sich beschleunige. Bedeutet wie früher J das Trägheitsmoment, ω die Winkelgeschwindigkeit der rotierenden Masse, so ist also $J\omega = J_0\,\omega_0$. Vernachlässigt man die Masse der Atmosphäre, nennt den Radius der von der Atmosphäre eingehüllten Kernmasse a und nimmt an, daß die Verdichtung alle Schichten der Kernmasse gleichmäßig ergriffen habe, so wird das Trägheitsmoment dem Quadrate ihres Radius proportional; man erhält also $a^2\omega = a_0^2\,\omega_0$, oder wenn t und t_0 die Rotationszeiten bedeuten:

$$\frac{a}{a_0} = \sqrt{\frac{t}{t_0}}.$$

Größe der Kernmasse und Höhe der Atmosphäre. Da die Winkelgeschwindigkeit der Zentralmasse zur Zeit der Abtrennung eines Planeten dieselbe gewesen sein muß wie die gegenwärtige des Planeten, so erlaubt die letzte Gleichung, den Radius der Kernmasse aus der Umlaufszeit des Planeten zu berechnen. Die Umlaufszeit t des Planeten Neptun beträgt $164^3/_4$ Jahre, die Rotationszeit t_0 der Sonne $26^1/_4$ Tage; man findet hieraus $a = 48\,a_0$, oder da der Sonnenradius a_0 gleich dem 210. Teile des Erdbahnradius r_e ist, $a = 0{,}23\,r_e$. Zur Zeit der Abtrennung Neptuns war also der Radius der Kernmasse ungefähr $^1/_4$ des gegenwärtigen Erdbahnradius; die Kernmasse erstreckte sich damals noch nicht bis zur heutigen Merkursbahn. Dann mußte die Höhe der Atmosphäre $30\,r_e - 0{,}23\,r_e = 29{,}77\,r_e$ betragen, also 130mal so groß als der Radius der Kernmasse sein. Den Radius der Kernmasse zur Zeit der Abtrennung Jupiters findet man, wenn $t = 4330$ Tagen gesetzt wird. Man erhält $a \doteq 12{,}85\,a_0 = 0{,}0612\,r_e$. Die Höhe der Atmosphäre betrug dann $5{,}2\,r_e - 0{,}0612\,r_e = 5{,}1388\,r_e$, also das 84fache des Radius der Kernmasse. Setzt man $t = 88$ Tagen, so erhält man den Radius der Kernmasse zur Zeit der Abtrennung Merkurs. Man findet $a = 1{,}85\,a_0 = 0{,}0088\,r_e$. Die Höhe der Atmosphäre war also $0{,}39\,r_e - 0{,}0088\,r_e = 0{,}3812\,r_e$, d. i. das 43fache des Radius der Kernmasse.

Glaubt man nicht, wie es hier geschehen ist, die Masse der Atmosphäre gegen die Kernmasse vernachlässigen zu dürfen, so ist leicht einzusehen, daß sich die für den Radius der Kernmasse berechneten Werte verkleinern, die Höhen der Atmosphäre also vergrößern müssen, wenn sich über dem Äquator von der Atmosphäre sollen Teilmassen ablösen können. Da bei gleicher Winkelgeschwindigkeit eine Masse eine um so größere Rotationsenergie besitzt, je weiter sie vom Mittelpunkte entfernt ist, so wird nämlich, wenn die unteren Schichten der Atmosphäre eine einigermaßen beträchtliche Masse besitzen, durch dieselben der Kernmasse ein Teil der Rotationsenergie entzogen; es wird also die Winkelgeschwindigkeit der Rotation und folglich auch die lineare Geschwindigkeit der Teilchen an den Grenzen der Atmosphäre geringer.

Dichte der Atmosphäre. Obgleich die berechneten Höhen der Atmosphäre ungeheure sind, darf man sich doch nicht verleiten lassen, ihretwegen Bedenken zu äußern.[1]) Man könnte versucht sein, zu schließen, daß bei den angegebenen Höhen die oberen Teilchen der Atmosphäre auf die unteren einen solchen Druck ausüben müßten, daß diese infolge der dadurch hervorgerufenen Verdichtung fast ebenso dicht oder sogar dichter würden als die von ihr eingehüllte Kernmasse; dann aber wäre die Masse der Atmosphäre nicht gegen die Masse des Kernes zu vernachlässigen; überhaupt würde man nicht mehr berechtigt sein, eine Kernmasse und eine sie umgebende Atmosphäre zu unterscheiden. Die Rechnung zeigt, daß unter Voraussetzung einer entsprechend hohen Temperatur nur eine ziemlich geringe Verdichtung am Grunde der Atmosphäre vorhanden ist. Es sei r der Radius der Kernmasse, h die Entfernung eines variablen Punktes der Atmosphäre vom Grunde derselben, y die Dichte der Atmosphäre an dieser Stelle, γ die Beschleunigung durch die Schwere an der Oberfläche der Kernmasse, und λ eine von der Natur der Atmosphäre abhängige Konstante. Dann besteht, wenn die Temperatur der Atmosphäre überall dieselbe ist, die Gleichung:

$$dy = -\lambda y \gamma \left(\frac{r}{r+h}\right)^2 dh. \qquad (1)$$

Hieraus folgt:

$$log\, y = \frac{\lambda \gamma r^2}{r+h} + \text{konst.} \qquad (1)$$

Den Wert von λ bestimmt man auf folgende Weise. Für Punkte, welche der Oberfläche der Erde sehr nahe liegen, ist:

$$log \frac{y}{y_0} = -\lambda_0 g h,$$

wo y_0 die Dichte der atmosphärischen Luft an der Erdoberfläche, y die Dichte der Luft in der Entfernung h von derselben bedeutet. Erhebt man sich 1 m über die Erdoberfläche, so sinkt der Barometerstand um 0,1 mm; folglich ist:

$$\lambda_0 g = \mathrm{m}^{-1} log \frac{y_0}{y} = \mathrm{m}^{-1} log \frac{p_0}{p} = \mathrm{m}^{-1} log \left(1 + \frac{1}{7600}\right) = \frac{\mathrm{m}^{-1}}{7600}.$$

---

[1]) Die Höhe der Atmosphäre der Erde beträgt nur ungefähr den 20. Teil des Erdhalbmessers!

Für ein Gas, dessen Dichte, mit der Dichte der Luft bei 760 mm Druck verglichen, gleich δ, und dessen absolute Temperatur gleich ϑ ist, erhält man also:

$$\lambda g = \frac{273}{7{,}6} \frac{\delta}{\vartheta} \text{km}^{-1}.$$

Ferner ist, wenn m die Masse, ϱ den Radius der Erde und M die Masse der Sonne bedeutet:

$$\gamma = \frac{M}{m} \left(\frac{\varrho}{r}\right)^2 g.$$

Es folgt demnach:

$$\lambda \gamma r^2 = \frac{273}{7{,}6} \frac{\delta}{\vartheta} \frac{M}{m} \varrho^2 \text{km}^{-1}. \tag{2}$$

Da die Spektren der meisten Nebel die Wasserstofflinie deutlich hervortreten lassen, so wird es erlaubt sein, sich die Atmosphäre der Hauptsache nach aus einem Gase bestehend zu denken, dessen Natur der des Wasserstoffs entspricht. Dann ist $\delta = 0{,}0693$; ferner ist, wenn r_e den Radius der Erdbahn bedeutet:

$$\varrho = 6375 \text{ km} = 4{,}29 \,.\, 10^{-6} r_e.$$

Man erhält also:

$$\lambda \gamma r^2 = 222300 \frac{r_e}{\vartheta}.$$

Bedeutet y_0 die Dichte am Grunde der Atmosphäre, so folgt nunmehr aus (1):

$$\log \frac{y_0}{y} = 222300 \frac{r_e}{\vartheta} \left[\frac{1}{r} - \frac{1}{r+h}\right]. \tag{3}$$

Masse der Atmosphäre. Es sei h_1 die Höhe der Atmosphäre, y_1 die Dichte der Grenzschicht derselben. Die Masse der Atmosphäre beträgt dann:

$$\int_0^{h_1} 4\pi (r+h)^2 y \, dh.$$

Es sei ferner ε ihr Teilverhältnis zur Kernmasse, δ die mittlere Dichte der Kernmasse. Dann besteht die Gleichung:

$$\int_0^{h_1} 4\pi (r+h)^2 y \, dh = \varepsilon \frac{4\pi}{3} r^3 \delta.$$

Schreibt man:

$$r + h_1 = R, \quad 222300 \frac{r_e}{\vartheta} = c, \quad \frac{c}{r+h} = z,$$

entwickelt die hinter dem Integralzeichen stehende Größe in eine nach Potenzen von z fortschreitende Reihe und integriert zwischen den Grenzen $z = \frac{c}{r}$ und $z = \frac{c}{R}$, so erhält man:

$$\frac{R^3}{r^3}-1+\frac{3}{2}\frac{c}{r}\left(\frac{R^2}{r^2}-1\right)+\frac{3}{2}\left(\frac{c}{r}\right)^2\left(\frac{R}{r}-1\right)+\frac{1}{2}\left(\frac{c}{r}\right)^3 \log\frac{R}{r}$$
$$-3\left(\frac{c}{r}\right)^3\frac{c}{R}\sum_1^\infty\frac{1}{n\,.\,(n+3)!}\left(\frac{c}{R}\right)^{n-1}$$
$$+3\left(\frac{c}{r}\right)^4\sum_1^\infty\frac{1}{n\,.\,(n+3)!}\left(\frac{c}{r}\right)^{n-1}=\frac{\delta\,\varepsilon}{y_1}\,e^{\frac{c}{R}}. \qquad (4)$$

Die rechte Seite der Gleichung hat mindestens den Wert $\left(\frac{R}{r}\right)^3-1$; in diesem Falle ist $\frac{c}{r}=0$, die Temperatur der Gasmasse also unendlich groß. Wird die rechte Seite größer als $\left(\frac{R}{r}\right)^3-1$, so wächst links die Größe $\frac{c}{r}$. Von einem gewissen Werte an trägt, wie man leicht erkennt, fast allein die letzte Summe an dem Wachstum der linken Seite bei, da die andern Größen ihr gegenüber verschwinden.

Rotationsenergie der Atmosphäre. Es soll nunmehr die in der Atmosphäre enthaltene Rotationsenergie bestimmt werden. Da für eine homogene Kugel die Rotationsenergie den Wert $^1/_2\,J\,\omega^2={}^1/_5\,M\,r^2\,\omega^2=$ $=\frac{4\pi}{15}\,r^5\,\delta\,\omega^2$ besitzt, so erhält man für eine nicht homogene Kugel, deren Dichte y eine bloße Funktion des Radius ist, durch Differentiation des letzten Ausdruckes nach r und wiederholte Integration:

$$l=\frac{4\pi}{3}\,\omega^2\int r^4\,y\,d\,r.$$

Die Rotationsenergie der Atmosphäre ergibt sich, wenn man zwischen den Grenzen r und R integriert. Entwickelt man y wieder in eine nach Potenzen von $\frac{c}{r+h}$ fortschreitende Reihe, so folgt, wenn man

$$A=\frac{4\pi}{3}\,\omega^2\,y_0\,e^{-\frac{c}{r}}\,r^5$$

setzt:

$$\frac{l}{A}=\left\{\begin{aligned}&\frac{1}{5}\left(\frac{R^5}{r^5}-1\right)+\frac{1}{4}\frac{c}{r}\left(\frac{R^4}{r^4}-1\right)+\frac{1}{6}\left(\frac{c}{r}\right)^2\left(\frac{R^3}{r^3}-1\right)\\&+\frac{1}{12}\left(\frac{c}{r}\right)^3\left(\frac{R^2}{r^2}-1\right)+\frac{1}{24}\left(\frac{c}{r}\right)^4\left(\frac{R}{r}-1\right)+\frac{1}{5!}\left(\frac{c}{r}\right)^5\log\frac{R}{r}\\&-\left(\frac{c}{r}\right)^5\frac{c}{R}\sum_1^\infty\frac{1}{n\,.\,(n+5)!}\left(\frac{c}{R}\right)^{n-1}+\left(\frac{c}{r}\right)^6\sum_1^\infty\frac{1}{n\,.\,(n+5)!}\left(\frac{c}{r}\right)^{n-1}.\end{aligned}\right. \qquad (5)$$

Der kleinste Wert, den die rechte Seite dieser Gleichung annehmen kann, ist $\frac{1}{5}\left(\frac{R^5}{r^5}-1\right)$; dann ist die Temperatur der Gasmasse unendlich groß. Übersteigt der Wert $\frac{c}{r}$ eine gewisse Grenze, so verschwinden die ersten Größen der rechten Seite gegenüber der letzten Summe. Ist dies der Fall, so läßt sich für das Verhältnis $\frac{l}{L}$ der Rotationsenergie der Atmosphäre zu der der Zentralmasse ein einfacher Näherungswert angeben. Es sei in der letzten Summe der linken Seite der Gleichung (4) das Glied mit dem Index α das größte; dann ist in der entsprechenden Summe des Ausdrucks für $\frac{l}{A}$ das Glied mit dem Index $n = \alpha - 2$ das größte. Das Verhältnis sämtlicher Größen beider Summen zueinander ist dem Verhältnisse der beiden größten Glieder der Summen ungefähr gleich, und zwar um so genauer, je größer α ist. Durch Division der Gleichungen erhält man also:

$$\frac{l}{A} \frac{y_1 e^{-\frac{c}{R}}}{\delta \varepsilon} = \frac{1}{3} \frac{\alpha}{\alpha - 2},$$

oder, wenn man (3) beachtet,

$$l = \frac{1}{3} \frac{\alpha}{\alpha - 2} \frac{4\pi}{3} \omega^2 r^5 \delta \varepsilon = \frac{5}{3} \frac{\alpha}{\alpha - 2} L \varepsilon,$$

oder

$$\frac{l}{L} = \frac{5}{3} \frac{\alpha}{\alpha - 2} \varepsilon. \tag{6}$$

Oberflächentemperatur der Kernmasse. Der späteren Rechnungen wegen ist es vorteilhaft, im voraus den Wert der letzten Summe der Gleichung (4) für bestimmte Werte von $\frac{c}{r}$ zu bestimmen. In der folgenden Tabelle sind die Werte zusammengestellt. u bedeutet die Größe $\frac{c}{r}$, s_{u-5} ist das größte Glied in der Summe; k_u ist die Zahl, mit welcher sich s_{u-5} multipliziert, wenn man die links und rechts benachbarten Glieder hinzufügt; S_u ist der Wert der ganzen Summe, den davor stehenden Faktor $3\left(\frac{c}{r}\right)^4$ mitgerechnet. q ist näherungsweise der Quotient zwischen S_{u+1} und S_u in dem Intervall, bei welchem die Zahl hingeschrieben ist. Mit Hülfe von q kann man zwischen den angegebenen Werten von S Interpolationen vornehmen.

(7)

u	s_{u-5}	k_u	S_u	q
10	0,05	8,4	$1{,}25 \cdot 10^4$	
				2,32
12	0,12	9,1	$6{,}7 \cdot 10^4$	
				2,40
15	0,62	9,8	$9{,}2 \cdot 10^5$	
				2,51
20	17	11,3	$9{,}2 \cdot 10^7$	
				2,59
30	$3{,}7 \cdot 10^4$	13,8	$1{,}24 \cdot 10^{12}$	
				2,63
40	$1{,}6 \cdot 10^8$	16	$1{,}9 \cdot 10^{16}$	
				2,66
50	$1{,}1 \cdot 10^{12}$	18	$3{,}6 \cdot 10^{20}$	

Um die niedrigsten Temperaturen zu finden, welche der Atmosphäre beigelegt werden müssen, damit ihre Masse bei den früher berechneten Höhen derselben nur einen Bruchteil der Gesamtmasse betrage, nehmen wir für die äußersten Schichten der Atmosphäre die denkbar geringste Dichte an. Als solche betrachten wir die Dichte des Äthers. Sie wurde von Thomson[1]) näherungsweise zu 10^{-22} der Dichte des Wassers berechnet. Von diesem Werte[2]) ausgehend, berechnen wir zuerst die Temperatur der Atmosphäre zur Zeit der Abtrennung Neptuns. Der Radius der Kernmasse wurde für diese Zeit zu 0,23 r_e angegeben. Da die Dichte der Sonne ungefähr 1,4 und der Sonnenradius gleich $\frac{r_e}{210}$ ist, so erhält man für die Dichte δ der als homogen vorausgesetzten Kernmasse:

$$\delta = \frac{1{,}4}{(210\,.\,0{,}23)^3} = 1{,}24\,.\,10^{-5}.$$

Die rechte Seite der Gleichung (4) hat also, wenn man $y_1 = 10^{-22}$ setzt, den Wert $\varepsilon\, 1{,}24\,.\,10^{17}\, e^{\frac{c}{R}}$. Links erhält man einen annähernd gleichen Wert, wenn man $\frac{c}{r} = u = 40$ setzt; er ist nach der Tabelle (7) gleich $1{,}9\,.\,10^{16}$. Da $R = 130\, r$, so wird $e^{\frac{c}{R}} = 1{,}36$, die rechte Seite also gleich $\varepsilon\, 1{,}7\,.\,10^{17}$. Durch Vergleichung beider Seiten ergibt sich für ε der annehmbare Wert $^1/_9$ und aus der Gleichung (5) für $\frac{l}{L}$ der ebenfalls annehmbare Wert $\frac{5\,.\,35}{3\,.\,33}\,\varepsilon = {^1/_5}$. Aus $\frac{c}{r} = 40$ folgt nun weiter:

$$\frac{222\,300}{\vartheta}\,\frac{r_e}{r} = \frac{222\,300}{0{,}23\,\vartheta} = 40,$$

also $\vartheta = 22\,340^0$. — Zur Zeit der Ablösung Jupiters war $r = 0{,}0612\, r_e$, also $\delta = \frac{1{,}4}{(210\,.\,0{,}0612)^3} = 6{,}6\,.\,10^{-4}$. Die rechte Seite der Gleichung (4) hat demnach den Wert $\varepsilon\, 6{,}6\,.\,10^{18}\, e^{\frac{c}{R}}$. Links erhält man einen annähernd gleichen Wert, wenn man $\frac{c}{r} = u = 44$ setzt; durch Interpolation ergibt sich aus der Tabelle $S_{44} = 9{,}51\,.\,10^{17}$. Da $R = 85\, r$, so wird $e^{\frac{c}{R}} = 1{,}67$, die rechte Seite also $= \varepsilon\, 1{,}1\,.\,10^{19}$. Durch Vergleichung beider Seiten findet man für ε den annehmbaren Wert $^1/_{12}$ und aus der Gleichung (5) für $\frac{l}{L}$ den ebenfalls annehmbaren Wert $\frac{5\,.\,39}{3\,.\,37}\,\varepsilon = {^1/_7}$. Aus $\frac{c}{r} = 44$ folgt nun:

---

[1]) Transactions of the Roy. Soc., Edinb. 21, Jahrgang 1854.

[2]) In Wirklichkeit mußte die Dichte der äußersten Schichten viel größer sein, da sich andernfalls bei den einzelnen Planeten eine Atmosphärenschicht von 600 (bei Merkur) bis 11000 Erdweiten Dicke (bei Jupiter) hätte abtrennen müssen, was gänzlich sinnlos ist.

$$\frac{222\,300}{\vartheta}\,\frac{r_e}{r} = \frac{222\,300}{0{,}0612\,\vartheta} = 44,$$

also $\vartheta = 82\,500^0$. — Zur Zeit der Ablösung Merkurs war $r = 0{,}0088\,r_e$, also $\delta = \frac{1{,}4}{(210\,.\,0{,}0088)^3} = 0{,}22$. Die rechte Seite der Gleichung (4) hat demnach den Wert $\varepsilon\,2{,}2\,.\,10^{21}\,e^{\frac{c}{R}}$. Links erhält man ungefähr denselben Wert, wenn man $\frac{c}{r} = u = 50$ setzt; aus der Tabelle folgt $S_{50} = 3{,}6\,.\,10^{20}$. Da $R = 43\,r$ ist, so wird $e^{\frac{c}{R}} = 3{,}2$, die rechte Seite also gleich $\varepsilon\,7\,.\,10^{21}$. Durch Vergleichung beider Seiten ergibt sich für ε der annehmbare Wert $^1/_{19}$ und aus der Gleichung (5) für $\frac{l}{L}$ der ebenfalls annehmbare Wert $\frac{l}{L} = \frac{5\,.\,45}{3\,.\,43}\,\varepsilon = {}^1/_{11}$. Aus $\frac{c}{r} = 50$ folgt:

$$\frac{222\,300}{\vartheta}\,\frac{r_e}{r} = \frac{222\,300}{0{,}0088\,\vartheta} = 50,$$

also $\vartheta = 493\,500^0$. — Die berechneten Temperaturen der Atmosphäre, die zu gleicher Zeit als Oberflächentemperaturen der Kernmasse gedeutet werden können, sind aus zwei Gründen sämtlich Minimalwerte: 1. Die für die äußersten Atmosphärenschichten angenommene Dichte ist zu klein; 2. die Temperatur der Atmosphäre war nicht, wie es bei der Rechnung vorausgesetzt wurde, gleichförmig, sondern nahm mit der Höhe ab. Wenn sich die in den oberen Schichten kältere Atmosphäre bis zu derselben Höhe erheben sollte wie die gleich warme Atmosphäre, so mußte die verringerte Spannkraft der oberen Schichten durch eine gesteigerte der unteren Schichten wieder ausgeglichen werden. Wenn die Theorie überhaupt anwendbar bleiben soll, ist jedoch ein viel langsamerer Temperaturabfall anzunehmen, als z. B. aus dem adiabatischen Gesetze folgen würde. Man vergleiche die von der Laplaceschen Theorie handelnde Anmerkung des § 15!

Diskussion der Rechnungsresultate. Bei Benutzung anderer als der für ε angegebenen Werte ändern sich die Resultate nur unwesentlich; denn die Grenzen, zwischen denen ε liegt, sind nicht sehr weit auseinander. ε darf nicht zu groß gewählt werden, da sonst ein bedeutender Teil der Rotationsenergie der Gasmasse in der Atmosphäre enthalten sein würde, was nach unseren früheren Auseinandersetzungen nicht der Fall sein darf, und ε darf nicht zu klein gewählt werden, da sonst an den Grenzen der Atmosphäre sich nicht Teilmassen ablösen könnten, die bis zu 0,001 der Sonnenmasse betragen. Die berechneten Temperaturen liefern uns ein schwerwiegendes Argument gegen die Richtigkeit der Laplaceschen Theorie. Wenn man auch die für die Zeit der Abtrennung Neptuns angegebene Temperatur von $22\,000^0$ vielleicht noch gelten lassen will,[1])

[1]) Die höchsten bei Fixsternen beobachteten Oberflächentemperaturen betragen ungefähr $20\,000^0$.

so sind doch ohne Zweifel Temperaturen, welche diesen Wert um ein Vielfaches übersteigen, im höchsten Grade unwahrscheinlich zu nennen. Zur Zeit der Abtrennung Merkurs mußte die Oberflächentemperatur der Kernmasse nach unserer Rechnung mehr als $^1/_2$ Millionen Celsiusgrade betragen. Damals war der Radius der Kernmasse nicht einmal mehr doppelt so groß als der heutige Sonnenradius; denn es ist, wenn ϱ den Sonnenradius bedeutet, $r = 0{,}0088\, r_1 = 1{,}8\, \varrho$. Die gegenwärtige Oberflächentemperatur der Sonne wird von den Physikern nur auf 5000—8000° geschätzt. Wenn man nun auch gern zugeben mag, daß die Sonne jetzt mehr Wärme ausstrahlt, als sie durch ihre stetig fortschreitende Kontraktion erzeugt, daß sie sich also abkühlt, so wird sich doch nicht leicht jemand finden, der zu behaupten wagte, die Abkühlung sei jetzt schon so weit fortgeschritten, daß die gegenwärtige Oberflächentemperatur der Sonne nur noch den hundertsten Teil derjenigen betrage, die sie bei einem etwas größeren Radius besaß.

Wenn die ganze Wärmemenge, die infolge der Zusammenziehung der Gasmasse frei wurde, in ihr geblieben wäre, so würde sich, falls die spezifische Wärme derselben gleich 1 gesetzt wird, ihre Temperatur zu 27 Millionen Graden berechnen. Es ist aber nicht erlaubt, die Annahme zu machen, daß die Temperatur der Gasmasse auch nur annähernd den berechneten Wert erreicht hätte. Später werden wir zeigen, daß eine sich selbst überlassene Gasmasse sich wahrscheinlich nur so lange kontrahiere, bis ihre Mittelpunktstemperatur eine gewisse obere Grenze erreicht, daß die weitere Zusammenziehung aber mit der Wärmeausstrahlung ungefähr gleichen Schritt halte. Wenn die Gasmasse beliebig hohe Temperaturen annehmen könnte, so würde die Geschwindigkeit der Kontraktion durch nichts geregelt sein; die Masse müßte in kurzer Zeit in sich zusammensinken. Nur wenn Zusammenziehung und Wärmeausstrahlung voneinander abhängig sind, ist die Möglichkeit für eine natürliche Entwicklung der Gasmasse vorhanden.[1] Jedenfalls sind Oberflächentemperaturen, wie die oben für die Zeit der Abtrennung Merkurs berechnete, so gut wie ausgeschlossen.

Revolutionsenergie der Planeten. Die Größe der kinetischen Energie, welche die Planeten infolge ihrer Revolutionsbewegung besitzen, liefert ein neues Argument gegen die Laplacesche Theorie.[2] Wenn sich über dem Äquator eine Atmosphärenschicht von der Dicke h' ablöst, so trägt nicht nur diese zur Bildung des Planeten bei, sondern, da die Atmosphäre nach der Abtrennung, indem aus den höheren Breiten die oberen Schichten der Atmosphäre nach dem Äquator hinströmen, sich wieder ins Gleichgewicht zu stellen sucht, da ferner die nach dem Äquator

---

[1]) Siehe § 15 und § 17!

[2]) Man vergl. Moulton, Astrophysical Journal 11, 1900, und Chamberlin, Journal of Geology 8, 1900.

geströmten Massen, nachdem ihre Winkelgeschwindigkeit dieselbe geworden ist wie die der Kernmasse, von neuem fortgeschleudert werden und dieser Vorgang sich wiederholt, bis die Höhe der Atmosphäre nur noch $h - h'$ beträgt, die ganze äußerste Atmosphärenschicht von der Dicke h', die sich um die Kernmasse herumlagert. Wenn die zum Äquator geströmten Massen der Atmosphäre die Winkelgeschwindigkeit der Kernmasse angenommen haben, so ist ihre lineare Geschwindigkeit größer geworden; es muß also ein Teil der Rotationsenergie der Kernmasse auf sie übergegangen sein. Es versteht sich nun von selbst, daß die gesamte in den abgeschleuderten Massen enthaltene kinetische Energie nur einen geringen Bruchteil von derjenigen der Kernmasse betragen darf; denn würde der Kernmasse durch die sich abtrennenden Teile der Atmosphäre ein großer Teil ihrer Rotationsenergie entzogen, so müßte sie langsamer rotieren, und es könnte also nicht die ganze Masse der Kugelschale von der Dicke h' zur Abtrennung kommen. Im letzten Falle würde zu der Bildung des Planeten fast nur die zuerst sich ablösende ringförmige, über dem Äquator liegende äußerste Atmosphärenschicht von der Dicke h' beitragen; aber auch bei dieser Annahme müßte, da die Atmosphäre nur einen geringen Teil der gesamten kinetischen Energie des Systems enthalten darf, die kinetische Energie des Planeten verschwindend klein gegenüber derjenigen der Kernmasse sein. Es soll nunmehr festgestellt werden, in welchem Verhältnisse die kinetische Energie der Planetenmassen zur Zeit ihrer Abschleuderung zu der Rotationsenergie der Kernmasse stand. Die früher abgeleitete Formel:

$$\frac{a}{a_0} = \sqrt{\frac{t}{t_0}}$$

läßt sich, da nach dem dritten Keplerschen Gesetze $\frac{t}{t_e} = \left(\frac{R}{r_e}\right)^{3/2}$ ist, in folgender Weise schreiben:

$$\frac{a}{a_0} = \left(\frac{R}{r_e}\right)^{3/4} \sqrt{\frac{t_e}{t_0}}.$$

Hier bedeutet a_0 den Radius, t_0 die Rotationszeit der Sonne, a ist der Radius der Kernmasse zur Zeit der Abtrennung eines Planeten, also die in den letzten Rechnungen mit r bezeichnete Größe, R bedeutet den Bahnradius des sich abtrennenden Planeten, oder was dasselbe ist, die Entfernung der höchsten Teile der Atmosphäre vom Mittelpunkte der Zentralmasse, und endlich ist t_e die Umlaufszeit der Erde, r_e ihr Bahnradius. Man erhält nun:

$$\frac{R}{r} = \frac{R}{a} = \frac{R}{a_0} \left(\frac{r_e}{R}\right)^{3/4} \sqrt{\frac{t_0}{t_e}},$$

oder da $r_e = 210\, a_0$, $t_0 = 26^1/_4$ Tg., $t_e = 365^1/_4$ Tg. ist:

$$\frac{R}{r} = 56^1/_8 \sqrt[4]{\frac{R}{r_e}}.$$

Die in dem Planeten enthaltene kinetische Energie l ist, wenn m seine Masse, c seine Geschwindigkeit bedeutet, gleich $^1/_2\, m\, c^2$. Bedeutet M die Masse, v die äquatoreale Geschwindigkeit der Kernmasse, so ist ihre Rotationsenergie $L = {}^1/_5\, M v^2$. Folglich ist:

$$\frac{l}{L} = \frac{5}{2} \frac{m}{M} \left(\frac{c}{v}\right)^2,$$

oder da zur Zeit der Abtrennung $\frac{c}{v} = \frac{R}{r}$ sein muß:

$$\frac{l}{L} = 7875 \frac{m}{M} \sqrt{\frac{R}{r_e}}.$$

Nun hat man für Neptun $M = 20000\, m$, $R = 30\, r_e$; für Uranus $M = 22600\, m$, $R = 19{,}2\, r_e$; für Saturn $M = 3500\, m$, $R = 9{,}54\, r_e$; für Jupiter $M = 1048\, m$, $R = 5{,}2\, r_e$; für Mars $M = 2700000\, m$, $R = 1{,}524\, r_e$; für die Erde $M = 325000\, m$; für Venus $M = 370000\, m$, $R = 0{,}72\, r_e$; für Merkur $M = 4600000\, m$, $R = 0{,}39\, r_e$. Berechnet man mit diesen Werten das Verhältnis $\frac{l}{L}$, so erhält man für Neptun 2, für Uranus 1,6, für Saturn 7, für Jupiter 17, für Mars 0,0035, für die Erde 0,025, für Venus 0,02, für Merkur 0,001. Man sieht, daß nur für die vier inneren Planeten das Verhältnis $\frac{l}{L}$ bedeutend kleiner als 1 ist, wie es sein muß, daß es aber für die vier äußeren Planeten den Wert 1 zum Teil beträchtlich übersteigt. Dies läßt sich auf keine Weise mit der Laplaceschen Theorie in Einklang bringen.

Korrektion der Resultate. Bei der letzten Rechnung ist die Kernmasse als homogen vorausgesetzt. Da sie in Wirklichkeit nicht homogen, sondern im Innern dichter als in den äußeren Schichten war, so ist der in die Rechnung eingehende Wert ihrer Rotationsenergie zu klein angenommen; die für das Verhältnis $\frac{l}{L}$ berechneten Werte sind also zu groß. Aber wenn die berichtigte Voraussetzung auch zu kleineren Zahlen führt, so liegen sie bei den großen Planeten doch noch bedeutend über den als zulässig zu bezeichnenden Werten. Nimmt man z. B. das Dichteverhältnis an, welches dem adiabatischen Gleichgewichtszustande entspricht, so würden die berechneten Zahlen, da die Mittelpunktsdichte einer adiabatischen Kugel nach Ritters Bestimmung das 23fache einer gleich großen homogenen Kugel von derselben Masse beträgt, durch eine Zahl zu dividieren sein, welche größer als 1 und kleiner als $\left(\sqrt[3]{23}\right)^2 = 8$ wäre. Legt man das Laplacesche Dichtigkeitsgesetz:

$$y = A \frac{\sin \alpha \varrho}{\varrho}$$

zugrunde, so berechnet sich die Mittelpunktsdichte zu dem dreifachen der mittleren Dichte; die Werte dividieren sich also durch eine Zahl, welche kleiner ist als $\left(\sqrt[3]{3}\right)^2 = 2$. Betrachtet man endlich die Temperatur als gleichmäßig, so würde man, da in diesem Falle die Dichte der äußersten Schichten ziemlich genau den dritten Teil der mittleren Dichte beträgt, die genannten Werte durch eine Zahl zu teilen haben, welche kleiner als 3 wäre (siehe § 17). In allen drei Fällen erhält man wenigstens bei Jupiter für $\frac{l}{L}$ einen Wert, der bedeutend über 1 liegt. Auch wenn man noch andere Dichtigkeitsgesetze annehmen wollte, so würde man bei den großen Planeten zu Werten gelangen, welche als unzulässig zu bezeichnen wären. Selbst in dem Falle, wo die Kernmasse während der Zeit der Abtrennung der Planeten gar keinen Gewinn an Rotationsenergie zu verzeichnen gehabt, d. h. also, wenn sie damals schon ihre gegenwärtige Dichte und Größe besessen hätte, würde der für Jupiter berechnete Wert $\frac{l}{L} = {}^1/_{10}$ gewiß noch zu groß sein. Denn es erscheint, ganz abgesehen davon, daß der Sonne dabei eine Oberflächentemperatur von mehr als 1 Million Graden beigelegt werden müßte, wenig glaubwürdig, daß die letzten Ausläufer der feinen Atmosphäre ${}^1/_{10}$ der Rotationsenergie der ganzen rotierenden Masse enthalten haben sollen.

Bedenken gegen die Anwendbarkeit des Flächensatzes. Unveränderlichkeit der Rotationsenergie. Etwas günstiger liegen die Verhältnisse, wenn man nicht wie Laplace die Zusammenziehung der Gasmasse dem Flächensatze gemäß erfolgen läßt, sondern annimmt, daß sich die gesamte potentielle Energie in Wärme verwandelt habe. In den §§ 4 und 5 zeigte sich, daß auch die Pseudo-Laplacesche und die Poincarésche Theorie sich etwas günstiger darstellen, wenn man auf den Flächensatz keine Rücksicht nimmt, sondern die Annahme macht, die Rotationsenergie der Zentralmasse sei unveränderlich geblieben. Daß diese Annahme in gewisser Weise gerechtfertigt sei, haben wir schon früher dargetan. Auch in der Laplaceschen Theorie kann der Flächensatz in aller Strenge nicht Anwendung finden, da die Gasmasse nicht als reibungslos vorausgesetzt werden darf. Wenn jedes Teilchen der Kernmasse und der Atmosphäre dem Flächensatze gemäß seine Bewegung beschleunigte, so würden von dem Zeitpunkte an, in welchem über dem Äquator an den Grenzen der Atmosphäre Gleichgewicht zwischen der Schwere und der Zentrifugalkraft herrscht, während der ganzen folgenden Zeit die höchsten Atmosphärenschichten über dem Äquator ihre Geschwindigkeit weit mehr beschleunigen, als erlaubt wäre, wenn sie sich nach ihrer Abtrennung kreisförmig um die Zentralmasse bewegen sollten. Nach dem Flächensatze ist nämlich die Geschwindigkeit dem einfachen Radius, bei einer kreisförmigen Zentralbewegung aber der Wurzel aus dem Radius umgekehrt proportional. Es müßten also alle später abgeschleuderten Massen die

Zentralmasse in elliptischen Bahnen umkreisen, deren Perihel der Ort ihrer Abtrennung wäre. Wenn sie dann infolge ihrer gegenseitigen Störungen ihre Bahnen vielleicht zu Kreisen abrundeten, so müßte eine kontinuierliche, scheibenförmige Ansammlung der Materie in der Äquatorebene entstehen, da die Abschleuderung sich stetig fortsetzt; es könnten sich aber niemals mehrere, durch große Zwischenräume voneinander getrennte Ringe bilden. Da dies letzte jedoch von Laplace vorausgesetzt wird, so ist dabei stillschweigend angenommen, daß die Bewegung der äußersten Atmosphärenschichten über dem Äquator sich nicht nach dem Flächensatze regele. Wenn erst nach langen Zeiträumen wieder Gleichgewicht der Schwere und der Zentrifugalkraft über dem Äquator herrscht, so müssen die äußersten Atmosphärenschichten ihre Bewegung langsamer beschleunigen, als es der Flächensatz verlangt; sie müssen also einen Teil der vergrößerten Rotationsenergie an die unteren Atmosphärenschichten abgeben. Da dies nur durch Reibung geschehen kann und Reibung Wärme erzeugt, so muß ein Teil der Rotationsenergie bei der Ausgleichung der Geschwindigkeiten verloren gehen. Außerdem rufen die infolge der Wärmeausstrahlung stets neu sich bildenden Konvektionsströme und die andauernden Verschiebungen der einzelnen Teilchen gegeneinander[1]) im Innern der Gasmasse große Störungen hervor und machen die strenge Anwendung des Flächensatzes illusorisch. Wir wollen daher jetzt die Annahme der Anwendbarkeit des Flächensatzes fallen lassen und dafür die Voraussetzung, daß die gesamte potentielle Energie sich in Wärme verwandelt habe, die Rotationsenergie also unverändert geblieben sei, festhalten. In diesem Falle gestaltet sich die Rechnung für die Theorie zunächst dadurch günstiger, daß sie bei der Bestimmung der Verhältnisse der kinetischen Energien der Planeten zu der Rotationsenergie der Kernmasse nicht zu Werten führt, die mit der Theorie unvereinbar wären. Die in den Planeten enthaltenen lebendigen Kräfte betragen jetzt nur einen Bruchteil der Rotationsenergie der Zentralmasse, wie es sein muß (die Werte dieser Bruchteile siehe auf S. 29); doch erreicht bei Jupiter der Bruch immerhin noch den verhältnismäßig großen Wert $^1/_{10}$. Allein, wenn sich auch nicht wie vorher ein Mißverhältnis zwischen den kinetischen Energien der Planeten und der Zentralmasse ergibt, so wird sich doch zeigen, daß die Rechnung, wenigstens soweit sie die inneren Planeten betrifft, wieder so hohe Oberflächentemperaturen anzunehmen zwingt, daß uns auf Grund der letzteren erlaubt sein wird, die Theorie als unwahrscheinlich zu bezeichnen.

Oberflächentemperatur der Kernmasse. Wenn die Rotationsenergie sich nicht ändert, so bleibt die äquatoreale Geschwindigkeit der Kernmasse, falls ihre Dichte als homogen vorausgesetzt wird, konstant. Bedeutet r

[1]) Eine Gasmasse, welche Teilmassen zur Abtrennung kommen läßt, ist keine Gleichgewichtsfigur der Flüssigkeit. Die einzelnen Teilchen derselben befinden sich also nicht in relativer Ruhe, sondern verschieben sich unaufhörlich gegeneinander.

den Radius der Kernmasse, c_0 ihre unveränderliche äquatoreale Geschwindigkeit, R den Radius des ganzen Nebels, c die Geschwindigkeit der höchsten Schichten der Atmosphäre über dem Äquator, so besteht zur Zeit der Abtrennung einer Teilmasse über dem Äquator die Gleichung $R : r = c : c_0$. Für die Zeit der Abtrennung Neptuns ergibt sich, da $R = 30\, r_e$, $c = 5{,}5$ km sec^{-1}, $c_0 = 2$ km sec^{-1} ist, $\frac{R}{r} = 2{,}7$ und $r = 11\, r_e$, für die Zeit der Abtrennung Jupiters, da $R = 5{,}2\, r_e$, $c = 13$ km sec^{-1} ist, $\frac{R}{r} = 6{,}5$, $r = 0{,}8\, r_e$, und für die Zeit der Abtrennung Merkurs, da $R = 0{,}39\, r_e$, $c = 48$ km sec^{-1} ist, $\frac{R}{r} = 24$, $r = 0{,}016\, r_e$. — Wir bestimmen jetzt nacheinander die Temperaturen, welche der Gasmasse beigelegt werden müssen, damit sich bei einem Radius derselben, der dem Bahnradius der drei genannten Planeten gleich ist, die äußersten Schichten der Atmosphäre über dem Äquator ablösen können; wir gehen dabei wieder von der Voraussetzung aus, daß die Dichte der äußersten Atmosphärenschichten gleich der Ätherdichte sei. δ bedeute die Dichte der Kernmasse; dann ist, da r_e gleich 210 Sonnenradien ist, zur Zeit der Abtrennung Neptuns $\delta = \frac{1{,}4}{(210\,.\,11)^3} = 1{,}14\,.\,10^{-10}$. Die rechte Seite der Gleichung (4) hat also den Wert $\varepsilon\, 1{,}14\,.\,10^{12}\, e^{\frac{c}{R}}$. Man erhält auf der linken Seite einen entsprechenden Wert, wenn man $\frac{c}{r} = u = 45$ setzt. Aus der Tabelle (7) ergibt sich durch Interpolation $S_{45} = 2{,}65\,.\,10^{18}$; ferner ist $e^{\frac{c}{R}} = e^{\frac{40}{2.7}} = 1{,}47\,.\,10^7$. Dann wird die rechte Seite gleich $\varepsilon\, 1{,}67\,.\,10^{19}$. Man erhält durch Vergleichung beider Seiten für ε den annehmbaren Wert $\varepsilon = {}^1/_6$ und aus der Gleichung (5) für $\frac{l}{L}$ den ebenfalls annehmbaren Wert $\frac{l}{L} = \frac{5\,.\,40}{3\,.\,38}\,\varepsilon = \frac{1}{3{,}4}$. Aus $\frac{c}{r} = 45$ folgt nun:

$$\frac{222\,300}{\vartheta}\,\frac{r_e}{r} = \frac{222\,300}{11\,\vartheta} = 45,$$

also $\vartheta = 450^0$. — Zur Zeit der Abtrennung Jupiters ist $\delta = \frac{1{,}4}{(210\,.\,0{,}8)^3} = 2{,}95\,.\,10^{-7}$. Die rechte Seite der Gleichung (4) hat also den Wert $\varepsilon\, 2{,}95\,.\,10^{15}\, e^{\frac{c}{R}}$. Man erhält links einen passenden Wert, wenn man $\frac{c}{r} = u = 42$ setzt. Durch Interpolation ergibt sich aus der Tabelle $S_{42} = 1{,}37\,.\,10^{17}$; ferner ist $e^{\frac{c}{R}} = e^{\frac{42}{6{,}5}} = 6{,}4\,.\,10^2$. Folglich hat die rechte Seite den Wert $\varepsilon\, 1{,}89\,.\,10^{18}$. Durch Vergleichung findet man für ε den annehmbaren Wert ${}^1/_{14}$ und aus (5) für $\frac{l}{L}$ den ebenfalls annehmbaren Wert $\frac{5\,.\,37}{3\,.\,35}\,\varepsilon = {}^1/_8$. Aus $\frac{c}{r} = 42$ folgt nun:

$$\frac{222\,300}{\vartheta}\,\frac{r_e}{r} = \frac{222\,300}{0{,}8\,\vartheta} = 42,$$

also $\vartheta = 6600^0$. — Zur Zeit der Abtrennung Merkurs endlich ist $\delta = \frac{1,4}{(210 \,.\, 0,016)^3} = 3,69 \,.\, 10^{-2}$. Die rechte Seite der Gleichung (4) hat also den Wert $\varepsilon\, 3,69 \,.\, 10^{20}\, e^{\frac{c}{R}}$. Links ergibt sich ein entsprechender Wert, wenn man $\frac{c}{r} = u = 50$ setzt. Die Tabelle liefert $S_{50} = 3,6 \,.\, 10^{20}$; ferner ist $e^{\frac{c}{R}} = e^{\frac{50}{24}} = 8,03$. Folglich hat die rechte Seite den Wert $\varepsilon\, 2,96 \,.\, 10^{21}$. Durch Vergleichung erhält man für ε den annehmbaren Wert $^1/_8$ und aus (5) für $\frac{l}{L}$ den ebenfalls annehmbaren Wert $\frac{5 \,.\, 45}{3 \,.\, 43}\, \varepsilon = \frac{1}{4,6}$. Aus $\frac{c}{r} = 50$ folgt nun:

$$\frac{222300}{\vartheta} \frac{r_e}{r} = \frac{222300}{0,016\, \vartheta} = 50,$$

also $\vartheta = 278000^0$. — Hiernach sind die Oberflächentemperaturen, welche unter der Voraussetzung, daß die Rotationsenergie konstant geblieben sei, der Gasmasse zur Zeit der Abtrennung der 4 äußeren Planeten beigelegt werden müssen, verhältnismäßig niedrige; sie liegen zum Teil bedeutend unter 7000^0 C. Bei den inneren Planeten jedoch nähern sie sich denen unter der Voraussetzung der Gültigkeit des Flächensatzes berechneten und sind deswegen nicht weniger unwahrscheinlich als diese.

Korrektion der Rechnungsresultate. Allein es erhöhen sich die Temperaturen auch für die äußeren Planeten ganz bedeutend, wenn man, wozu man in der Tat gezwungen ist, den äußersten Atmosphärenschichten eine größere Dichte beilegt als geschehen ist. Es ergibt sich nämlich durch eine leichte Rechnung, daß, wenn Jupiter aus einer Gasmasse, deren Dichte gleich der Ätherdichte ist, entstanden wäre, die Masse einer Kugelschale von 11000 Erdweiten Dicke sich hätte ablösen müssen. Ausgehend von diesem unsinnigen Werte kann man natürlich keine auch nur einigermaßen richtige Vorstellung über die Oberflächentemperatur, welche die Gasmasse bei der Abtrennung der Jupitersmasse wirklich besitzen mußte, gewinnen. Um wenigstens zu einem angenäherten Werte zu gelangen, soll die Dicke der Kugelschale, deren Masse bei der Entstehung Jupiters zur Ablösung kommen mußte, einmal ebensogroß wie der Radius der Kernmasse zur Zeit der Ablösung des Planeten, also gleich 0,8 Erdweiten angenommen werden. Diese Dicke ist, da 0,8 Erdweiten fast $^1/_6$ des Radius des ganzen zurückbleibenden Nebels ausmachen, immer noch eine sehr beträchtliche. Aus der Gleichung (3) folgt, daß, wenn in $\frac{c}{R}$ die Größe R um den verhältnismäßig kleinen Wert $0,8\, r_e = \frac{R}{6,5}$ vergrößert wird, die Dichte fast ungeändert bleibt; wir können sie deshalb als gleichförmig betrachten. r ist der Radius der Kernmasse, δ ihre Dichte, R der Radius des ganzen Nebels nach der Abtrennung der Planetenmasse, h die Dicke der in Frage kommenden Hohlkugelschicht, y_1 ihre Dichte. Dann ist

$$\frac{4\pi}{3}[(R+h)^3 - R^3]\,y_1$$

die Masse der Hohlkugelschicht. Wenn sie die Masse Jupiters besitzen, also $^1/_{1048}$ der Sonnenmasse betragen soll, so besteht, wenn die Masse der Atmosphäre vernachlässigt werden kann, die Gleichung:

$$\frac{4\pi}{3}[(R+h)^3 - R^3]\,y_1 = \frac{1}{1048}\,\frac{4\pi}{3}\,r^3\,\delta.$$

Setzt man $R = 6{,}5\,r$, $h = 0{,}8\,r_e = r$, so folgt $\frac{\delta}{y_1} = 1{,}54 \,.\, 10^5$. Substituiert man diesen Wert in der rechten Seite der Gleichung (4), so erhält man links einen entsprechenden Wert, wenn man $\frac{c}{r} = u = 12$ wählt. Die Tabelle gibt $S_{12} = 6{,}7 \,.\, 10^4$; ferner ist $e^{\frac{c}{R}} = e^{\frac{12}{6,5}} = 6{,}34$. Die rechte Seite hat also den Wert $\varepsilon\, 9{,}76 \,.\, 10^5$. Durch Vergleichung findet man für ε den annehmbaren Wert $^1/_{14}$. Aus $\frac{c}{r} = 12$ folgt nun:

$$\frac{222\,300}{\vartheta}\,\frac{r_e}{r} = \frac{222\,300}{0{,}8\,\vartheta} = 12,$$

also $\vartheta = 23\,000^0$. — Nach dem oben Gesagten ist demnach nicht 6600^0, sondern erst $23\,000^0$ ein einigermaßen wahrscheinlicher Wert für die Oberflächentemperatur, welche die Gasmasse zur Zeit der Abtrennung der Jupitersmasse besitzen mußte.

Bei der vorhergehenden Rechnung ist vorausgesetzt, daß die nach dem Äquator hinfließende und zur Ablösung kommende Masse der hohlkugelförmigen Atmosphärenschicht von der Dicke h sich nicht wieder aus den darunter liegenden Schichten ergänzt. Da dies aber zum Teil doch der Fall sein wird, so braucht die ursprüngliche Hohlkugelschicht von der Dicke h nicht die ganze Masse des Planeten zu enthalten; sie kann also weniger dicht sein als oben angegeben wurde. Daraus folgt dann, daß der berechnete Wert von $23\,000^0$, bei dem für die Dicke h angenommenen Werte $0{,}8\,r_e$, ein Maximalwert ist. Führt man dieselbe Rechnung wie für den Planeten Jupiter auch für die andern Planeten durch und macht dabei die sehr weitgehende Annahme, daß die zur Ablösung kommende Atmosphärenschicht sich bis zu der Bahn des nächsten vorher zur Abtrennung gekommenen Planeten ausgedehnt habe, so würde, da jeder Planet ungefähr doppelt so weit von der Sonne entfernt ist als der vorhergehende Planet, $h = R$ zu setzen sein. Bedeutet m die Masse eines Planeten, M die Sonnenmasse, y_1 die Dichte der zur Ablösung kommenden Atmosphärenschicht, δ die Dichte der Kernmasse, so erhält man, ähnlich wie oben, $\frac{\delta}{y_1} = 7\,\frac{M}{m}\left(\frac{R}{r}\right)^3$. Nach der ersten Annahme, daß der Flächensatz Gültigkeit gehabt habe, ist dieser Wert am größten bei Mars ($= 5{,}1 \,.\, 10^{12}$), fast ebensogroß bei Merkur ($= 4{,}6 \,.\, 10^{12}$), am kleinsten bei Jupiter

$(= 4{,}5 \, . \, 10^9)$. Nach der zweiten Annahme, daß die Rotationsenergie der Zentralmasse konstant geblieben sei, ist der Wert am größten bei Merkur $(= 7{,}4 \, . \, 10^{11})$, am kleinsten bei Jupiter $(= 2 \, . \, 10^6)$. Ein Blick auf die Tabelle zeigt nun, daß im ersten Falle für Mars und Merkur $u = 30$, für Jupiter $u = 22$, und im zweiten Falle für Merkur $u = 28$, für Jupiter $u = 16$ passende Werte sind. Danach würden sich bei der ersten Annahme die früher berechneten Temperaturen ungefähr um die Hälfte vergrößern (bei Mars) bis verdoppeln (bei Jupiter); bei der zweiten Annahme würden sie sich mit 1,8 (bei Merkur) bis 2,6 (bei Jupiter) multiplizieren. Die Oberflächentemperatur der Gasmasse zur Zeit der Abtrennung Merkurs müßte also z. B. zu 822500^0 resp. zu 496000^0 angenommen werden. — Da, wie schon bemerkt, die höchsten bis jetzt gemessenen Oberflächentemperaturen der Fixsterne 20000^0 nicht übersteigen, so folgt aus den berechneten Werten, daß die Laplacesche Theorie auch bei der günstigeren zweiten Annahme der Unveränderlichkeit der Rotationsenergie nicht zu einer Erklärung der Entstehung der Planeten führt.

Am Schlusse dieser Untersuchungen möge noch bemerkt werden, daß sämtliche berechnete Temperaturen sich vergrößern, wenn die Gasmasse, was man anzunehmen gezwungen ist, aus einem Gase oder einer Mischung von Gasen bestand, deren Dichte bei 760 mm Quecksilberdruck größer war als die Dichte des Wasserstoffs. Wenn die Gasmasse z. B. aus Stickstoff bestände, so würden sich die Temperaturen mehr als verzehnfachen.

Rotationsrichtung der Planeten. Indem Laplace die Entstehung der Planeten aus den Ringen und ihre Rotationsrichtung deutlich zu machen sucht, sagt er: Ces masses ont dû prendre une forme sphéroïdique, avec un mouvement de rotation dirigé dans le sens de leur révolution, puisque leurs molécules inférieures avaient moins de vitesse réelle que les supérieures (ib. page 433). Diese Erklärung paßt, wie schon häufig bemerkt worden ist, nicht auf die beiden äußersten Planeten; denn da die Bahnebenen der Monde des Uranus und des Neptuns um mehr als 90^0 gegen die Ekliptik geneigt sind, so rotieren auch die Planeten in einem dem angegebenen entgegengesetzten Sinne. Für diese Ausnahme gibt die Laplacesche Theorie keinen Erklärungsgrund.

Die Fayesche Erklärung. Faye macht den Versuch, die angegebene Lücke der Laplaceschen Theorie auszufüllen, indem er Kantische Voraussetzungen zu Hülfe nimmt. Er faßt den Urnebel wie Kant als ein aus diskreten, frei beweglichen Teilen bestehendes Rotationsellipsoid auf. Die auf ein im Innern des Ellipsoids befindliches Teilchen ausgeübte Anziehung ist, bei homogener Dichte des Ellipsoids, der Entfernung vom Mittelpunkte direkt, die auf ein außerhalb des Ellipsoids sich bewegendes Teilchen wirkende Anziehung in erster Näherung dem Quadrate seiner Entfernung vom Mittelpunkte umgekehrt proportional. Faye kombiniert beides; er setzt für die Zeit, während welcher der Urnebel zu der Sonne zusammensank und aus den zurückbleibenden Massen sich die Planeten zusammenballten, die Größe der anziehenden Kraft gleich $a\,r + \frac{b}{r^2}$, wo a und b Konstanten bedeuten, und nimmt an, daß, als die im Sinne der Revolutionsrichtung rotierenden Planeten sich bildeten, $b = o$ gewesen sei, da in diesem Falle die Teilchen gleiche Winkelgeschwindigkeit besaßen (siehe § 4), bei einer Vereinigung derselben zu einem Planeten also eine rechtsinnige Rotation entstehen mußte, daß aber die beiden äußersten Planeten sich zusammenballten, als $a = o$ geworden war, da nunmehr die der Sonne näheren Teilchen sich schneller bewegten als die weiter entfernten und infolgedessen bei ihrer Vereinigung eine rückwärts gerichtete Rotation entspringen mußte. — Vom rein mechanischen Gesichtspunkte aus ist diese Erklärung allerdings nicht angreifbar; aber bei näherer Betrachtung des Entwicklungsganges des Urnebels zeigt sich doch, daß sie auf sehr schwachen Füßen steht. Erstens ist die Annahme, daß in der ganzen Zeit, während welcher sich der Äquatorealradius des Ellipsoids von der Größe des Radiusvektors der Saturnsbahn bis zu der des Radiusvektors der Merkursbahn verkürzte, die Dichte desselben ungefähr homogen geblieben sei, als höchst unwahrscheinlich zu bezeichnen. Eine Verdichtung im Innern des Ellipsoids tritt auf jeden Fall ein, wenn die einzelnen Teilchen, infolge ihrer immer geringer werdenden Bewegungsfreiheit, anfangen, sich aneinander zu schließen, kompakte Massen zu bilden und auf die dem Zentrum näher liegenden Massen einen Druck auszuüben.[1] Diesen Zustand aber muß man schon als den ursprünglich bestehenden annehmen, da andernfalls keine Ursache erkennbar ist, welche die frei beweglichen Teilchen zwingen könnte, die Achsen ihrer Bahn zu verkleinern. Außerdem ist zu bemerken, daß die Massen, aus denen der Planet sich bildet, nicht mehr als zu dem Ellipsoid gehörig betrachtet werden dürfen, da sie von ihm zurückgelassen worden sind. Ein außerhalb des Ellipsoids befindliches Teilchen wird sich jedoch, auch bei homogener Dichte des Ellipsoids, um so schneller bewegen, je näher es sich dem Zentrum befindet. Wenn sich die Planeten schon gebildet hätten, als ihre Massen noch Teile der Ellipsoidmasse waren, so müßten sie bedeutend größer sein, als sie in Wirklichkeit sind. Läßt ein homogenes Rotationsellipsoid einen Teil seiner unter dem Äquator liegenden Anschwellung bei der Zusammenziehung zurück, so muß die Masse des entstehenden Ringes ohne Zweifel einen ziemlich bedeutenden Bruchteil der Gesamtmasse betragen, auf jeden Fall beträchtlich größer als 0,00001

[1] Da bei einem homogenen, stark abgeplatteten, aus diskreten Teilchen bestehenden Rotationsellipsoide die meisten Teilchen Bahnen beschreiben, welche der Äquatorebene mehr oder weniger benachbart sind, und nur eine kleinere Anzahl in Bahnen laufen, welche große Winkel mit der Äquatorebene bilden, so müssen bei den letzten Teilchen die Zusammenstöße verhältnismäßig häufiger sein, die Bahnen also größere Störungen erleiden als bei den zuerst genannten Teilchen. Infolge davon müssen sie rascher zum Zentrum sinken als jene und zu einer Verdichtung des zentralen Teiles des Rotationsellipsoids beitragen.

derselben sein. Wenn die Erklärung richtig wäre, so würde man ferner zu der Annahme gezwungen sein, daß sich die beiden äußersten Planeten, bei denen die Anziehung der zentralen Sonne die umgekehrte Rotationsrichtung herbeigeführt haben soll, zuletzt gebildet hätten. Da sich die Sonne aber erst allmählich aus der Hauptmasse des Nebels zusammenzog und während dieser Zeit alle übrigen Planeten nacheinander zur Ausbildung brachte, so könnten die beiden äußersten Planeten, deren Masse doch zuerst von der sich zurückziehenden zentralen Masse zurückgelassen wurde, nur dann als die jüngsten gelten, wenn sie längere Zeit brauchten, sich aus den um die zentrale Masse kreisenden Teilchen zusammenzuballen als die übrigen Planeten und erst viel später als diese zur Ausbildung gelangten. — Nach allem Gesagten stellt sich die Fayesche Erklärung als eine Verlegenheitshypothese dar, welcher wohl niemand rechtes Vertrauen entgegenbringen kann. Übrigens wird sie durch die Untersuchungen des Abschnittes „Freie Beweglichkeit der einzelnen Teilchen" im § 4 ohne weiteres hinfällig.

Der innere Marsmond und die inneren Teile der Saturnsringe. Ebenso wie die Entstehung der Planeten aus der Atmosphäre der Sonne, ist nach Laplace die Entstehung der Monde eines Planeten aus dessen Atmosphäre zu erklären. Die Umlaufszeit eine Mondes dürfte demnach der Rotationszeit des Planeten höchstens gleich werden, aber niemals sie übertreffen. Dies ist jedoch bei dem innersten Marsmonde und den inneren Teilen der Saturnsringe[1]) der Fall. Mars dreht sich in $24^1/_2$ Stunden einmal um seine Achse; der innerste Mond aber vollendet seinen Umlauf schon in $17^1/_2$ Stunden. Er kann sich also nicht von der Atmosphäre des Mars abgelöst haben. Die innersten Teile der Saturnsringe vollenden ihre Revolution in $4^1/_2$ Stunden. Da der Planet sich erst in $10^1/_4$ Stunden einmal um seine Achse dreht, so ist ihre Winkelgeschwindigkeit mehr als doppelt so groß als die des Planeten. Diese Tatsachen bleiben völlig unerklärt, wenn man nicht zu der Annahme einer ebenfalls unerklärlichen bedeutenden Verlangsamung der Rotationsgeschwindigkeiten der genannten Planeten greifen will.

Revolutionsenergie der Monde. Es wurde früher gezeigt, daß sich für die vier äußeren Planeten aus den Voraussetzungen der eigentlichen Laplaceschen Theorie eine größere kinetische Energie ihrer Revolutionsbewegung ergibt, als zur Zeit ihrer Bildung in dem ganzen System

[1]) Laplace betont ausdrücklich, daß die Revolutionsdauer der Planeten und der Monde seiner Theorie gemäß größer sein müsse, als die Rotationsdauer des Zentralkörpers (Mécanique céleste, tome III, page 291). Auf die Herschelschen Beobachtungen sich stützend, gibt er die Revolutionsdauer des inneren Saturnringes zu 0,438 Tagen an, während die Rotationszeit Saturns nur 0,427 Tage betrage, und hält dies für eine Bestätigung seiner Theorie. Aber zu Laplacens Zeiten war der innerste Teil der Saturnsringe, der als der „dunkle Ring" bezeichnet wird, noch unbekannt. Dieser muß seinen Umlauf schon in weniger als 0.3 Tagen vollenden, also in kürzerer Zeit, als der Planet seine Rotation.

Rotationsenergie vorhanden war. Zu einem ähnlich widersinnigen Resultate gelangt man, wenn man die Rechnung für den Erdmond durchführt. Bedeutet in der Gleichung (siehe S. 41):

$$\frac{R}{r} = \frac{R}{a_0}\sqrt{\frac{t_0}{t}}$$

R den Radius der Mondbahn, t die Umlaufszeit des Mondes, a_0 den Radius der Erde, t_0 ihre Rotationsdauer, so erhält man, da $R = 60\,a_0$ und $t = 27^1/_3\,t_0$ ist, $\frac{R}{r} = 11{,}5$. Bezeichnet man mit m die Masse des Mondes, mit l seine kinetische Energie, mit M die Masse der Erde, mit L ihre Rotationsenergie zur Zeit der Abtrennung der Mondes, so ist nach dem früheren (S. 50):

$$\frac{l}{L} = \frac{5}{2}\,\frac{m}{M}\left(\frac{R}{r}\right)^2,$$

oder da die Masse des Mondes $^1/_{80}$ der Erdmasse beträgt:

$$\frac{l}{L} = \frac{5}{2}\,\frac{1}{80}\,132 = 4{,}125.$$

Demnach mußte zur Zeit der Abtrennung der Mondmasse ihre kinetische Energie größer als das 4fache der kinetischen Energie der Kernmasse sein, und dies Resultat enthält in sich selbst einen Widerspruch.

Schließt man die inneren Teile der Saturnsringe, den ersten Marsmond, den Erdmond, den rückläufigen Saturnsmond Phöbe, den neuentdeckten Saturnsmond Themis und die Jupitersmonde VI und VII aus, so stößt man bei den übrigen Monden auf keine besonderen Schwierigkeiten, wenn man sich ihre Entstehung nach der Laplaceschen Theorie deutlich zu machen sucht. Doch bleiben, wenigstens bei Jupiter, die zur Zeit der Abtrennung der inneren Monde vorauszusetzenden Oberflächentemperaturen nur dann unter der höchsten, bei Fixsternen beobachteten Oberflächentemperatur, wenn eine Wasserstoffatmosphäre angenommen wird. Da es aber nicht möglich ist, die Monde aus einer reinen Wasserstoffatmosphäre entstanden zu denken und die Voraussetzung einer anderen Beschaffenheit der Atmosphäre zu Temperaturen führen würde, welche die höchsten beobachteten Oberflächentemperaturen um ein Vielfaches übertreffen, so bleibt die Laplacesche Erklärung nur dann zulässig, wenn vorausgesetzt wird, daß der Ursprungsort der Monde weit über dem jetzigen hinausliegt. Man vergleiche hierüber § 19!

Der rückläufige Mond Saturns. Eine Entdeckung, die erst vor kurzer Zeit gemacht worden ist, versetzt der Laplaceschen Theorie einen neuen schweren Stoß. Es ist die unerwartete, höchst überraschende Tatsache, daß Saturn einen rückläufigen Mond besitzt, der außerhalb der Bahnen der rechtläufigen Monde den Planeten umkreist. Der Entdecker des rückläufigen Saturnsmondes, Pickering, hat versucht, die Entstehung desselben nach der Laplaceschen Theorie zu erklären; aber Moulton hat die Unrichtigkeit dieser Erklärung in überzeugender Weise dargetan (On the evolution of the solar system; Astrophysical Journal, vol. XXII, 1905). Wir wollen seine Widerlegung, die sich durch Klarheit und Exaktheit auszeichnet, wortgetreu wiederholen. Er sagt (§ 12):

„Pickerings erste Vermutung ist, daß Phöbe (der rückläufige „Saturnsmond) ein von Saturn eingefangener Komet sei. Es ist kaum „möglich, daß die Exzentrizität oder die durch Phöbe hervorgerufenen „Störungen der Saturnsbahn bei der angenommenen Gefangennahme mit„wirkten. Deswegen werden wir in der Untersuchung die Exzentrizität „der Saturnsbahn und die Masse Phöbes vernachlässigen. Dadurch wird „das Problem auf das in des Verfassers Werk: Introduction to Celestial „Mechanics, Chapter VII behandelte zurückgeführt. Dort wird gezeigt, daß, „wenn die Konstante des Jacobischen Integrals groß genug ist, die Flächen, „in denen die Geschwindigkeit Null wird, die endlichen Körper umschließen, „und daß daher ein Mond oder ein kleiner Planet in diesem Falle beständig „ein Mond oder kleiner Planet bleiben müsse.[1]) Durch die dort ausein„andergesetzten Methoden wurde gefunden, daß, wenn die Konstante größer „als 3,0180 ist, die Fläche um Saturn herum geschlossen sei. Die zu dem „9. Mond gehörende Konstante wurde zu 3,0626 berechnet. Folglich kann „er sich niemals der Sphäre Saturns entziehen, und umgekehrt ist er „niemals aus einem entfernten Gebiete in die Sphäre Saturns gelangt. „Der Radius der weitesten Nullfläche der Geschwindigkeit beträgt bei „Saturn nur 40 Millionen Meilen; es folgt also, daß Jupiter bei der Ge„fangennahme nicht beteiligt gewesen sein kann.

„Die andere Vermutung, welche offenbar als viel wahrscheinlicher „betrachtet wurde, ist, daß Saturn sich einstmals bis zur Bahn Phöbes „erstreckte und in umgekehrter Richtung mit der Winkelgeschwindigkeit „der Umlaufsbewegung dieses Mondes rotierte. Es wird angenommen, daß „die Sonne in dieser weit ausgedehnten Masse große Fluten hervorgerufen „habe. Fluten werden auf der dem Flut erregenden Körper zugewandten „und der ihm abgewandten Seite erzeugt, und es folgt, daß die innere „Reibung der Masse allmählich die Rotation so weit verzögern wird, daß „eine Seite sich beständig der Sonne zuwendet; d. h. die durch die Fluten „entstehende Reibung gibt dem Planeten nach gewisser Zeit eine vorwärts „gerichtete Rotation mit der Winkelgeschwindigkeit der Umlaufsbewegung „des Planeten um die Sonne. Als sich der Planet zusammenzog, rotierte „er schneller in der angegebenen Richtung und die inneren acht Monde „und die Ringe wurden während dieser Zeit zurückgelassen.

„Wir wollen die Frage durch die Rechnung prüfen. Da das Moment „der Bewegungsgröße eine positive oder negative Größe ist, können wir

[1]) Siehe unsere entsprechenden Untersuchungen bei der Kritik der Kantischen Theorie, § 2.

„voraussetzen, daß es negativ im Falle widersinniger und positiv im Falle „rechtsinniger Rotation sei. Dann hatte gemäß der von Pickering vermuteten Erklärung der Saturnsnebel ursprünglich ein negatives Moment. „Die durch die Sonne hervorgerufenen Fluten zerstörten es und riefen ein „positives Moment hervor, bis die Rotation und die Revolution der Masse „in derselben Zeit geschah. Aber sobald die vorwärts gerichtete Rotation „infolge der Zusammenziehung schneller wurde als die Revolution, wirkten „die Fluten in entgegengesetzter Richtung und verkleinerten das Moment „der Bewegungsgröße. Folglich hatte die Saturnsmasse ihr größtes, „auf das Zentrum des Planeten bezogenes Moment der Bewegungsgröße, als Saturn in derselben Zeit, in welcher seine Umlaufsbewegung um die Sonne stattfand, rechtsinnig rotierte. Als die „Masse bis zur Bahn des Japetus zusammengesunken war, mußte sie mit „der Winkelgeschwindigkeit dieses Mondes rotieren, und wir müssen, wenn „die Theorie richtig ist, finden, daß ihr Bewegungsmoment durch die verzögernde Wirkung der durch die Sonne erzeugten Fluten abgenommen hat.

„Wir berechnen zuerst eine obere Grenze für das Bewegungsmoment. „Wir kennen nicht die Dimensionen der Masse zur Zeit des Maximums und „wissen nur, daß sie irgendwo zwischen den Bahnen von Japetus und Phöbe „lagen. Aber je größer ihr Radius war, umso größer war auch ihr größtes „Bewegungsmoment. Wir gehen sicherlich zu weit, wenn wir annehmen, „daß diese Bedingung erfüllt war, als sich die Masse ganz bis zur Bahn „Phöbes erstreckte. Wir kennen nicht ihr Dichtigkeitsgesetz; aber die „Masse war ohne Zweifel am dichtesten in ihrem Zentrum. Nehmen wir „an, daß sie homogen war, so erhalten wir ein gewiß zu großes Resultat. „Da die Masse erst in 29,5 Jahren um ihre Achse rotierte, so kann sie „nicht bedeutend an den Polen abgeplattet gewesen sein. Hieraus folgt, „daß wir gewiß eine obere Grenze für das größte Bewegungsmoment bekommen, wenn wir es unter der Annahme berechnen, daß sich die Masse „bis zur Bahn Phöbes erstreckte und daß sie homogen war.

„Wir betrachten nun den Fall, wo die Masse bis zu den Dimensionen „der Japetusbahn zusammengesunken war. Sie rotierte in der Zeit, in „welcher dieser Mond seinen Umlauf vollendete und mag an den Polen „beträchtlich abgeplattet gewesen sein. Nehmen wir an, sie sei nicht „abgeplattet gewesen, so erhalten wir ein gewiß zu kleines Resultat. „Wenn wir annehmen, daß sie homogen gewesen sei, so bekommen wir ein „Resultat, welches, soweit es diesen Punkt betrifft, zu groß ist. Wir „werden zweifellos der Wahrheit näher kommen, wenn wir annehmen, daß „sie dem Laplaceschen Dichtigkeitsgesetze unterlag und daß ihre Oberflächendichte verglichen mit der mittleren Dichte sehr klein war.

„Unter den gemachten Voraussetzungen ist die Formel für die obere „Grenze des größten Bewegungsmoments:

$$M_M = {}^2/_5\, m\, R_p^2\, \omega_s,$$

„wo m die Masse Saturns und seiner Monde diesseits der Bahn Phöbes, „R_p den mittleren Radius der Bahn Phöbes und ω_s die mittlere Winkel- „geschwindigkeit Saturns bei der Bewegung um die Sonne bedeutet. Das „Bewegungsmoment zur Zeit der Erstreckung bis zur Bahn des Japetus „war geringer oder vielleicht ungefähr gleich:

$$M_i = \frac{2}{3}\left(1 - \frac{6}{\pi^2}\right) m\, R_i^2\, \omega_i = 0{,}2614\, m\, R_i^2\, \omega_i,$$

„wo R_i den Radius der Japetusbahn und ω_i die Winkelgeschwindigkeit „dieses Mondes bedeutet.

„Hieraus finden wir:

$$\frac{M_M}{M_i} = \frac{0{,}4\, R_p^2\, \omega_p}{0{,}2614\, R_i^2\, \omega_i} = \frac{1}{0{,}6535}\left(\frac{R_p}{R_i}\right)^2 \left(\frac{T_i}{T_s}\right),$$

„wo T_i und T_s die Umlaufszeiten des Japetus um Saturn und die Saturns „um die Sonne bedeuten. Nun ist $R_i = 2\,225\,000$ Meilen, $T_i = 79{,}3$ Tage, „$T_s = 29{,}46 \,.\, 365{,}25$ Tage, und, wie aus Pickerings Elementen der Bahn „Phöbes hervorgeht, $R_p = 7\,996\,000$ Meilen. Folglich ist:

$$\frac{M_M}{M_i} = 0{,}1456.$$

„Wir haben also gefunden, daß die obere Grenze des größten „Bewegungsmoments nur $^1/_7$ eines andern beträgt, das gewiß „kleiner als das Maximum ist. Dieser Widerspruch erklärt sich allein „dadurch, daß die vorausgesetzte Entwicklung des Systems Saturns, worauf „die Rechnung sich gründet, falsch ist. Hieraus folgt, daß die widersinnige „Revolution Phöbes der Ringtheorie widerspricht.“

Neigung der Planetenbahnen. In der folgenden Tabelle sind die Winkel zusammengestellt, welche die Bahnen der großen Planeten mit der Äquatorebene der Sonne und mit der Jupitersbahn einschließen.

	Neigung der Planetenbahnen gegen	
	den Sonnenäquator	die Jupitersbahn
Merkur	3° 18′ 40″	6° 16′ 40″
Venus	3° 34′ 20″	2° 17′ 30″
Erde	6° 57′ 0″	1° 18′ 30″
Mars	5° 21′ 30″	1° 18′ 10″
Jupiter	5° 47′ 20″	0°
Saturn	5° 13′ 40″	1° 13′ 35″
Uranus	6° 10′ 30″	1° 0′ 0″
Neptun	6° 9′ 0″	1° 20′ 24″

Aus dieser Tabelle geht hervor, daß die Planetenbahnen sich viel näher um die Jupitersbahn herum gruppieren, als um die Äquatorebene der Sonne, während doch nach der Laplaceschen Theorie das letzte zu erwarten wäre. Das Befremdliche dieser Tatsache fällt noch mehr in die Augen, wenn man bedenkt, daß die Planeten, welche die größte Abweichung von der Jupitersbahn zeigen, die kleinsten sind, Merkur, Venus (und die Planetoiden), und daß ihre größeren Abweichungen keineswegs ihnen eigentümliche, von Anfang her bestehende zu sein brauchen und wahrscheinlich auch sind, sondern, wie aus dem Flächensatze hervorgeht, durch unbedeutende Verringerungen der Neigung der Bahnen der 4 äußeren großen Planeten gegeneinander, erst im Laufe der Zeit können hervorgebracht worden sein. Mit anderen Worten, es ist $\Sigma m \varrho^2 \frac{d\varphi}{dt} = \text{konst.}$, berechnet für eine, senkrecht auf der Jupitersbahn stehende Ebene, eine sehr kleine Größe; sie ist bedeutend größer für eine senkrecht auf der Äquatorebene der Sonne stehende Fläche. Für diese auffällige Tatsache gibt uns die Laplacesche Theorie keine Erklärung. Die Theorie schließt zwar nicht mit Notwendigkeit ein, daß alle Planetenbahnen genau in der Äquatorebene der Sonne liegen müssen. Es können kleine Abweichungen vorkommen. Aber selbst, wenn wir Abweichungen bis zum Betrage von 6—7^0 zugeben wollten, so müßten die Planeten innerhalb einer Zone, welche sich 6—7^0 zu beiden Seiten des Sonnenäquators erstreckt, liegen; ihre Bahnen könnten also Winkel bis zu 14^0 miteinander einschließen. Das Entscheidende ist jedoch, daß die Bahnen aller hier in Betracht kommenden[1]) Planeten miteinander sehr nahe zusammenfallen, und daß alle dieselbe und nach derselben Seite hin gerichtete Abweichung vom Sonnenäquator besitzen. Laplace führt die Abweichung der Planetenbahnen vom Sonnenäquator auf Kometen zurück, welche, indem sie auf die Planeten hinabstürzten, diese aus ihrer ursprünglichen Bahn drängten. Er sagt: Si quelques comètes ont pénétré dans les atmosphères du soleil et des planètes au temps de leur formation, elles ont dû en décrivant des spirales, tomber sur ces corps, et par leur chute, écarter les plans des orbes et des équateurs des planètes du plan de l'équateur solaire (ib. page 438). Durch diese Erklärung bleibt nicht nur die soeben angeführte merkwürdig übereinstimmende Lage der Planetenbahnen unerklärt, sondern in ihr widerspricht auch Laplace sich selbst; denn er weist sonst überall mit Nachdruck darauf hin, daß die Beobachtung und die Rechnung zeige, daß noch niemals ein Komet einen merklichen Einfluß auf die Bewegung eines Planeten ausgeübt habe.

Damit ist die Laplacesche Theorie hinfällig geworden.

§ 7. Die Moulton-Chamberlinsche Theorie.

Vorbemerkung. Einzelne Tatsachen, wie die umgekehrte Rotationsrichtung der beiden äußersten Planeten und die hinter der Revo-

[1]) Das sind die 4 großen äußeren Planeten.

lutionsdauer des innersten Marsmondes zurückbleibende Rotationszeit des Planeten, sind neben anderen weniger ins Gewicht fallenden Einwendungen schon seit längerer Zeit und mehrfaeh gegen die Richtigkeit der Laplaceschen Theorie ins Feld geführt worden. Aber erst durch die numerische Berechnung der Bewegungsmomente und der kinetischen Energien der Planeten und der Sonne ist die Unhaltbarkeit der Theorie in unwiderlegbarer Weise dargetan. Diese Berechnung ist zuerst von den Professoren Moulton und Chamberlin in Chicago in den schon zitierten Abhandlungen ausgeführt worden. Ein neues Argument haben wir in dieser Arbeit aus den Oberflächentemperaturen hergeleitet, welche zur Zeit der Abtrennung der einzelnen Planeten von der Sonne dieser beizulegen die Rechnung uns zwingt.

Übersicht über die Theorie. Von Moulton und Chamberlin ist nun, nachdem sie die Unrichtigkeit der Laplaceschen Theorie in überzeugender Weise nachgewiesen haben,[1]) eine eigene Theorie[2]) aufgestellt worden. In seiner Abhandlung: „On the evolution of the solar system", Astrophysical Journal XXII, 3, 1905, gibt Moulton folgenden Abriß der Theorie (§ 2):

„Es wird vorausgesetzt, daß unser System sich aus einem Spiralnebel, „vielleicht von der Art entwickelte, von welcher Keeler zeigte, daß sie „viel häufiger sei als alle anderen Arten zusammengenommen. Ferner „wird angenommen, daß der Spiralnebel entstand, als eine andere Sonne „sehr nahe an unserer Sonne vorüberging. Die Dimensionen des Nebels „ergeben sich fast allein aus der Erstreckung der Bahnen der vielen kleinen „Massen, aus denen er bestand; Expansion von Gasen kam dabei nur in „sehr geringem Maße zur Geltung. Er war niemals in einem Zustande „hydrodynamischen Gleichgewichts und kein Wärmeverlust war notwendig, „um planetarische Massen zur Abtrennung zu bringen. Die Planeten „bildeten sich um Kerne von beträchtlichen Größen herum, und zwar „dadurch, daß ein großer Teil der durch das ganze System zerstreuten „Materie sich mit den Kernen vereinigte.

„Ein Spiralnebel, der auf die angegebene Weise entstanden ist und „die aufgezählten Eigenschaften besitzt, wird sich in ein System von

[1]) Die Kantische Theorie scheint ihnen nicht genügend bekannt zu sein. Wenigstens kommen sie auf dieselbe nicht zu sprechen, trotzdem ihre eigene Theorie der Kantischen in mehreren Punkten ziemlich nahe steht. Ihre Angriffe sind nur gegen die Laplacesche, von ihnen „Ringtheorie" genannte Theorie gerichtet

[2]) Mit der Moultonschen Theorie stimmt im wesentlichen eine andere überein, welche W. Meyer in seinem Buche „Weltschöpfung" (Kosmos-Verlag, Stuttgart) aufstellt; siehe daselbst S. 7 und 32—35. Sie streift die Hauptpunkte jedoch nur ganz kurz und läßt alle Einzelheiten unbeachtet. Die Entstehung der Rotationsbewegung wird, anders als bei Moulton, gemäß den Fayeschen Annahmen (cf. S. 56) erklärt.

„folgender Beschaffenheit entwickeln: Alle Planeten bewegen sich in der„selben Richtung und ungefähr (obgleich vielleicht nicht genau) in derselben „Ebene; die Sonne rotiert in derselben Richtung und ungefähr in derselben „Ebene und besitzt eine äquatoreale Beschleunigung; je mehr sich die „Planeten durch Aufnahme der zerstreuten Materie vergrößern, um so mehr „nähert sich ihre Bahn der Kreisform; die Planeten rotieren rechtsinnig „und ungefähr (obgleich vielleicht nicht genau) in ihrer Bahnebene; je „mehr ein Planet an Größe zunimmt, um so schneller rotiert er; der „planetarische Kern kann ursprünglich von vielen, in den verschiedensten „Richtungen sich bewegenden Satellitenkernen begleitet sein, aber die zer„streute Materie bestrebt sich, die Satellitenkerne, welche sich nicht recht„läufig in der allgemeinen Ebene des Systems bewegen, mit dem plane„tarischen Kerne zur Vereinigung zu bringen; die zerstreute Materie bewirkt, „daß die Satellitenbahnen Kreise werden und Kreise bleiben, wenn sich „die Satelliten rechtläufig bewegen, aber eine große Excentricität annehmen, „wenn sie rückläufig sind; ein Satellit kann seinen Umlauf schneller voll„enden, als der Planet rotiert. Das System kann viele Planetoiden ent„halten, deren Bahnen ineinander greifen; die kleinen Planeten sind kalt „und dicht, die großen heiß und locker. Der größere Teil der Bewegungs„größe des Systems verbleibt den Planeten."

Der Spiralnebel. Die Moulton-Chamberlinsche Theorie macht den Versuch, durch Abänderung der bei den andern Theorien zugrunde liegenden Voraussetzungen über die Beschaffenheit des Urnebels zu einer genügenden Erklärung der Entstehung unseres Sonnensystems zu gelangen. Die Laplacesche Annahme eines gleichmäßig rotierenden, im Innern verdichteten Gasballes, dessen Raumerfüllung auf der Expansion der ihn zusammensetzenden Gase beruht, ist aufgegeben. An ihre Stelle tritt die neue Annahme, daß ein ganz unhomogener Spiralnebel die Urform unseres Sonnensystems gewesen sei. So naheliegend diese Annahme nach der Entdeckung der großen Anzahl von Spiralnebeln, die wir der Himmelsphotographie während der letzten 20 Jahre verdanken, auch ist, so hält der Verfasser sie doch für einen wesentlichen Fortschritt, um so mehr, als die später vorzutragende Theorie selbst von der Annahme eines Spiralnebels als der Urform unseres Sonnensystems ausgeht. Aber leider ist diese Annahme fast das einzige, was von der M.-Ch.schen Theorie Bestand hat. Alles andere bleibt vor einer gründlichen Kritik nicht bestehen. Und selbst diese wertvolle Hypothese einer spiraligen Struktur des Nebels verliert dadurch bedeutend, daß Moulton, um zu einer Vorstellung über die physische Beschaffenheit des Nebels zu gelangen, Annahmen macht, die als höchst unwahrscheinlich zu bezeichnen sind. So kommt es, daß von den Ausführungen über den Spiralnebel eigentlich nur der Name als wertvoller Bestandteil übrig bleibt.

Die einleitende Katastrophe. Moulton schreibt, es sei zu erwarten, daß manchmal zwei Sonnen nahe aneinander vorübergingen und daß sie sehr viel weniger oft wirklich kollidierten (loc. cit. § 3). Es wird gewiß nur wenige geben, denen diese Annahme nicht ein leises Unbehagen verursacht. Wir haben uns an den Gedanken gewöhnt, daß das Weltall ein harmonisches Ganzes sei, dessen Teile sich nicht im Widerstreit miteinander befinden. Die neuere Astronomie hat gezeigt, daß die Bewegungen der Sterne nicht regellos sind, sondern einer Ordnung unterliegen. Wenn es sich bestätigen sollte, daß die Sterne unseres Milchstraßensystems, oder wenn dieses wieder aus einzelnen Teilsystemen bestehen sollte, die zu einem solchen Teilsysteme gehörenden Sterne innerhalb desselben, und die Teilsysteme wieder, als Glieder eines größeren Systems, sich in fast kreisförmigen Bahnen bewegen, so ist die Möglichkeit, daß zwei Sonnen dicht aneinander vorbeigehen, so gut wie ausgeschlossen. Allerdings dürfen wir nicht behaupten, daß Katastrophen der Art, wie Moulton sie bei der Entstehung des Spiralnebels annimmt, ganz unmöglich seien. Ist jedoch unsere Überlegung richtig, so können sie sich nur sehr selten ereignen, und nur diese Annahme, daß sie selten seien, wird uns befriedigen. Zwar hat man von Zeit zu Zeit neue Sterne aufleuchten sehen und wohl die Ansicht ausgesprochen, daß ein Zusammenstoß mit einem andern Weltkörper sie zum Erglühen gebracht habe; aber nicht minder wahrscheinlich ist die Annahme, daß die noch feurig flüssige innere Masse des Sternes die erkaltete Oberfläche gesprengt und ihm wieder zu einem kurzen leuchtenden Dasein verholfen habe. Bedenkt man ferner die große Anzahl der Spiralnebel, die nach Moulton möglicherweise sämtlich auf die angegebene Art entstanden sind, so mutet der behauptete Ursprung noch weniger wahrscheinlich an, zumal nach Moulton nur unmittelbar nach dem Vorübergang des fremden Weltkörpers der Nebel spiralförmig ist (§ 3). Übrigens bemerkt Laplace, daß seit undenklichen Zeiten kein Weltkörper von einigermaßen bedeutender Masse in die Nähe der Planeten unseres Sonnensystems gekommen sei, da andernfalls sich in dem System der Saturnsmonde Störungen hätten bemerkbar machen müssen. Um Flutwellen von der Intensität hervorzurufen, daß in Form von Protuberanzen fortgeschleuderte Massen sich zu einem Spiralnebel um die Sonne herum ausbreiten, muß der fremde Weltkörper sich ihr mehr, als das 2,44 fache ihres Radius beträgt, genähert haben (§ 3). Bedenkt man, daß die Anzahl der sichtbaren[1]) Spiralnebel eine sehr große ist, so müßte demnach, wenn sie sämtlich auf die von Moulton beschriebene Weise entstanden

[1]) Die sichtbaren echten Spiralnebel müssen unserem Sonnensysteme verhältnismäßig nahe sein, da andernfalls ihr schwaches Licht nicht mehr bis zu uns gelangen würde. Jedenfalls sind sie bedeutend näher als die Sternhaufen, die als Nebelflecke erscheinen. Wenn wir die Häufigkeit der sichtbaren Spiralnebel mit der Häufigkeit der im Fernrohre erscheinenden Sterne in Beziehung bringen, so verteilen wir sie also auf einen viel zu großen Raum. Die Häufigkeit ihres Vorkommens muß, mit der Häufigkeit der Sterne verglichen, bedeutend erhöht werden.

sind, der Hindurchgang einer fremden Sonne durch unser Planetensystem, dessen Radius, bis zur Neptunsbahn gerechnet, ungefähr 6000 mal so groß ist als der Sonnenradius, zu den leichten Möglichkeiten gerechnet werden. Seit Jahrmillionen aber ist unser Planetensystem weit außerhalb des Anziehungsbereiches eines fremden Weltkörpers gewesen; die gänzlich ungestörte Entwicklung desselben kann uns also als Maßstab für die Häufigkeit der von Moulton angenommenen Katastrophen dienen. — Die Überschrift des Kapitels, welches die Wirkungen des Vorüberganges eines fremden Weltkörpers an unserer Sonne behandelt, bezeichnet den angegebenen Ursprung als einen möglicherweise bei allen Spiralnebeln zutreffenden (§ 3; A possible origin of spiral nebulae). Man würde den Ausdruck „possible origin" falsch verstehen, wenn man annehmen wollte, daß Moulton, soweit der Urnebel unseres Sonnensystems in Frage kommt, nur eine Vermutung hätte aussprechen wollen, und daß man deshalb auch andere Erklärungen dafür substituieren könnte, ohne der Theorie den Boden zu entziehen. Moulton nimmt an, daß der Urnebel unseres Sonnensystems auf jeden Fall den von ihm angegebenen Ursprung habe. Mit dem zitierten Ausdrucke will er andeuten, daß möglicherweise alle beobachteten Spiralnebel denselben Ursprung haben könnten; dabei verbirgt er sich aber nicht, daß die photographierten Spiralnebel ohne Zweifel bedeutend größer seien und ein verhältnismäßig weniger dichtes Innere haben als der von ihm vorausgesetzte Urnebel unseres Sonnensystems.

Wenn man uns auch darin, daß die Moultonsche Erklärung der Entstehung der Spiralnebel auf die große Anzahl der bekannten Spiralnebel aus den oben angeführten Gründen keine Anwendung finden könne, beistimmen wird, so dürfen wir demgegenüber doch nicht erwarten, daß man uns das Recht einräumen werde, den beschriebenen Vorgang als einen unmöglichen hinzustellen. Man wird vielleicht bereit sein, zuzugeben, daß der behauptete nahe Vorübergang zweier Weltkörper aneinander sich einmal, unter besonderen Umständen, zugetragen haben könne, und daß kein Grund vorhanden sei, Moultons Annahme, es habe sich dies bei unserem Sonnensysteme ereignet, zurückzuweisen. Wir wollen daher unserem Zweifel gar kein größeres Gewicht beimessen, sondern unter Anerkennung der Möglichkeit, daß ein fremder Weltkörper auf unserer Sonne Störungen der beschriebenen Art hervorgerufen habe, die Theorie einer weiteren Kritik unterziehen.

Entstehung des Spiralnebels. Moulton schreibt (§ 3): „Als „der fremde Weltkörper S' an unserer Sonne S vorbeiging, erregte er „auf der ihm zugekehrten Seite derselben eine hohe Flut und eine fast „gleiche auf der entgegengesetzten Seite. Das Innere der Sonne war „damals der Sitz ähnlicher Kräfte, wie sie jetzt bei der Entstehung der „Protuberanzen wirksam sind. Die durch S' hervorgerufenen ungeheuren „Flutwellen verstärkten die Eruptionskräfte der Sonne in der Richtung „nach und von S', und beträchtliche Quantitäten Materie wurden mit großen

„Geschwindigkeiten nach beiden Richtungen fortgeschleudert. Wenn nicht „S' auch in der Folgezeit störende Wirkungen auf die fortgeschleuderten „Massen ausgeübt hätte, so würden sie nach der Sonne zurückgekehrt sein; „aber S' zog sie aus ihrer geradlinigen Bahn heraus und zwang sie, „Ellipsen um die Sonne zu beschreiben.“ — Hiergegen läßt sich nichts einwenden, sehr viel aber gegen die Folgerung, daß unmittelbar nach der Entfernung des Körpers S' der entstandene Nebel Spiralform besaß. Moulton gibt ihm die in der Fig. 1 gezeichnete Gestalt. Die punktierten Linien sind die Kurven, welche die fortgeschleuderten Massen beschrieben haben, und die ausgezogenen Linien die wirkliche Form der Spirale nach der Entfernung der Sonne S'. Zunächst ist zu bemerken, daß die beiden Arme der Spirale nicht, wie es geschehen ist, einander kongruent gezeichnet werden dürfen; denn, wenn auch die Flutwellen auf beiden Seiten der Sonne ungefähr dieselbe Höhe haben, so sind doch die störenden Einwirkungen des Körpers S' auf ein Teilchen, das sich auf der S' benach-

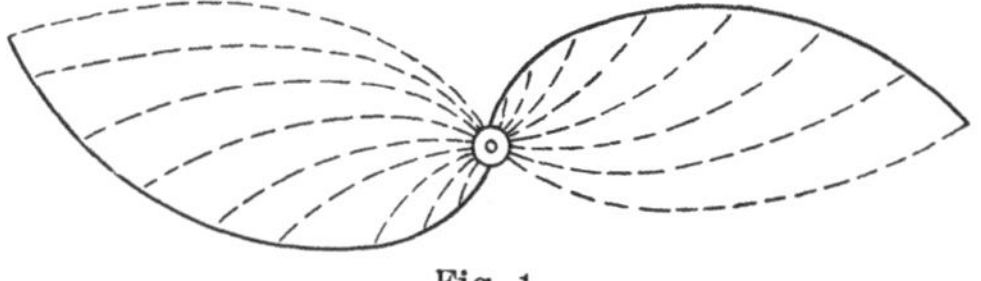

Fig. 1.

barten Seite von der Sonne entfernt, unverhältnismäßig größer als auf ein Teilchen der abgewandten Seite. Ein Teilchen der ersten Art kommt in die Nähe von S' und bewegt sich, wenn es nicht auf S' heruntergezogen wird, in vollkommen gestörter Bahn über S' hinaus. Da nur ein kleiner Bruchteil, $^1/_{200}$, der gesamten Planetenmasse auf die 4 kleinen inneren Planeten entfällt, so mußten fast alle emporgeschleuderten Teilchen, abgesehen von denen, welche auf die Sonne zurückfielen und sich mit S' vereinigten, sich bis zur heutigen Jupitersbahn und weiter von der Sonne entfernen. Nun war nach Moulton der Abstand der beiden Weltkörper S und S' zur Zeit der beginnenden elementaren Störungen höchstens gleich $2{,}44\,r$; die Teilchen mußten also, da Jupiter mehr als $1000\,r$, Neptun mehr als $6000\,r$ von der Sonne entfernt ist, nach einiger Zeit zwar aus dem Anziehungsbereiche des Körpers S' kommen; aber die Störungen, welche sie anfangs erlitten hatten, waren doch so groß und so verschiedenartig, daß sich die von Moulton angegebene regelmäßige Form nicht mehr herausbilden konnte. Die beiden Arme des Nebels mußten eine gänzlich verschiedene Gestalt annehmen. Außerdem ist zu bemerken, daß eine gewisse Regelmäßigkeit der äußeren Form überhaupt nur dann entstehen konnte, wenn die Geschwindigkeiten, mit denen die einzelnen Teilchen die Sonnenoberfläche verließen, während der ganzen Eruptionsdauer ungefähr dieselben waren oder doch wenigstens einem einfachen Gesetze der Zu- und der Abnahme unterlagen. Die Annahme einer solchen Gesetzmäßigkeit in den Eruptionsgeschwindigkeiten ist aber von vornherein zurückzuweisen;

es werden, wie es bei den Sonnenprotuberanzen jetzt noch der Fall ist, sehr heftige Eruptionen mit schwächeren abgewechselt haben. Dann aber konnten sich die fortgeschleuderten Massen weder in einer Spirale, noch in einer anderen Kurve ordnen, sondern mußten sich regellos um die Sonne herum ausbreiten. — Endlich kommt zu den oben von Moulton angeführten Gründen dafür, daß der Urnebel unseres Sonnensystems, wenn er auf die angegebene Weise entstand, eine andere Beschaffenheit gehabt haben muß als die heute bekannten Spiralnebel, noch ein neues Argument hinzu. Die Zeit, die sich für die Lebensdauer des Urnebels als Spirale ergibt, ist nämlich viel zu klein, um sich mit der Unveränderlichkeit der beobachteten Spiralnebel in Einklang bringen zu lassen. Angenommen auch, es hätte der Nebel nach der Entfernung des Körpers S', was aber nach den vorhergehenden Ausführungen ganz ausgeschlossen ist, die angegebene Spiralform gehabt, so würde er schon nach ziemlich kurzer Zeit sein Aussehen völlig geändert haben. Da Neptun seine Bahn in 165 Jahren, Merkur aber schon in 88 Tagen durchläuft, so hätten die inneren Teile des Nebels sich schon in wenigen Wochen aufrollen und in weniger als 200 Jahren hätten auch die äußersten Teile des Nebels schon eine ganze Rotation ausführen müssen. So schnelle Veränderungen sind aber bis jetzt noch bei keinem Spiralnebel beobachtet worden. Wahrscheinlich werden Hunderte von Jahren darauf hingehen, bis sich Änderungen in ihrer Gestalt erkennen lassen.

Wir haben gezeigt, daß die von Moulton behauptete Spiralform sich nicht auf die von ihm angegebene Weise bilden konnte. Aber damit ist gegen die Theorie eigentlich noch nichts gesagt. Denn daß der Nebel Spiralform hatte, ist im Grunde für die Theorie von gar keiner Bedeutung. Moulton hat dem Urnebel des Sonnensystems gewiß nur deswegen Spiralform zugeschrieben, um durch den Hinweis auf das häufige Vorkommen der Spiralnebel den Grad der Wahrscheinlichkeit der eigenen Theorie zu erhöhen. Aus der Annahme einer spiraligen Gestalt des Nebels werden weiter gar keine Schlüsse gezogen; man könnte sie ganz aus der Theorie entfernen und würde ihr dadurch keine wesentliche Stütze entziehen.

Die Umlaufsbewegung der Planeten (§ 4). „Die Materie wurde „ursprünglich in mehr oder weniger unregelmäßiger Weise mit gelegent- „lichen großen Kernmassen fortgeschleudert, welche durch Aufnahme der „zerstreuten Materie sich vergrößerten. Ihre anfängliche Bewegungsrich- „tung hing von der Bewegungsrichtung von S' und von der ursprünglichen „Richtung und Größe der Rotation der Sonne ab. Es ist sehr unwahr- „scheinlich, daß die Ebene des ursprünglichen Sonnenäquators mit der „Bahnebene von S' übereinstimmte. Folglich fanden die ursprünglichen „Ausbrüche nicht genau in der Bahnebene von S' statt. Wenn man die „Ausbrüche nach und von S' und die vor und nach dem Durchgange „durchs Perihel ins Auge faßt, so zeigt eine leichte Überlegung, daß die „Materie sich fast symmetrisch auf beiden Seiten der Bahnebene von S'

„verteilte. — Hieraus folgt, daß sich alle Planeten in derselben Richtung „bewegen und daß ihre Bahnebenen ungefähr zusammenfallen. Aus der „symmetrischen Verteilung der fortgeschleuderten Materie ergibt sich, daß „je mehr ein Planet durch Aufnahme der zerstreuten Materie wächst, um „so mehr seine Bahnebene mit derjenigen von S' zusammenfallen muß. „Demnach dürfen wir nur kleine Abweichungen bei den Bahnebenen der „großen Planeten erwarten, größere Unterschiede aber bei den kleinen „Planeten, z. B. Merkur, und den Planetoiden.“

Die Annahme, daß die Bahnen der fortgeschleuderten Massen nur wenig von der Bahnebene des Körpers S' abweichen und daß sie sich symmetrisch um sie herum verteilen, ist nur dann zulässig, wenn die Bewegungsrichtung der Körper S und S' in derselben Ebene liegt. Ist dies nicht der Fall, so beschreiben beide Körper Raumkurven; die Lage der augenblicklichen Bahnebenen verschiebt sich also beständig. Dann aber bleibt die nahe Übereinstimmung der Lage der einzelnen Planetenbahnen unerklärt. — Für die weitere Behauptung, daß die großen Planeten durch Aufnahme der zerstreuten Materie die Neigungen ihrer Bahnen verringern, wird kein Grund angegeben. Die symmetrische Verteilung der Materie zu beiden Seiten der Bahnebene von S' spielt dabei gar keine Rolle. Ein großer Planet, dessen Bahnebene ursprünglich eine bedeutende Neigung besaß, wird dieselbe, von kleinen Schwankungen abgesehen, immer beibehalten. Einfluß auf die Bahnneigung könnten die Zusammenstöße mit der zerstreuten Materie und die von ihr auf den Planeten ausgeübte Anziehung haben. Die Zusammenstöße mit der zerstreuten Materie wirken wie ein widerstehendes Mittel; ein solches aber verringert nicht die Neigung der Bahn (Laplace, Mécanique céleste). Die von der zerstreuten Materie auf den Planeten ausgeübte Anziehung kann ferner nur zu einer Drehung der Knotenlinie führen. — Für die bedeutenden Bahnneigungen der kleinen Planeten und der Planetoiden nach einer die besondere Beschaffenheit des Urnebels berücksichtigenden Erklärung zu suchen, ist übrigens unnötig. Sie brauchen keineswegs als ursprüngliche betrachtet zu werden, sondern können erst im Laufe der Zeit durch die Einwirkung der großen Planeten entstanden sein.

Die Rotation der Sonne (§ 5). „Die gegenwärtige Rotation der „Sonne ist das Produkt aus ihrer ursprünglichen Rotation und der durch „S' verursachten Störungen. Die ursprüngliche Richtung und Größe der „Rotation ist ganz unbekannt. Sie wurde in zweifacher Weise durch den „Vorübergeng von S' beeinflußt. a) S' erregte große Fluten auf der „Sonne und führte sie in der Richtung der eigenen Bewegung um die „Sonne herum. Dies trug zu einer gewissen Rotation der Sonne in der „Richtung der Bewegung von S' bei. b) Einige der emporgeschleuderten „Teilchen verließen die Sonne mit kleinen Geschwindigkeiten und fielen „auf sie zurück, noch ehe ihre Bahnen durch S' bedeutend gestört waren. „Aber alle diese Teilchen hatten eine gewisse Bewegungsgröße in der

„Richtung der Bewegung von S' angenommen und teilten diese der Sonne „mit, sobald sie sich wieder mit ihr vereinigten. Auf diese Weise erlangte „die Sonne eine Rotation, deren Richtung nahe mit der allgemeinen Be- „wegungsrichtung der Planeten übereinstimmte. — Beide Ursachen waren „am meisten in der Äquatorealzone wirksam und nur bis zu einer ge- „ringen Tiefe bemerkbar. Folglich erhielt die Sonne eine äquatoreale „Beschleunigung, welche noch jetzt besteht.“

Diese Erklärung ist fast in jedem Satze angreifbar. Zunächst können die durch S' auf S hervorgerufenen Fluten nur einen ganz verschwindenden Bruchteil zu der neuen Rotationsbewegung beitragen. Ebenso wie die Teilchen einer Wasserwelle sich nur auf und ab bewegen, wenn auch die Welle fortschreitet, ebenso werden die Teilchen der Sonnenoberfläche in der Flutwelle nicht um die Sonne herumgeführt, sondern verändern nur in senkrechter Richtung vom Mittelpunkte aus ihren Ort. Ihre Bewegung hat also auf die Rotation keinen Einfluß. Eine ganz verschwindend kleine Rotationsbewegung im Sinne der eigenen Fortbewegung kann die Flutwelle nur dann bewirken, wenn sie, ähnlich wie die Flutwelle der Erdozeane, auf die Ufer fester Kontinente trifft, und zwar nur unter der Bedingung, daß die Rotationsrichtung der Sonne der Richtung der Flutwelle entgegengesetzt, oder daß die Rotationsgeschwindigkeit der Sonne, falls ihre Rotationsrichtung mit der Fortschreitungsrichtung der Welle schon übereinstimmen sollte, nicht größer ist als die Geschwindigkeit der Flutwelle. Moulton setzt aber für die Sonne eine gasige Beschaffenheit voraus, und er muß dies tun, da auch heute die Sonnenoberfläche wahrscheinlich noch keine festen Kontinente besitzt. Endlich ist die Bewegung der Flutwelle eine so langsame (nach Moulton braucht sie einige Jahre, um über die halbe Oberfläche der Sonne zu laufen), daß ihre so ungemein geringfügigen Wirkungen durch die während dieser Zeit erfolgenden elementaren Umwälzungen auf der Sonnenoberfläche gänzlich aufgehoben werden können. Etwas günstiger stellt sich die zweite Erklärung dar. Sie ist aber nur dann zulässig, wenn die ursprüngliche Rotationsrichtung der Sonne schon ungefähr mit der Bewegungsrichtung des Körpers S' übereinstimmt. In diesem Falle ist es denkbar, daß die emporgeschleuderten Teilchen, wenn sie sich wieder mit der Zentralmasse vereinigen, die Rotationsbewegung derselben im Sinne der Fortschreitungsrichtung des Körpers S' beschleunigen. Ist aber die Rotationsrichtung der Sonne der Bewegungsrichtung von S' entgegengesetzt, so werden die emporgeschleuderten Teilchen, wenn sie in ihrer Bewegung von S' nur wenig gestört worden sind, ebenso wie im ersten Falle, sobald sie sich wieder mit der Sonne vereinigen, die ursprüngliche Rotationsbewegung derselben beschleunigen. Sie könnten erst nach einer bedeutenden Störung, nämlich wenn ihre ganze Eigenbewegung in der Richtung der Rotation der Sonne, die sie, dem Gesetze der Trägheit gemäß, besitzen, durch die Einwirkung von S' vernichtet wäre, zu einer im Sinne der Bewegung von S' erfolgenden Rotation beitragen. Aber wenn dies auch auf der dem Körper S' zugewandten Seite geschehen würde, so würden doch auf der entgegengesetzten Seite die Störungen bei weitem nicht dieselbe Größe erreichen und daher auch nicht imstande sein, das ursprüngliche Drehungsmoment der Teilchen in das entgegengesetzte zu verwandeln. Die Teilchen würden also bei der Wiedervereinigung mit der Sonne die ursprüngliche Rotationsbewegung verstärken und auf diese Weise die Wirkung der zuerst genannten Teilchen größtenteils wieder aufheben. — Da nach Moulton die neue Rotationsbewegung nur die oberen Schichten der Sonne ergreift, so könnte man geneigt sein, die höchst sonderbare Folgerung zu ziehen, daß die inneren Teile der Sonne eine ganz andere Rotationsbewegung besitzen möchten als die Oberflächenschichten. Diese Folgerung ist aber ohne weiteres zurückzuweisen. Denn da die Materie der Sonne nicht als reibungslos angesehen werden darf, so hätten im Laufe der Jahrmillionen, die ohne Zweifel seit der Entstehung der Planeten verflossen sind, die verschiedenen Bewegungen längst zur Ausgleichung kommen müssen. Wenn sich aus dem Vorübergang von Sonnenflecken, die in höheren Breiten liegen, eine etwas größere Rotationszeit ergibt als aus dem Vorübergang äquatorealer Flecke, so kann dies darin seinen Grund haben, daß die den Polen nahe liegenden Flecke wegen ihrer geringeren linearen Geschwindigkeit beim Passieren des Randes der Sonnenscheibe infolge der Strahlenbrechung in der Atmosphäre etwas längere Zeit sichtbar bleiben als die schneller sich bewegenden äquatorealen Flecke.

Die Exzentrizitäten der Planetenbahnen (§ 6). „Die Kerne, „um welche herum sich mit der Zeit die Planeten bildeten, bewegten sich „in wahrscheinlich sehr exzentrischen Bahnen um die Sonne. Sie kreuzten „die in allen möglichen Lagen vorhandenen Bahnen der zerstreuten Teil„chen, brachten diese mit sich zur Vereinigung und veränderten dadurch „ihre Exzentrizitäten.“ — Bei der Untersuchung der Frage, ob die Exzentrizitäten zu- oder abnehmen, führt Moulton an einem ganz speziellen Beispiel aus, daß sie abnehmen müssen. Er macht dabei die Voraussetzung, daß der Planetenkern und das von ihm aufgefangene Teilchen sich fast in derselben Bahn bewegen, und vernachlässigt die Störungen, welche der Kern bei der Annäherung des Teilchens in der Bahn desselben hervorruft. Gegen das Resultat läßt sich, wenn man die Voraussetzungen gelten läßt, nichts einwenden. Wenn aber Moulton nun den Schluß zieht, daß die Exzentrizitäten abnehmen müssen, so braucht man ihm nicht beizustimmen. Denn erstens ist es falsch, daß zwei Teilchen, welche fast in derselben Bahn laufen, leichter zusammenstoßen als Teilchen in zwei sich kreuzenden Bahnen von verschiedener Exzentrizität. Im ersten Falle sind nämlich die Umlaufszeiten fast gleich; wenn die Teilchen ursprünglich eine ziemlich beträchtliche Entfernung voneinander besaßen, so können sie sich lange Zeit hintereinander herbewegen, ohne daß eines das andere einzuholen vermöchte. Zweitens ist es nicht erlaubt, die Störungen, welche der Kern in der Bewegung des Teilchens bei der Annäherung desselben hervorruft, zu vernachlässigen; denn die Anziehung des Kernes ist es gerade, was das Teilchen zwingt, sich mit ihm zu vereinigen. Drittens gilt die Rechnung Moultons nur für den Fall eines zentralen Stoßes. Bei einem schiefen Stoße liefert die kinetische Energie des Teilchens eine Komponente für die Rotationsbewegung des entstehenden Planeten (Moulton selbst erklärt später [§ 7] die Entstehung der Rotation der Planeten durch den schiefen Stoß der mit demselben sich vereinigenden Teilchen). — Daß zwei fast in derselben Bahn sich bewegende Körper, die sich bei der Annäherung in ihren Bewegungen nicht stören, im Augenblicke ihres Zusammenstoßens aber einen Teil ihrer kinetischen Energie in Wärme umsetzen, miteinander vereinigt eine etwas weniger exzentrische Bahn beschreiben als vorher, sieht man auch ohne Rechnung ein. Die vereinigten Massen würden nur dann in ihrer ursprünglichen Bahn weiterlaufen können, wenn ihre ganze kinetische Energie ihnen erhalten bliebe. Wenn sich aber ein Teil derselben in Wärme verwandelt, so wird die Zentrifugalkraft der vereinigten Massen etwas geschwächt; die Exzentrizität der Bahn muß sich also verringern. — Eine viel größere Bedeutung, als die soeben behandelte, hat die Frage, ob die Bahn des Planetenkernes bei dem Zusammentreffen mit Teilchen, deren Bahnen eine völlig andere Exzentrizität besitzen, und deren Anzahl offenbar eine viel größere ist als die Anzahl der mit dem Kerne fast in derselben Bahn laufenden, auch immer ihre Exzentrizität verkleinert. Diese Frage ist von Moulton nicht beantwortet worden. Sie läßt sich auch gar nicht allgemein beantworten; denn je nach der Art des Stoßes kann sowohl eine Verkleinerung als eine Vergrößerung der Exzentrizität eintreten. Aus den Differentialgleichungen der Bewegung eines materiellen Punktes, der von dem Anfangspunkte der Koordinaten umgekehrt proportional dem Quadrate der Entfernung angezogen wird, ergibt sich nach der Integration für die Exzentrizität seiner elliptischen Bahn der Ausdruck:

$$\varepsilon = \sqrt{1 - \frac{\varrho^2 c^2 \sin^2 \beta}{k^2 M^2} \left(\frac{2 k M}{\varrho} - c^2 \right)},$$

wo k die Gravitationskonstante, M die Masse des anziehenden Körpers, c die lineare Geschwindigkeit des Teilchens in dem Abstande ϱ vom Anziehungsmittelpunkte und β den Winkel zwischen dem Radiusvektor ϱ und der augenblicklichen Fortschreitungsrichtung des Teilchens bedeutet. Es müßte für jeden einzelnen Fall untersucht werden, welche Geschwindigkeit das Teilchen in dem Augenblicke besitzt, wo es sich mit dem Planetenkerne vereinigt; dann müßte die Komponente seiner kinetischen Energie angegeben werden, welche sich in Rotationsenergie umsetzt; ferner müßte der Teil abgezogen werden, der sich in Wärme verwandelt, und endlich müßte der Rest mit der in dem Planetenkerne vorhandenen kinetischen

Energie der fortschreitenden Bewegung nach dem Parallelogramm der Kräfte zusammengesetzt werden. Auf diese Weise würde sich ein neues c und ein neuer Winkel β ergeben, und erst durch Einsetzen dieser neuen Werte in der oben angegebenen Formel würde sich beurteilen lassen, ob die Exzentrizität zu- oder abnehmen wird. — Die Erklärung, welche Moulton für die verhältnismäßig großen Exzentrizitäten der kleinen Planeten gibt, ist ebenso unnötig, wie die Erklärung ihrer zum Teil bedeutenden Bahnneigungen. Die Exzentrizitäten sind säkularen Schwankungen unterworfen und können sich daher vergrößern und verkleinern. Es ist sehr wohl möglich, daß die bedeutende Exzentrizität Merkurs früher nicht vorhanden gewesen, sondern erst durch die störenden Einflüsse der übrigen Planeten entstanden ist.

Die Rotation der Planeten (§ 7). „Es ist kein Grund vor„handen, anzunehmen, daß die Kerne ursprünglich in irgend einer be„sonderen Richtung rotierten, und sehr wahrscheinlich rotierten sie in „verschiedenen Richtungen. Die gegenwärtige Rotation des Planeten hängt „von der ursprünglichen Rotation „des Kernes, von dem Einflusse „des Körpers S' auf denselben „und von den Wirkungen der Zu„sammenstöße mit der zerstreuten „Materie ab. Soweit der Körper S' „auf die Rotation von Einfluß war, „bestrebte er sich, sie rechtsinnig „zu gestalten. Bei der Betrach„tung der Wirkungen der Zusam„menstöße soll die Exzentrizität „der Bahn des Kernes vernachlässigt werden. Der Kern N bewege sich „in dem Kreise zwischen a und b und sein Mittelpunkt entlang dem „Kreise c. Die Bahnen der kleinen Massen m, welche den Weg von N „kreuzen, teilen sich in drei Klassen: 1. solche, deren Perihel im Innern „von b und deren Aphel zwischen b und c liegt, 2. solche, deren Perihel „im Innern von c und deren Aphel außerhalb c liegt, 3. solche, deren „Perihel zwischen c und a und deren Aphel außerhalb a liegt (Fig. 2). „Sie sind durch die Ellipsen e_1, e_2, e_3 dargestellt.

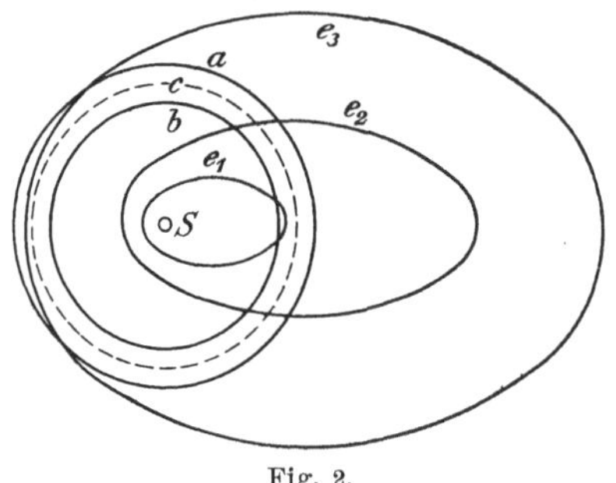

Fig. 2.

„1. Fall. N hat im Augenblicke des Zusammentreffens mit m „eine größere Geschwindigkeit als dieses. Die Figur zeigt, daß der Zu„sammenstoß zu einer rechtsinnigen Rotation führen mußte. — 2. Fall. „N und m bewegen sich mit ungefähr gleichen Geschwindigkeiten. Die „Wirkung eines einzelnen Stoßes ist daher klein, und die vereinigte „Wirkung vieler, welche zu verschiedenen Rotationsrichtungen den Anstoß „geben, kann nicht bedeutend sein. — 3. Fall. In diesem Falle überholt „m den Kern N jenseits seines Mittelpunktes und trägt zu einer recht„sinnigen Rotation bei.“

Diese Erklärung ist ganz unhaltbar. Allerdings bestreben sich die Teilchen, deren Aphel zwischen *c* und *b* liegt, dem Kerne eine rechtsinnige Rotation zu geben; aber es sind nicht weniger vorhanden, deren Aphel zwischen *c* und *a* liegt, und die Wirkung dieser Teilchen ist der der ersten gerade entgegengesetzt. Ganz ähnliches gilt im 3. Falle von den Teilchen, deren Perihel zwischen *c* und *b* liegt. Auch diese heben die Wirkung der Teilchen, deren Perihel zwischen *c* und *a* liegt, wieder auf. Was den 2. Fall betrifft, so gibt es nur sehr wenige Teilchen, deren Geschwindigkeit zur Zeit des Zusammenstoßes mit *N* genau dieselbe ist, wie die des Planeten. Die überwiegende Anzahl besitzt eine größere oder geringere Geschwindigkeit und gibt daher auch, je nachdem sie den Planeten auf der der Sonne zugewandten oder auf der ihr abgewandten Seite trifft, zu entgegengesetzten Rotationsbewegungen Anlaß. Nimmt man alles zusammen, so ist zu schließen, daß die Wirkungen sämtlicher Teilchen sich wahrscheinlich gegenseitig ungefähr aufheben, und daß der Planet daher gar keine Rotationsbewegung annimmt. — Moulton gibt ferner noch an, daß man, wenn Ausnahmen von der Regel vorhanden sein sollten, diese bei den äußersten Planeten vermuten müßte, wo die Teilchen der 3. Art selten seien. Diese Erklärung fällt ganz in sich zusammen. Denn wenn sich ein Kern kreisförmig an der Grenze des Systems bewegt, wo er fast alle Teilchen desselben in seiner Bahn einschließt, so können sich nur Zusammenstöße nach der Art des 1. Falles ereignen; die Rotation müßte also rechtsinnig sein. — Endlich ist auch die zu Anfang aufgestellte Behauptung, daß, soweit der Körper S' in Frage komme, er zu einer rechtsinnigen Rotation Anstoß gebe, im allgemeinen nicht richtig. Dies würde nur für solche Planeten gelten, deren Bahn zwischen der Sonne und S' zu liegen käme und die sich langsamer bewegten als S'. Solche Planeten sind aber gar nicht vorhanden. Denn wenn die Entfernung der beiden Körper S und S' zur Zeit, als die ersten Ausbrüche erfolgten, nur das 2,44 fache des Sonnenradius betrug und später noch geringer wurde, so mußten, wenn aus den fortgeschleuderten Massen Planeten sollten entstehen können, diese sich weit über S' hinaus erheben. Schon der innerste Planet, Merkur, ist mehr als 80 Sonnenradien von der Sonne entfernt; die Entfernung Neptuns beträgt sogar über 6000 Sonnenradien. Teilmassen aber, die sich über S' erheben, können, wenn sie, was anzunehmen ist, sich langsamer bewegen als S', durch die Anziehung dieses Körpers, falls sie überhaupt imstande ist, zu der Achsendrehung eine Komponente zu liefern, offenbar nur im Sinne einer rückwärts gerichteten Rotation beeinflußt werden.

Die Monde (§ 8). „Als die planetarischen Kerne die Sonne ver„ließen, waren sie von vielen kleineren Kernen umgeben. Wenn die „Geschwindigkeit des primären und der sekundären Kerne fast dieselbe „war, so wurden die kleineren Massen zu der größeren hingezogen und „verloren ihre Selbständigkeit. Waren die Geschwindigkeiten sehr ver-

„schieden, so trennten sich die kleinen Kerne von den großen und be- „gannen als unabhängige Körper ihre Bahn zu beschreiben. In allen „andern Fällen bewegten sich die sekundären Kerne um die primären; „es ist kein Grund vorhanden, anzunehmen, daß sie ursprünglich eine „übereinstimmende Revolutionsbewegung besaßen. Man kann nun die „sekundären Kerne in 3 Klassen einteilen. Die 1. Klasse besteht aus „solchen, deren Bahnen bedeutend gegen die Bahn ihres primären Kernes „geneigt waren, die 2. aus solchen, welche sich ungefähr in der Bahn- „ebene des primären Kernes bewegten, und zwar rechtläufig, die 3. aus „solchen, die sich ungefähr in der Bahnebene des primären Kernes rück- „läufig bewegten.

„1. Fall. Die zerstreute Materie wirkte auf die sekundären Kerne „wie ein widerstehendes Mittel. Der Durchmesser ihrer Bahn verringerte „sich also allmählich. Wenn ihre Masse sich durch Aufnahme der zer- „streuten Materie verdoppelt hatte, so war ihre Bahn allein durch diese „Ursache auf den vierten Teil der ursprünglichen Länge verkleinert (?). „Außerdem verminderte das Wachstum des planetarischen Kernes die „Dimensionen der Bahn. Infolgedessen stürzten die sekundären Kerne im „allgemeinen auf die primären. Nur diejenigen blieben selbständig, welche „ursprünglich sehr entfernt waren und die sich unter den Ausnahme- „bedingungen, welche an den Grenzen des Systems herrschten, entwickelten. „— 2. Fall. Durch eine ähnliche Überlegung wie im § 7 kann ge- „zeigt werden, daß die Zusammenstöße mit der zerstreuten Materie die „Dimensionen der Bahnen der sekundären Kerne zu vergrößern streben; „deswegen haben einige dieser Körper ihre Sonderexistenz behalten. Die „Geschwindigkeiten vergrößerten[1]) sich um so mehr, je weiter die Teil- „kerne vom Planeten entfernt waren. Aus den Gesetzen der Himmels- „mechanik folgt, daß die Bahnen dadurch mehr und mehr kreisförmig werden „mußten. — 3. Fall. Ähnlich wie im § 7 kann gezeigt werden, daß die „zerstreute Materie in diesem Falle wie ein widerstehendes Mittel wirkte. „Außerdem vergrößerten sich die Exzentrizitäten bis zu einem gewissen „Punkte. Folglich mußten die meisten Kerne, welche sich rückläufig be- „wegten, auf ihren primären Kern stürzen.“

Aus Moultons Worten geht nicht klar hervor, ob unter der zerstreuten Materie die im ganzen System ausgebreitete oder nur die um den primären Kern sich gruppierende zu verstehen sei. Wenn nach Moulton sekundäre Kerne, die sich zugleich mit dem primären Kerne von der Sonne entfernten, in den verschiedensten Richtungen um denselben ihre Bahn beschreiben, so darf angenommen werden, daß auch fein verteilte Materie die Zwischenräume zwischen dem Planeten und den sekundären Kernen ausfülle, und daß ihre einzelnen Teilchen, ebenso wie

[1]) Hier liegt wahrscheinlich ein Druckfehler vor. Wenn die Dimensionen der Bahn sich vergrößern, so muß die Geschwindigkeit abnehmen.

die sekundären Kerne, sich in den verschiedensten Richtungen um den primären Kern bewegen. An diese, den primären Kern wie eine Atmosphäre umgebende Dunstmasse scheint Moulton nicht gedacht zu haben. Sie müßte auf alle Teilkerne in gleicher Weise, nämlich wie ein widerstehendes Mittel, wirken; denn die mit einem Teilkerne gleichgerichteten Teilchen können, da sie sich mit ungefähr gleicher Geschwindigkeit bewegen, seine Geschwindigkeit nicht vergrößern; die entgegengesetzt gerichteten Teilchen wirken verzögernd, und bei den schiefgerichteten endlich kommt eine Komponente im ersten oder im zweiten Sinne zur Geltung. Wir verstehen daher im folgenden unter der zerstreuten Materie die im ganzen System ausgebreitete. — Im ersten Falle, wo die Bahnen der Teilkerne ungefähr senkrecht auf der Planetenbahn stehen, erleiden die sekundären Kerne von der zerstreuten Materie Stöße, welche senkrecht zu ihrer Bahnebene gerichtet sind. Da diese Stöße sich ungefähr gleichmäßig um eine Achse gruppieren, die durch den sekundären Kern in der Richtung der Bewegung seines Planeten hindurchgeht, so ergeben sämtliche Stöße keine Resultante, die den sekundären Kern dem primären zu nähern imstande wäre. Die Wirkung der Stöße äußert sich allein darin, daß sich die Teilmassen zusammen mit ihrem Planeten bestreben, sich der Sonne zu nähern. Durch Anwachsen der Masse des Planetenkerns wird allerdings eine Verringerung der Bahndimensionen der sekundären Kerne erfolgen; aber dies gilt ebenso für die Kerne der 2. und der 3. Art. Moulton gesteht ein, daß sich seine Theorie für die Uranusmonde, deren Bahn senkrecht auf der Planetenbahn steht, zu keiner Erklärung führe; doch sagt er, ihre Existenz widerspreche nicht endgültig seiner Theorie, wie es bei der Ringtheorie der Fall sei (§ 9). — Im zweiten Falle, wo der Teilkern sich rechtläufig in der Ebene der Planetenbahn bewegt, ergibt sich unserer Meinung nach gerade das entgegengesetzte, als das von Moulton angedeutete Resultat. Rechtläufige Monde bewegen sich in der Opposition[1]) schneller, in der Konjunktion langsamer als ihr Planet um die Sonne. Sie erfahren also in der Opposition von Teilchen, deren Aphel außerhalb des Kreises *a* liegt (Fig. 2), eine Verzögerung und in den meisten Fällen auch in der Konjunktion von Teilchen, deren Aphel innerhalb des Kreises *b* liegt. Nur dann, wenn die Geschwindigkeit des Planeten, vermindert um die Geschwindigkeit des Mondes in der eigenen Bahn, den Planeten als ruhend gedacht, größer ist als die Geschwindigkeit der zerstreuten Teilchen beim Durchgange durchs Aphel, wirken die Teilchen der zuletzt genannten Art beschleunigend auf den Mond ein. Liegt ferner das Perihel der Teilchen im Innern von *b*, so findet während der Konjunktion immer eine Verzögerung der Mondbewegung durch Kollision mit den Teilchen statt, und liegt es außerhalb des Kreises *a*, so tritt während der Opposition nur in dem Falle eine Beschleunigung ein, wo die Summe der Geschwindig-

[1]) Siehe die Fußnote auf S. 8.

keit des Planeten und der des Mondes in seiner Bahn kleiner ist als die Geschwindigkeit des Teilchens. Da hiernach die verzögernde Wirkung die überwiegende ist, so wird die Zentrifugalkraft der Teilkerne geschwächt. Sie müssen sich also dem Planeten nähern; übrigens vergrößert sich dabei ihre Geschwindigkeit. — Nur bei der Untersuchung des dritten Falles, wo die Teilkerne sich rückläufig in der Ebene der Planetenbahn bewegen, kommen wir zu denselben Ergebnissen wie Moulton. Liegt das Aphel der Teilchen im Innern von b, so tritt stets eine Verzögerung zur Zeit der Konjunktion ein, in den meisten Fällen auch zur Zeit der Opposition bei Teilchen, deren Aphel außerhalb des Kreises a liegt. Befindet sich das Perihel außerhalb des Kreises a, so verzögern die Teilchen stets die Bewegung des Mondes zur Zeit seiner Opposition; dasselbe geschieht in den meisten Fällen bei Teilchen, deren Perihel im Innern von b liegt, zur Zeit der Konjunktion. Es überwiegen also die Teilchen mit verzögernder Wirkung. Der Einfluß der zerstreuten Materie ist demnach der eines widerstehenden Mittels; die Teilkerne müssen sich dem Planeten nähern. Dafür, daß die Exzentrizitäten in diesem Falle zunehmen sollen, ist kein Grund ersichtlich. — Nach Moulton haben nur die Monde der 2. Art Aussicht, erhalten zu bleiben; es müßten sich also sämtliche Monde sehr nahe in der Bahnebene ihres Planeten bewegen. Wie schon bemerkt, bilden die Uranusmonde hiervon eine sehr auffällige Ausnahme, da ihre Bahn fast senkreckt auf der Planetenbahn steht. Aber auch bei fast allen andern Planeten schließen die Mondbahnen beträchtliche Winkel mit der Planetenbahn ein. Geringe Neigungen weisen nur die Jupitersmonde und der Erdmond (5°) auf. Bei den Marsmonden beträgt die Neigung 28°, bei den 7 inneren Saturnsmonden 27°, beim Monde Neptuns 36°.[1])

Schlußbemerkung. Am Schlusse seiner Arbeit gibt Moulton eine Kritik der beiden Erklärungsarten, welche Pickering, der Entdecker des 9. Saturnsmondes, für die Rückläufigkeit desselben aufgestellt hat (siehe § 6). Diese Kritik ist sehr gründlich und gut. Sie zeigt an der Hand einer Rechnung, welche die beobachteten Zahlenwerte der Elemente des Mondes zugrunde legt, daß beide Erklärungen nicht brauchbar sind. Wie an andern Stellen, ergibt sich auch hier die Unrichtigkeit der Laplaceschen Theorie erst, wenn man ihre allgemeinen Behauptungen mit Hilfe der wirklich vorliegenden Zahlenwerte einer Prüfung unterwirft. Allein, wenn

[1]) Gänzlich unerklärt bleibt hierbei übrigens die Tatsache, daß die Bahnen der meisten Monde fast dieselbe Neigung gegen die Planetenbahn besitzen wie die Äquatorebene des Planeten, ja sogar mit derselben zusammenfallen. Daß die genannten (von uns als reguläre bezeichneten) Monde sich von ihrer Planetenmasse abgelöst haben, erscheint hiernach fast als die einzig mögliche, naturgemäße Erklärung. Eine Schwierigkeit ganz neuer Art bietet dabei aber der neu entdeckte Saturnsmond Themis dar, der sich inmitten anderer Monde mit völlig normalen Bahnneigungen in einer bedeutend mehr geneigten, stark elliptischen Bahn bewegt (siehe § 19).

auch die Kritik, welche Moulton an der „Ringtheorie" übt, wie an dieser Stelle, so fast überall als höchst wertvoll und treffend anzuerkennen ist, so leistet doch seine eigne Theorie demgegenüber leider auch nicht, was sie verspricht. Unsere Auseinandersetzungen haben gezeigt, daß sie in fast jedem Punkte angreifbar ist. Es gibt also, da auch die neuesten Versuche als verfehlt zu betrachten sind, bis jetzt keine Erklärung der Entstehung unseres Planetensystems, die allen Ansprüchen, welche man an eine solche Theorie zu stellen berechtigt ist, genügte.

§ 8. Die Theorien von Svante Arrhenius und von Peterson-Kinberg.

a) Die Theorie von Svante Arrhenius.

Stellung zu Kant und Laplace. Seinem Werke „Kosmische Physik" (Leipzig, Hirzel, 1903) hat Sv. Arrhenius eine Kosmogonie eingeschaltet, welche im Anschlusse „an die Kant-Laplacesche Theorie und die Ergebnisse der modernen astronomischen Wissenschaft" eine kurze Darstellung der Entwicklung unseres Planetensystems gibt. Arrhenius verhehlt sich zwar nicht, daß die Kant-Laplacesche Theorie unter nicht unbedeutenden Schwierigkeiten leide; aber in ihren Hauptpunkten will er sie doch gelten lassen. Seine Einwendungen richten sich fast ausschließlich gegen die Laplaceschen Anschauungen, weniger gegen die Kantischen und so erklärt es sich, daß seine eigene Darstellung der Kantischen Theorie näher steht als der Laplaceschen. Z. B. weist er auf die der Laplaceschen Theorie nicht entsprechende Bewegung der Uranus- und Neptunsmonde hin; ferner macht er darauf aufmerksam, daß die Absonderung von Planeten hätte stetig vor sich gehen und folglich ein System entstehen müssen, das etwa der Ansammlung der kleinen Planeten oder den Saturnsringen entspräche; die größte Schwierigkeit der Laplaceschen Annahme bietet ihm aber die durch die Theorie der Gasmasse zugewiesene hohe Temperatur, und zwar deswegen, weil die Sonne in dem ausgedehnten Nebelzustande dabei keinen Wasserstoff in ihrer Atmosphäre habe behalten können.

Übersicht über die Theorie. „Der Urnebel unseres Sonnensystems „besaß, ähnlich demjenigen im Orion oder den Plejaden, vielleicht eine „Ausdehnung von mehreren tausend Neptunsbahnen. Bei dieser ungeheuren „Ausdehnung ist die Dichte der Materie so gering, daß keine merklichen „Anziehungskräfte herrschen. Die leichtesten Gase, wie Wasserstoff und „Helium, befinden sich in den äußersten Schichten der Gasmasse; die „schwereren Elemente nehmen das Innere ein; Verbindungen können bei „der großen Verdünnung nicht bestehen. Die Temperatur nimmt, ungefähr „wie es das adiabatische Gesetz verlangt, nach dem Innern des Nebels hin „zu. Es leuchten jedoch nur die äußersten Schichten desselben, da nur „diese von den negativ geladenen Partikeln (Elektronen) getroffen werden,

„welche die Fixsterne aussenden. So erklärt es sich, daß die Urmaterie „nur einige leichte Elemente zu enthalten scheint.

„Die Zustände im Nebel sind nicht stabil. Im Laufe der Zeit müssen „die Anziehungskräfte dieselben zu regelmäßigeren rundlichen Formen zu- „sammenballen. Diese Zusammenballung kann dadurch verhindert werden, „daß Kondensationskerne von außen in die Nebelmaterie eindringen, wie „die Kometen ins Sonnensystem. Diese dichteren Anhäufungen ziehen all- „mählich die Materie in ihrer Nähe zusammen, so daß Lichtungen um „diese Zentra im Nebel entstehen. Die Ansammlungen gravitieren gegen- „einander und werden wohl zum Teil miteinander vereint, da die übrig „gebliebene Nebelmaterie ihre Bewegungen hemmt. Wenn nun die Nebel- „materie von Anfang an eine ausgesprochene Drehung um eine Achse „vollführt, so werden die Kondensationspunkte mitgeführt, und machen „allmählich die gemeinsame drehende Bewegung mit. Infolge der partiellen „Verdichtung zieht sich die Nebelmasse mehr und mehr zusammen. Die „Zentrifugalkraft wird vergrößert, und anstatt einer großen Dunstkugel „mit einheitlicher Bewegung bildet sich eine Scheibe aus. Durch fort- „schreitende Verdichtung der Scheibenmaterie um bestimmte Punkte herum „erhalten diese eine immer selbständigere Stellung, bis sie endlich in freier „Bahn das Zentrum umkreisen. Diesem Zustande entsprechen die spiral- „förmigen Nebel, welche überaus gewöhnlich sind. Dieselben sind sehr „flach, scheibenförmig, woraus hervorgeht, daß die Gravitation durch eine „Zentrifugalkraft in der Ebene der Scheibe aufgehoben wird. Die spiralige „Struktur kann aus dem Umstande erklärt werden, daß die Kondensations- „punkte nicht die Bewegungen der sie umgebenden Materie gänzlich be- „herrschen, wie Wilczinski näher ausgeführt hat. Diese Nebel zeigen „ein kontinuierliches Spektrum, woraus zu schließen ist, daß die Strahlung „der Kondensationskerne, die beinahe die ganze potentielle Energie der „diffusen Nebelmaterie aufgenommen haben, diejenige der Nebelgase voll- „kommen überwiegt."

Kritik der Theorie. Da die Theorie von Arrhenius, wie unsere Übersicht zeigt, die Entwicklung des Nebels nur bis zu dem Punkte verfolgt, wo er in die Planeten und die Sonne zerfällt, so ließe sich im allgemeinen über sie urteilen, daß sie da schon aufhöre, wo die andern Theorien mit ihrer Erklärung eigentlich erst einsetzen. Auf Einzelheiten geht sie überhaupt nicht ein. Die Entstehung der Rotation der Planeten, ebenso die Entstehung der Monde, wird, um nur das Wichtigste hervorzuheben, nicht erklärt. Den Ausführungen von Arrhenius dürfte daher, auch wenn eine Kritik ihnen nichts anhaben könnte, gleichsam nur ein propädeutischer Wert zuerkannt werden. Aber unsere Kritik wird zeigen, daß sie sich auch nicht zu einem Fundament eignen, auf welchem man weiterbauen könnte. Eine Übereinstimmung zwischen unserer Theorie und der von Arrhenius ist allerdings vorhanden; es ist dieselbe, welche unsere Theorie auch mit der Moultonschen in Beziehung bringt; sie betrifft die Annahme, daß ein Spiralnebel der Urnebel unseres Sonnensystems gewesen sei.

Arrhenius' Bemühungen erschöpfen sich darin, zu zeigen, daß unregelmäßige, weit ausgedehnte Nebelmassen, wie z. B. der Orionnebel, sich in einen Spiralnebel umbilden können, falls ihnen eine ausgesprochene Rotationsbewegung von Anfang an eigen sei. Schon diese letzte Annahme ist zurückzuweisen. Wo ist eine ausgedehnte Nebelmasse nach der Art des Orionnebels zu finden, von der wir vermuten dürften, daß sie eine ausgesprochene Rotationsbewegung habe? Die ganz unregelmäßige Form dieser Nebel läßt darauf schließen, daß überhaupt keine bevorzugte Bewegungsrichtung innerhalb ihrer Masse besteht. Von einer Rotationsbewegung kann man vielleicht nur bei den planetarischen Nebeln reden. In den Nebel dringen nach Arrhenius Kondensationskerne ein. Da Weltkörper von der Größe der Sonne oder der Planeten nicht den von Arrhenius beschriebenen Entwicklungsgang im Innern des Nebels durchmachen würden (Verlust der eigenen Bewegung durch den Widerstand der Nebelmaterie, Anpassung an die Rotationsbewegung des Nebels usw.), das Eindringen solcher Körper übrigens wegen ihrer außerordentlichen Zerstreutheit im Raume zu den größten Seltenheiten gehören würde, so können nur kleine Massen, Meteore oder Kometen, gemeint sein. Um den Entwicklungsgang des rotierenden Nebels und der in ihn eingedrungenen Kerne weiter verfolgen zu können, müssen wir uns erst darüber klar zu werden suchen, welcher Art der physikalische Zustand der Nebelmasse ist. Arrhenius redet von einer einheitlichen Rotation des Nebels. Er stellt sich also vor, daß die Teilchen des Nebels, trotz ihrer großen Zerstreuung, sich nicht frei bewegen, sondern eine einzige, zusammenhängende Masse bilden und innerhalb derselben höchstens die hin und her schwirrende, aus den Anschauungen der kinetischen Theorie der Gase resultierende, der Temperatur entsprechende Bewegung ausführen. Bei der Beurteilung der Entwicklung, welche ein Gas unter dem Einflusse der Gravitationskräfte nimmt, ist es jedoch erlaubt, diese molekulare Bewegung unbeachtet zu lassen und sich vorzustellen, die einander benachbarten Teilchen der Gasmasse befänden sich in relativer Ruhe und würden durch innere Spannkräfte an ihrem Orte festgehalten. Da der von den äußeren auf die inneren Massen ausgeübte Druck eine zentrale Verdichtung und Temperatursteigerung bewirkt, so ist Arrhenius' Angabe über die höhere Temperatur der inneren Massen eine bloße Folge aus der Voraussetzung über den inneren Zusammenhang der Nebelmaterie. Die in den Nebel eindringenden Kondensationskerne ziehen nun, nachdem sie seine Rotationsbewegung angenommen haben, nach Arrhenius die Nebelmaterie an sich heran, bewirken dadurch eine Verkleinerung des Nebels und veranlassen, daß er schließlich in eine Scheibe übergeht. Leider spricht sich Arrhenius nicht darüber aus, wie er sich die Entstehung der Scheibe denkt; wir sind daher gezwungen, Vermutungen anzustellen. Die Bemerkung, daß vor der Ausbildung der Scheibe eine Vergrößerung der Zentrifugalkräfte eintrete, läßt darauf schließen, daß Arrhenius, ähnlich wie Laplace, eine sukzessive Abschleuderung von Massen am Äquator des rotierenden Nebels, der bei der Zusammenziehung seine Rotationsgeschwindigkeit gemäß dem Flächensatze vergrößern muß, im Sinne hat. Aber wenn dies wirklich seine Meinung sein sollte, so ist schwer verständlich, welche Rolle dabei die in den Nebel eingedrungenen Kondensationskerne spielen sollen. Wegen ihrer größeren Dichte müssen sie in der leichteren Nebelmaterie schnell zum Zentrum sinken, können also nicht in der Scheibe ein selbständiges Dasein erlangen. Wir machen nun zweitens die Annahme, daß es Arrhenius mit der Voraussetzung einer einheitlichen Rotation der Nebelmasse nicht ganz ernst gemeint habe, sondern daß er, ähnlich wie Kant, den einzelnen Nebelteilchen eine selbständige, durch die gegenseitige Anziehung bestimmte Bewegung beilegen wolle; diese könnte, wenn die Mehrzahl der Teilchen eine gleichsinnige Bewegungsrichtung besitzt, als eine Art Rotationsbewegung bezeichnet werden. In diesem Falle müßte sich allerdings, wie schon Kant ausgeführt hat, durch die gegenseitigen Störungen der Teilchen eine Scheibe ausbilden; aber auch hier sieht man nicht ein, welche besondere Bedeutung den Kondensationskernen bei der Entstehung der Scheibe zukommen soll. Von ihnen wird nur gesagt, daß sie die Veranlassung zur Kontraktion der Nebelmaterie geben; eine Kontraktion würde aber auch ohne Kondensationskerne eingetreten sein, nur vielleicht in längerer Zeit. Wir vermuten, daß Arrhenius nur deswegen die Kondensationskerne imaginiert hat, um das kontinuierliche Spektrum der Spiralnebel, mit denen er die scheibenförmig ausgebreitete Nebelmaterie als gleichartig erklärt, deuten zu können (siehe § 11). Daß nun ein Spiralnebel, der aus einer einheitlich rotierenden Masse entstanden wäre, sich nicht als Ausgangspunkt der Entwicklung unseres Planetensystems eignet, zeigt unsere Kritik der Laplaceschen, der Pseudo-Laplaceschen und der Poincaréschen Theorie, und daß ebensowenig ein Spiralnebel, der aus einem Nebel mit frei beweglichen Teilchen hervorgegangen wäre, bei unserem Sonnensystem angenommen werden darf, lehrt unsere Kritik der Kantischen Theorie. Außerdem bliebe noch zu erklären, auf welche Weise die Planeten aus den ungeheuren Entfernungen von Tausenden von Neptunsweiten in die unmittelbare Nähe der Sonne, wo sie sich jetzt bewegen, gelangt sind.

Hiermit glauben wir, zur Beurteilung der Theorie von Arrhenius genügend Material geliefert zu haben. Eine Erörterung von Arrhenius' Ansicht über die Zukunft unseres Sonnensystems und der andern Himmelskörper enthält der Schlußparagraph.

b) Die Theorie von Peterson-Kinberg.

Vorbemerkung. Am Schlusse unserer kritischen Betrachtungen möge noch kurz eine Theorie Erwähnung finden, welche neuerdings von Peterson-Kinberg in seinem Buche: „Wie entstanden Weltall und Menschheit?" aufgestellt worden ist. Im allgemeinen läßt sich darüber sagen, daß der Verfasser, der empirischer Naturforscher zu sein scheint, sich auf ein Gebiet gewagt hat, in welchem er nicht zu Hause ist. Er verwechselt potentielle und kinetische Energie, spricht von dem Keplerschen Gesetze der Schwere, kennt nicht die elementarsten Gesetze der Zentralbewegung usw. Es ist daher eigentlich überflüssig, die Theorie einer genaueren Kritik zu unterziehen. Doch da die Fehlerhaftigkeit der Theorie einem nicht gründlich mathematisch und physikalisch gebildeten Leser verborgen bleiben möchte, so wollen wir mit einigen Worten auf dieselbe eingehen.

Übersicht über die Theorie. Ähnlich wie Moulton läßt P.-K. aus unserer ursprünglich allein und als toter Weltkörper bestehenden Sonne dadurch einen Spiralnebel entstehen, daß ein anderer Weltkörper in ihre Nähe gelangte und zu den gewaltigsten Störungen ihrer Masse Veranlassung gab. Nach ihm ging der fremde Weltkörper aber nicht, wie Moulton annimmt, dicht an der Sonne vorbei, sondern beide trafen mit schiefem Stoße aufeinander. Sie vereinigten sich miteinander und drehten sich mit großer Geschwindigkeit um eine gemeinsame Achse (1). Die durch den Stoß fortgeschleuderte glühende Materie umgab die neue Sonne als zweiarmige Spirale. In der Spirale bildeten sich bald sichtbare Verdichtungen, welche sich mehr und mehr vergrößerten, indem sie den Nebelstaub der Spirale an sich zogen (S. 33). Weil die kleinsten Teile der Spirale eine kreisrunde Bewegung um den gemeinsamen Schwerpunkt erstrebten (2), so bildeten sich Nebelringe, und in jedem dieser Ringe befand sich einer der acht größten Gasbälle (S. 34). Infolge der Reibung mußten dann die äußeren Materienteile dem Kerne nach und nach in seiner Drehung folgen und, da sie bei einer Achsendrehung des Kernes, der Sonne, einen größeren Weg zurückzulegen hatten, ihre Schnelligkeit pro Zeiteinheit nach außen vergrößern (3). Das Keplersche Gesetz kam zur Geltung (4). Die acht größten Verdichtungen waren jedenfalls vor dieser Ringbildung bereits ziemlich große, glühende Weltkörper geworden und konnten sich nicht den Gesetzen der Schwere ganz fügen, sondern behielten das ihnen von Anfang an verliehene Schnelligkeitsverhältnis in ihren Bahnen annähernd bei, d. h. je weiter sie von der Sonne kreisten, desto langsamer bewegten sie sich durch den Raum. Zwar änderte sich die ursprüngliche Geschwindigkeit mit den Jahrmillionen, aber das Verhältnis der Geschwindigkeiten der einzelnen Planeten blieb fast unverändert (S. 38) (5). Der Planet bewegte sich langsamer als der Ring. Die Materienteile des letzteren mußten also immer mit dem Planeten zusammenprallen und sich mit ihm vereinigen. Da nun der Stoß bei gleichgroßen Materienteilchen mit der Stoßgeschwindigkeit zunimmt, so mußte die äußere Halbkugelhälfte einer größeren Gesamtstoßkraft als die innere Halbkugelhälfte pro Zeiteinheit ausgesetzt sein; die Differenz dieser Kraftsummen bewirkte die Rotation (S. 39). Die in den Ringen entstehenden größeren Verdichtungen mußten auf den Planeten fallen, wenn sie sich der Sonne näher befanden als der Planet (6). Waren sie aber weiter von der Sonne entfernt, so bestrebten sie sich anfangs, an dem Planeten vorüberzueilen, weil ihre Massen bedeutend kleiner waren als die Planetenmasse und sie durch die Reibung mit der Ringmaterie ihre Schnelligkeit vergrößerten; aber nachdem sie jedenfalls lange Zeit selbständige Planeten gewesen waren, wurden sie schließlich glühende Planetenvasallen (S. 40) (7).

Kritik der Theorie. Die Voraussetzungen und Behauptungen der vorgetragenen Theorie sind so wenig begründet, daß es genügen wird, sie durch kurze Noten zu entkräften.

ad 1. Zwei mit schiefem Stoße aufeinandertreffende Weltkörper von ungefähr gleicher Größe würden nur dann zu einem einzigen Körper verschmelzen, wenn ihre relative Geschwindigkeit beim Zusammentreffen sehr gering wäre. Da aber die gegenseitige Anziehung die relative Geschwindigkeit beständig vergrößert, so wird die Wucht des Anpralles so groß, daß die Weltkörper, nachdem sie ungeheure Deformationen erlitten und Bruchstücke ihrer Masse in den Weltraum geschleudert haben, sich wieder voneinander trennen. Vereinigen sie sich, so muß allerdings eine bedeutende Rotationsgeschwindigkeit entstehen; aber es ist ausgeschlossen, daß dieselbe durch später niederstürzende Meteoriten, wie P.-K. behauptet (S. 47), fast gänzlich wieder aufgehoben wird.

ad 2. Das ist eine grundlose Behauptung. Die Bewegung wird elliptisch oder hyperbolisch.

ad 3. Hiernach hätte man sich vorzustellen, daß die Materie der Spiralwindungen sich allmählich als Art Atmosphäre um die Zentralmasse herumlagerte; denn andernfalls wäre es nicht möglich, daß die äußeren Schichten durch Reibung ihre Geschwindigkeit vergrößerten. Dann aber darf nicht von einzelnen getrennten Ringen gesprochen werden.

ad 4. Was denkt sich P.-K. unter dem Keplerschen Gesetze?

ad 5. Aus diesen Angaben geht hervor, daß P.-K. von den die Planetenbewegung regelnden Gesetzen kaum eine dämmerhafte Vorstellung besitzt.

ad 6 und 7. Wie kommt es, daß nur die äußeren Verdichtungen imstande sind, an den Planeten vorüberzueilen und selbständig zu bleiben? Nach P.-K. bewegen sich doch auch die inneren Verdichtungen des Ringes schneller als der Planet. — Die Untersuchungen über das Problem der 3 Körper lassen übrigens erkennen, daß ein Auffangen der kleineren Massen durch den Planeten nicht möglich ist.

Nach dem Gesagten erscheint es gewiß unnötig, noch näher auf die Theorie einzugehen; doch sollen noch einige Behauptungen ihrer Merkwürdigkeit wegen angeführt werden.

1. Der Erdmond wird sich mit den Jahrtausenden der Erde mehr und mehr nähern und dabei immer länglicher werden. Dann wird er von der Spitze an abbröckeln, um die Erde einen Ring schließen und endlich nach und nach auf sie herabfallen (S. 59). Auch die Ringe Saturns sind durch Zerbröckelung eines Mondes entstanden.

2. Die Ekliptik ist der Drehplan unseres Sonnensystems (S. 83).

3. Der Planetoid Eros entstand dadurch, daß durch die Planetoidenschar in nicht sehr weit zurückliegender Zeit ein irrender Stern hindurchsauste (wenn man nicht annehmen will, daß ein Zusammenprall zweier kleiner Planeten die Bildung des Eros verursacht habe, was wohl wenig wahrscheinlich ist) und dabei mit einem oder mehreren kleinen Planeten in Kollision geriet (S. 30); denn wunderlich ist, daß man trotz seiner großen Annäherung an die Erde ihn nicht früher entdeckt hat (S. 79).

4. Die umgekehrte Rotationsrichtung der Planeten Uranus und Neptun wurde vielleicht dadurch hervorgerufen, daß sich unser Sonnensystem in längst verflossenen Jahrmillionen einem andern System näherte. Die bisher im Drehplane unseres Systems liegenden Bahnen der genannten, mit dem System infolge der großen Entfernung ziemlich lose verbundenen Planeten wurden beim Passieren des fremden Systems abgelenkt (S. 91) (dann hätten die Planeten rückläufig werden müssen!).

§ 9. Rückblick.

Richtige Beurteilung unserer Kritik. In den vorhergehenden Paragraphen haben wir nachgewiesen, daß keine der vorhandenen Theorien für die Entstehung unseres Planetensystems eine genügende Erklärung gibt. Wir haben aber nicht nachgewiesen, und dies ist wohl zu beachten, daß sie überhaupt zur Erklärung der Entstehung verschiedener Sonnensysteme untauglich seien. Hätte ein Sonnensystem nur einen Planeten, so könnte die Pseudo-Laplacesche Theorie zur Erklärung herangezogen werden. Wenn in einem Sonnensysteme das Verhältnis der Masse der Planeten zu der des Zentralkörpers und ihr gegenseitiger Abstand kleiner wäre als in dem unsrigen, so könnte die Laplacesche Theorie benutzt werden. Die Poincarésche Theorie findet vielleicht Anwendung bei der Erklärung der Entstehung der Doppel- und mehrfachen Sterne; denn bei diesen Sonnensystemen stehen die einzelnen Massen in keinem sehr großen Mißverhältnisse zueinander. Also, um es nochmals zu sagen, wir haben nicht nachweisen wollen und können, daß die genannten Theorien überhaupt unbrauchbar seien, um die Entstehung gewisser Sonnensysteme zu erklären, sondern haben nur gezeigt, daß die Entstehung unseres Sonnensystems sich durch Annahme jener Theorien nicht erklärt. Andererseits aber ist hiermit nicht gesagt, daß die kritisierten Hypothesen bei der Erklärung der Entstehung anderer Sonnensysteme, z. B. die Poincarésche Theorie bei der Erklärung der Entstehung der Doppelsterne, angewandt werden müßten. Es wird sich vielmehr im Laufe der Darstellung unserer Theorie eine einfache Erklärung auch ihrer Entstehung ergeben, ohne daß wir zu der Poincaréschen Theorie unsere Zuflucht nehmen müßten. Daß die Poincarésche Theorie bei der Erklärung der Entstehung der Himmelskörper mit großer Vorsicht zu gebrauchen ist, ergibt sich übrigens auch daraus, daß bis jetzt keine Nebel gefunden worden sind, welche die verlangte Birnenform zeigen.

II. Teil.

Aufstellung und Begründung der neuen Theorie.

A. Einleitung.

§ 10. Mängel der alten Theorien.

Vergleichende Zusammenstellung. Im ersten Teile ist, so hoffen wir, der Leser davon überzeugt worden, daß sämtliche kritisierte Theorien für die Erklärung der Entstehung unseres Planetensystems nicht ausreichen. Trotzdem ist es nützlich, sie miteinander in Vergleichung zu bringen und diejenige hervorzuheben, welche noch am besten ihrer Aufgabe gerecht wird. Da nach der Pseudo-Laplaceschen und der Poincaréschen Theorie auch unter der für sie günstigsten Annahme, daß die Rotationsenergie des Systems seit der Abtrennung des letzten Planeten unverändert geblieben sei, der der Sonne nächste Planet sich 225 resp. 166 Erdweiten von ihr entfernt befinden müßte, so sind sie von vornherein zurückzuweisen. Bei der Vergleichung der Kantischen mit der Laplaceschen Theorie fällt es dem Leser auf, daß Kant zwar für die meisten wichtigen Einzelheiten, sogar für ziemlich geringfügige Eigentümlichkeiten des Planetensystems eine Erklärung gibt, daß aber seine Erklärung an vielen Stellen einer mathematischen Untersuchung nicht stand hält (Zusammenballung der Planeten, Entstehung der Monde, Entstehung der Schiefe der Achsen). Die Laplacesche Theorie ist der mathematischen Behandlung zugänglicher. Geht man mit Laplace von der Voraussetzung aus, daß die Zusammenziehung der Gaskugel dem Flächensatze gemäß erfolgt sei, so genügt jedoch schon die eine Tatsache, daß die lebendige Kraft der großen Planeten, wie früher gezeigt wurde, die Rotationsenergie der Zentralkugel zur Zeit ihrer Erstreckung bis zur Planetenbahn um ein Vielfaches übertrifft, der Theorie die Anwendbarkeit auf die Erklärung der Entstehung unseres Planetensystems abzusprechen. Aus verschiedenen Gründen ist es aber wahrscheinlich, daß der Flächensatz bei der Zusammenziehung der Kernmasse nicht strenge Anwendung fand. Wir haben daher versucht, die Laplacesche Theorie etwas zu modifizieren; es wurde von der Gültigkeit des Flächensatzes abgesehen und dafür die Annahme gemacht, daß die Rotationsenergie konstant geblieben sei. Diese modifizierte Laplacesche Theorie ist, wenn die Rechnung auch noch zu mehreren unwahrscheinlichen Resultaten führt (Oberflächentemperatur der Sonne zur Zeit der Abtrennung Merkurs von mehr als 250000° C.) und einige Erscheinungen (die der Revolutionsrichtung entgegengesetzte Rotationsrichtung der beiden äußersten Planeten; die hinter der Winkelgeschwindigkeit des inneren Marsmondes und der inneren Teile der Saturnsringe zurückbleibende Winkelgeschwindigkeit des rotierenden Planeten) mit ihr nicht in Einklang zu bringen sind, wenigstens frei von mechanischen Unmöglichkeiten. Die Entstehung der Monde würde sich sogar nach der nicht weiter modifizierten Laplaceschen Theorie ohne Schwierigkeit ergeben, wenn man dabei von dem Erdmonde, dem inneren Marsmonde, den Saturnsmonden Themis, Japetus, Phöbe und den Jupitersmonden VI und VII absähe. Deswegen ist die (modifizierte) Laplacesche Theorie als die zu bezeichnen, welche ihre Aufgabe am besten erfüllt. Die Moulton-Chamberlinsche Theorie ist nicht imstande, ihr diesen Rang streitig zu machen. Sie bemüht sich, auf neuer Grundlage für die wichtigsten Eigentümlichkeiten unseres Planetensystems eine Erklärung zu geben, leistet aber nicht, was sie verspricht. Die meisten werden sich schon gegen die Grundhypothese, daß eine Katastrophe den Anstoß zur Entwicklung unseres Planetensystems gegeben habe, ablehnend verhalten. Aber auch fast alle späteren Auseinandersetzungen sind in so hohem Grade angreifbar, daß der Versuch als verfehlt bezeichnet werden muß.

Noch nicht erklärte Eigentümlichkeiten. Wenn sich auch alle kritisierten Theorien den Anschein geben, als ob ihre Aufgabe die Erklärung der Entstehung unseres Planetensystems sei, so enthalten sie doch, vielleicht mit Ausnahme der Kantischen, nur einen allgemeinen Überblick über die Art und Weise, wie ein Planetensystem entstehen kann, und entbehren fast jeder genaueren Angabe über die Entstehung der Eigentümlichkeiten gerade unseres Planetensystems. Man gewinnt über den Wert einer Theorie aber erst dann ein richtiges Urteil, wenn man sich außer der Frage: „Was erklärt die Theorie?“ auch die andere vorlegt: „Was erklärt sie nicht?“ Wenn wir diese Fragen in Beziehung auf die Kantische, die Laplacesche und die Moultonsche Theorie stellen, so fällt selbst bei oberflächlicher Betrachtung eine Fülle von Erscheinungen auf, die noch der Erklärung bedürfen. Wir wollen auf einige Punkte hinweisen; ein hinzugefügtes K, L oder M deutet an, daß die angeführte Tatsache durch die betr. Theorie keine Erklärung findet. Wie erklärt es sich:

1. daß die beiden äußersten Planeten von der allgemeinen Regel, daß die Richtung der Rotationsbewegung mit derjenigen der Revolutionsbewegung übereinstimme, eine Ausnahme machen? — K, L, M;
2. daß die kleinen Planeten der Sonne näher als die größeren, die größten aber nicht die äußersten sind? — Teilweise K, L, M;
3. daß sich zwischen den großen und den kleinen Planeten der Ring der Planetoiden bilden konnte? — L, M;

4. daß die Äquatorebene der Sonne mit der Bahnebene der meisten Planeten einen ziemlich beträchtlichen Winkel bildet? — *K*, *L*;
5. daß die meisten Planetenbahnen gegen die Jupitersbahn nur wenig geneigt sind? — *L*, *M*;
6. daß die Achse des größten Planeten, Jupiters, fast senkrecht auf seiner Bahn steht, während die Achsen aller anderen Planeten schief gestellt sind? — *K*, *L*, *M*;
7. daß die Bahnen der meisten Monde mit der Äquatorebene ihres Planeten zusammenfallen? — *K*, *M*;
8. daß die Bahn des Erdmondes, des Neptunsmondes, der Jupitersmonde VI und VII und der Saturnsmonde Themis und Japetus einen beträchtlichen Winkel mit der Äquatorebene ihres Planeten einschließen? — *L*, *M*;
9. daß der äußerste Mond Saturns rückläufig ist? — *K*, *L*;
10. daß der innerste Mond des Mars und der innerste Saturnsring ihre Umläufe in kürzerer Zeit vollenden, als der Planet seine Rotation? — *L*.

Die neue Theorie wird ebensowohl auf diese besonderen Fragen, wie auf die fundamentale nach der Entstehung der Planeten und ihrer Monde, mit welcher sich die kritisierten Theorien fast ausschließlich beschäftigen, eine befriedigende Antwort geben.

B. Allgemeine Grundlagen der neuen Theorie.

§ 11. Der Urnebel.

Form und Natur der Nebel. Spektra. Wir gehen mit Kant und Laplace von der Annahme aus, daß die Materie unseres Sonnensystems im Anfangszustande seiner Entwicklung als feine Nebelmasse im Weltraume verbreitet war. Die neueren astronomischen Forschungen haben uns, besonders mit Hülfe der Photographie, eine Unzahl von Nebeln kennen gelehrt. Sie besitzen die verschiedensten Formen. Es finden sich Nebelmassen von völlig unregelmäßiger Gestalt, die sich über große Gebiete des Himmels ausbreiten, und andere, an Umfang kleinere, welche bestimmte Umrisse, besonders häufig die der Spirale und Linse zeigen. Eine große Anzahl dieser Nebel, vornehmlich die unregelmäßig geformten und die spiralig gewundenen, sind unzweifelhaft wirkliche Nebel; d. h. sie bestehen aus Gasen im Zustande großer Verdünnung. Viele der linsenförmigen Spiralnebel aber werden sehr weit entfernte Sternhaufen sein, welche uns nur noch als diffuser Schimmer erscheinen. Zwar hat die Spektralanalyse nur bei verhältnismäßig sehr wenigen Nebeln die gasige Beschaffenheit außer Zweifel gestellt. Eigentümlicherweise sind es, unter den Nebeln, welche eine bestimmte Gestalt und einen physischen Zusammenhang der in ihnen vereinigten Massen zeigen, größtenteils planetarische Nebel, die ein Gasspektrum besitzen; nach H. Klein (Handbuch der allgemeinen Himmelsbeschreibung, 1901) haben alle Spiralnebel bis jetzt ein kontinuierliches Spektrum ergeben.[1]) Hieraus hat man geschlossen, daß die Spiralnebel keine Gasmassen, sondern sehr weit entfernte Sternhaufen seien, da nur feste oder flüssige Körper ein kontinuierliches Spektrum haben. Dieser Schluß ist aber ohne Zweifel übereilt. H. Klein führt in seinem Verzeichnisse des siderischen Inhaltes der Sternbilder zwei Nebelflecke an, welche eine spiralige Struktur besitzen, dabei aber doch ein Gasspektrum zeigen, N. G. K. 7662 in der Andromeda, 6543 im Drachen,[2]) und demgegenüber mehrere planetarische Nebel, welche ein kontinuierliches Spektrum haben, z. B. 6210, 6229 im Herkules. Doch hiervon ganz abgesehen, behaupten wir, daß man nicht berechtigt ist, einen Nebelfleck als Sternhaufen auszugeben, wenn er ein kontinuierliches Spektrum besitzt. Bei mehreren Kometen (Komet II 1867, Komet III 1877, Komet Holmes III 1892) hat sich ein kontinuierliches Spektrum ergeben, welches nicht auf reflektiertes Sonnenlicht zurückgeführt werden konnte. Man hat es durch Annahme elektrischer Vorgänge[3]) im Innern der Gasmasse zu erklären versucht. Ebensowenig nun, wie das kontinuierliche Spektrum erlaubt, den Kometen die gasige Beschaffenheit abzusprechen, ebensowenig ist dies bei den Nebelmassen der Fall. Man verfährt inkonsequent, wenn man aus den spektralanalytischen Versuchen auf die Natur der Kometen glaubt keine sicheren Schlüsse ziehen zu können, und sie in Beziehung auf die Nebelflecke für eine untrügliche Sonde hält. Mit welcher Vorsicht man verfahren muß, wenn man bei der Beurteilung der physikalischen Beschaffenheit der Nebel und der Sterne von spektralanalytischen Beobachtungen ausgeht, zeigt Arrhenius sehr deutlich im 3. Kapitel des 1. Bandes der „Kosmischen Physik“ in dem Abschnitte „Die Umkehrung der Spektrallinien“ (S. 100). Die verschiedensten Umstände können, allein oder kombiniert, das Spektrum eines Körpers von Grund aus ändern. Es kommt auf die Temperatur, die Dichte und die Dicke des leuchtenden Stoffes an,

[1]) Diese Tatsache hat in neuester Zeit Prof. See veranlaßt, die gewöhnliche Annahme, daß die Weltkörper sich aus Nebelmassen zusammengeballt hätten, in Zweifel zu ziehen. Indem er sich auf die Erscheinungen der Radioaktivität beruft und repulsive Kräfte postuliert, stellt er die Vermutung auf, daß die kosmischen Nebelmassen durch Zerstreuung früherer kompakter Massen entstanden sein könnten. Es dürften nicht viele bereit sein, diese Theorie wirklich ernst zu nehmen. Sie beweist wieder zur Genüge, daß eine neue Entdeckung, wie hier die der Radiumstrahlen, die überraschende Aufschlüsse mit sich gebracht hat, den menschlichen Geist sehr leicht zu übertriebenen Folgerungen verleitet.

[2]) Auch der große Orionnebel läßt an einigen Stellen eine spiralige Struktur erkennen.

[3]) Arrhenius erklärt auf diese Weise das Leuchten der Kometen in der Sonnenferne (Kosm. Phys. I, S. 204).

Ein eigentliches kontinuierliches Spektrum entsteht auch durch elektrisches Leuchten nicht, sondern höchstens ein dem kontinuierlichen sich näherndes Bandenspektrum. Das Spektrum des Nordlichts enthält z. B. je eine Linie im Rot und Grün, und außerdem mehrere Bänder im Blau.

ferner darauf, welche Materien das Licht durchdringt, welche Dichte, Dicke und Absorptionskoeffizienten sie besitzen, ob sie dieselbe, eine höhere oder niedrigere Temperatur haben, ob heißere und kältere Schichten bei ihnen abwechseln usw. Bald erscheinen in dem Spektrum scharfe dunkle Absorptionslinien, bald erweitern sie sich und werden zu Bändern, bald entstehen helle Linien und Streifen, bald wechseln helle und dunkle Linien miteinander ab, und endlich wird das Spektrum sogar ein „doppelt umgekehrtes“. Auf genauere Untersuchungen gehen wir der Schwierigkeit des Gegenstandes wegen hier nicht ein. Als besonders wichtig bemerken wir jedoch noch, daß nach Arrhenius Gase nur dann ein Linienspektrum besitzen, wenn sie in dünner Schicht leuchten, daß aber, wenn die Schicht dicker und dichter wird, die Linien sich erweitern, und schließlich der ganze Hintergrund anfängt, mit schwachem, kontinuierlichem Lichte zu leuchten. Diese Tatsache überhebt uns bei der Annahme einer gasartigen Beschaffenheit der Spiralnebel auch des letzten Bedenkens, zu welchem das kontinuierliche Spektrum jener Nebel den Anlaß geben könnte. — Endlich ist noch ein Umstand zu erwähnen, den man bis jetzt noch kaum beachtet zu haben scheint, der das feste Vertrauen, welches man bisher auf die die Nebelflecke betreffenden Ergebnisse der Spektralanalyse gesetzt hat, von Grund aus erschüttert. Wenn z. B. ein schraubenartig gewundener Nebel ein entfernter Sternhaufen wäre, so würde seine Form eine zufällige, vorübergehende sein; denn nach den Gesetzen der allgemeinen Anziehung kann sich eine solche Form nicht erhalten. Wenn sich bei einem Sternhaufen diese Form wirklich einmal herausgebildet hätte, so müßte sie sich also allmählich wieder zerstören. Unter der großen Anzahl der Sternhaufen dürfte demnach nur ganz vereinzelt eine solche spiralige Anordnung anzutreffen sein, da sie nur durch die sonderbarsten und außergewöhnlichsten Umstände zufällig veranlaßt werden kann. Nun haben aber in Wirklichkeit eine sehr große Anzahl der aufgefundenen Nebel die genannte Spiralform, und hieraus ergibt sich mit Notwendigkeit, daß sie keine Sternhaufen sein können. — Nicht einmal die Angabe, daß ein Nebelfleck auflösbar sei, berechtigt uns, ihn als Sternhaufen zu betrachten. Der Omega-Nebel im Sobieskischen Schilde (N. G. K. 6618), den Herschel auflöste, besitzt ein Gasspektrum, ebenso der Dumbbell-Nebel (N. G. K. 6853), der wegen seines gesprenkelten Aussehens[1]) für auflösbar gehalten wurde. Was man in diesen Fällen als Sterne ansieht, sind bloße örtliche Gaskondensationen, Keime zu späteren Sternen. Der Umstand, daß derartige aufgelöste Nebelflecke fast immer mit feinem Nebel gemischt sind, macht diese Behauptung noch um vieles wahrscheinlicher. Eine reihenförmige Anordnung der Sterne weist, wenn sie einander benachbart sind und zu einem System gehören, darauf hin, daß diese Sterne soeben erst durch das Zerfallen eines streifenförmigen

[1]) Auch einige Kometen haben ein gesprenkeltes Aussehen gezeigt.

Nebels ins Dasein getreten sind. Wenn die Gesetze der Anziehung schon längere Zeit unter ihnen wirksam gewesen wären, so hätte sich diese Anordnung nicht erhalten können. Auch von den ellipsoidförmigen Spiralnebeln sind gewiß diejenigen wirkliche Gasnebel, bei welchen ein Hindrängen der Materie zum Zentrum, eine radspeichenartige Verteilung derselben bemerkbar ist, wie z. B. bei dem Spiralnebel in den Jagdhunden. Doch ist es wahrscheinlich, daß die meisten linsen- oder ellipsoidförmigen Spiralnebel, welche mehrere regelmäßige konzentrische Ringe hervortreten lassen, wie z. B. der Andromedanebel, sehr weit entfernte Sternhaufen sind; denn gerade die konzentrischen Ringe weisen auf eine streng gesetzmäßige Anordnung der Sterne innerhalb des Sternhaufens hin. Die regelmäßige äußere Form der planetarischen Nebel, welche sich uns als kreisförmige Scheibe darstellen und daher in Wirklichkeit Kugeln sind, läßt darauf schließen, daß diese Nebel sich schon in einem ziemlich fortgeschrittenen Stadium der Entwicklung befinden. Sie zeigen meistens das gewöhnliche Gasspektrum, weil die Gase infolge ihres Hindrängens zum Anziehungsmittelpunkte und der dadurch hervorgerufenen Schwere sich bis zu einem solchen Grade verdichtet und erhitzt haben, daß sie glühen; glühende Gasmassen aber senden bei einer gewissen Dichte, Dicke und Temperatur ein diskontinuierliches Spektrum aus.

Entwicklung der Nebel. Die echten Nebelflecke zeigen uns verschiedene Phasen der Entwicklung ebenso vieler Sonnensysteme. Aus ihren sehr voneinander abweichenden Formen ist zu schließen, daß sich aus ihnen sehr verschiedene Sonnensysteme entwickeln werden. Ein System, welches sich aus einem Ringnebel bildet, wird andere Verhältnisse aufweisen, als ein anderes, welches aus einem Spiralnebel entsteht, und hier werden sich wieder Unterschiede zeigen, je nachdem der Spiralnebel ein linsen- oder ein schneckenförmig gewundener ist. Wenn wir uns die verschiedenen Entwicklungsstufen unseres Planetensystems einzeln vor die Augen führen wollen, so haben wir uns also für einen bestimmten Nebel als Urform zu entscheiden. Laplace geht, wenn er es auch nicht unmittelbar ausspricht, von der Annahme aus, daß es aus einem planetarischen Nebel entstanden sei; denn die rotierende Gaskugel kann ungezwungen als ein solcher Nebel aufgefaßt werden. Für eine Dunstmasse, wie Kant sie schildert, gibt es kein Analogon unter den beobachteten Nebeln; nur die ausgebildeten Sternhaufen, welche eine konzentrische Anordnung der Sterne erkennen lassen, würden mit ihr zu vergleichen sein. Wir gehen von der Annahme aus, daß ein linsenförmiger Spiralnebel, nach Art des Spiralnebels in den Jagdhunden, die Urform unseres Sonnensystems gewesen sei. Es wird sich zeigen, daß sich bei dieser Annahme die Eigentümlichkeiten desselben auf einfache ungezwungene Weise erklären. Auch über die Gestalt und Größe des Nebels werden die folgenden Untersuchungen, soweit dies möglich ist, Aufschluß geben.

§ 12. Physikalische Hypothesen.

Wesentliche und unwesentliche Annahmen. Wenn wir uns den Entwicklungsgang, den der Urnebel bei der Umbildung in das Planetensystem nahm, vergegenwärtigen wollen, so müssen wir uns klar zu werden versuchen, welche physikalischen Faktoren dabei ins Spiel kamen. Es versteht sich von selbst, daß die den Entwicklungsgang bestimmenden äußeren und inneren Verhältnisse des Nebels von uns nicht genau rekonstruiert werden können, da die physikalischen Gesetze, welche der Mensch aus den an der Oberfläche der Erde herrschenden physikalischen Verhältnissen abstrahiert hat, nicht ohne weiteres auf jenen Urzustand anwendbar sind. Wir sind daher gezwungen, gewisse physikalische Annahmen zu machen, deren Richtigkeit nachzuweisen wir zwar nicht imstande sind, denen einen möglichst hohen Grad von Wahrscheinlichkeit zu vindizieren wir uns aber bemühen müssen. Die Annahmen zerfallen in wesentliche und unwesentliche. Mit den wesentlichen steht und fällt unsere Theorie; die anderen sind nicht gerade als unerläßlich zu bezeichnen, sie dienen der Theorie nur als Nebenstützen. Die letzte Art kommt in den §§ 13, 14, 15 und bei der Erörterung derjenigen Tatsachen, welche sie erklären soll, zur Sprache; der Begründung der wesentlichen Annahmen ist dieser Paragraph gewidmet. Eine Übersicht über sämtliche Annahmen gibt § 23.

Erste wesentliche Annahme. Der Rechtfertigung einer unserer wesentlichen Hypothesen diente schon der vorhergehende Paragraph. Wir suchten dort die Bedenken zu zerstreuen, welche der Annahme eines Spiralnebels als der Urform unseres Sonnensystems entgegengesetzt werden könnten. Aus der spiraligen Anordnung der Nebelmaterie schlossen wir, daß sie gasförmig sein müsse und daher erst am Anfange der Entwicklung zu einem Weltsystem stehe. Derselbe Umstand ist es, der uns jetzt zur Aufstellung zweier anderer Grundannahmen drängt.

Zweite und dritte wesentliche Annahme. Daraus, daß die Nebelmaterie in spiraligen Bahnen dem Mittelpunkte des Nebels zustrebt, geht hervor, daß die Bewegung der Massenteilchen andern Gesetzen als dem Newtonschen Gesetze der Anziehung unterworfen ist. Wenn die Teilchen sich umgekehrt mit dem Quadrate der Entfernung anziehen und von keiner andern Kraft in ihrer Bewegung gestört würden, so müßten sie, sowohl wenn sich im Zentrum des Nebels eine überwiegende Massenansammlung befindet, als auch wenn die Gesamtmasse des Nebels, von örtlichen Unregelmäßigkeiten abgesehen, als homogenes Ellipsoid betrachtet werden kann, ellipsenartige Kurven beschreiben. Zwei Ursachen sind denkbar, welche bewirken, daß sich die Teilchen in spiraligen Bahnen bewegen:

1. Es kommen in der ungemein fein verteilten Materie weniger die in die Ferne wirkenden Anziehungskräfte, als die Molekularkräfte zur Geltung;
2. Der Widerstand des Äthers wirkt verzögernd auf die Bewegung ein.

Sowohl die erste wie die zweite Annahme mag bedenklich erscheinen; aber im Hinblick auf die spiralige Bahn der Urnebelmaterie bleibt doch nichts anderes übrig, als sich wenigstens zu einer der genannten Hypothesen zu bekennen; denn eine dritte glaubwürdigere und weniger gewagte Annahme dürfte nicht aufzufinden sein. Wir werden uns beider Annahmen bedienen und wollen daher jetzt versuchen, sie gegen Einwendungen und Zweifel sicher zu stellen.

Begründung der zweiten wesentlichen Annahme. Was die erste Ursache betrifft, so wurde schon bemerkt, daß die echten Nebel den ausgebildeten Weltkörpern nicht gleichgestellt werden dürfen. Eine Materie, deren Dichte der Dichte des Äthers nahesteht, wird auch in ihrem Verhalten mit dem des Äthers Ähnlichkeit haben. Wie der Äther aller Wahrscheinlichkeit nach die Anziehung vermittelt, ihr aber nicht, oder doch nur in geringem Grade, folgt, so werden auch die Teilchen des Nebels, zugleich angezogen und die Anziehung übertragend, dem Newtonschen Gesetze der Anziehung noch nicht gehorcht haben. Zwar ist mehrfach, in neuerer Zeit wieder von Landolt, Sanford und Ray, nachgewiesen worden, daß der Gewichtsdruck, den z. B. 1 kg Wasser in einem beliebigen physikalischen oder chemischen Zustande ausübt, sei es, daß es zu Eis gefroren, oder in Wasserdampf verwandelt, oder in seine chemischen Bestandteile Wasserstoff und Sauerstoff zerlegt worden ist, unverändert bleibt; aber hieraus darf nicht ohne weiteres geschlossen werden, daß der Gewichtsdruck des Kilogrammes Wasser unter allen Umständen derselbe bleiben müsse. Denn mit den genannten physikalischen und chemischen Verwandlungszuständen sind die Existenzmöglichkeiten der in dem Kilogramm Wasser enthaltenen Masse noch keineswegs erschöpft. Die Beobachtungen, welche bei den Kathoden-, Kanalstrahlen und anderen elektrischen Erscheinungen gemacht worden sind, haben die Physiker zu der Annahme gedrängt, daß winzige Elektrizitätsteilchen, die Elektronen, an ebenso winzigen materiellen Partikelchen von noch weit geringerer Größenordnung als die chemischen Atome haften, vielleicht mit ihnen identisch sind und vermöge ihrer elektrischen Ladungen in jener inframolekularen Welt eine Fülle uns erst zum kleinsten Teil bekannter, höchst merkwürdiger Erscheinungen hervorbringen. In der Welt der Elektronen aber können die Gesetze der gegenseitigen Massenanziehung nur in sehr beschränktem Maße gelten, da die Kraft der elektrischen Anziehung und Abstoßung ohne Zweifel viel größer als die Gravitationskraft ist.[1]) Übrigens fragt es sich, ob hier überhaupt noch von einer Gravitation gesprochen werden darf und

[1]) Wollte man die im Wasser verbundenen Atome Wasserstoff und Sauerstoff voneinander trennen, ohne daß diese ihre elektrische Ionenladung einbüßten, so wäre nach einer Rechnung von Helmholtz die dazu erforderliche Kraft 400000 Billionen mal größer als ihre gegenseitige Massenanziehung. Sie wirken aber nur in unmittelbarer Nähe mit dieser Kraft aufeinander.

nicht vielmehr die elektrische Einwirkung der Elektronen auf die Uratome sich als Gravitation äußert.[1]) Die Elektronentheorie gestattet uns nun einen, wegen ihres noch recht problematischen Charakters allerdings etwas unsicheren Einblick in die Beschaffenheit der Urnebelmaterie zu tun. Da wir uns vorstellen müssen, daß der Urnebel alle Materie unseres Sonnensystems in ihre Urbestandteile aufgelöst enthielt, so sind wir zu dem Schlusse berechtigt, daß zwischen seinen mit Elektronen behafteten Uratomen Kräfte wirksam gewesen seien, welche die Anwendung des Newtonschen Gravitationsgesetzes auf die Bewegung der Materie nicht zuließen. Daß elektrische Erscheinungen in der Nebelmaterie wirklich eine große Rolle spielen, geht auch daraus hervor, daß sie trotz ihrer ungemeinen Feinheit und ihrer wahrscheinlich sehr geringen Temperatur leuchten. Wir erklären ihr Leuchten auf ähnliche Art wie das Leuchten der verdünnten Gase in den Geißlerschen Röhren.[2]) — Es ist ferner denkbar, daß auch die später aus dem Urnebel entstehenden Weltkörper, die Sonne und die Planeten, solange die Temperatur ihres Innern noch über einer gewissen Grenze lag, eine geringere Anziehung ausübten, als ihrer Masse zukommt. Wenn es richtig ist, daß die Massenanziehung durch den Äther übertragen wird und sich durch größere oder kleinere Spannungen desselben kundgibt, so wäre es nämlich möglich, daß die intensive Wärme der materiellen Teilchen, die sich, bei der Wärmestrahlung, ebenfalls durch den Äther fortpflanzt, in den Gravitationsspannungen desselben Störungen hervorriefe, welche sich als Änderungen der Schwere des Körpers äußern müßten. Sollte es sich herausstellen, daß sehr stark erhitzte Körper wirklich ge-

---

[1]) Daß es möglich ist, elektrische und Gravitationswirkungen aufeinander zu beziehen, geht z. B. aus Untersuchungen von Abraham hervor, nach denen die Trägheit der Elektronen als Selbstinduktion gedeutet werden kann.

[2]) In Geißlerschen Röhren können verdünnte Gase unter dem Einflusse elektrischer Schwingungen noch Licht aussenden, wenn ihre Temperatur geringer als -200^{0} C. ist. Arrhenius führt das Leuchten der Gasnebel darauf zurück, daß die von den Sonnen ausgestrahlten Elektronen von den Nebeln aufgefangen und dann zu elektrischen Entladungen gezwungen werden. Auf diese Weise will er auch erklären, daß einige Nebel in den peripherischen Teilen stärker leuchten als im Innern. Aber seiner Erklärung steht entgegen, daß ein Auffangen der Elektronen in den peripherischen Teilen der Nebel, die sogar in ihren zentralen dichteren Teilen das Licht hinter ihnen stehender Sterne fast ungehindert durchlassen, wegen der außerordentlich geringen Dichte der Nebelmassen nicht wahrscheinlich ist, ferner, daß der Ringnebel in der Leyer, der für das menschliche Auge im Innern weniger intensiv leuchtet als am Rande, bei photographischen Aufnahmen das umgekehrte Verhalten zeigt. Wir nehmen an, daß die elektrischen Kräfte, welche den Nebel zum Leuchten bringen, im Innern derselben ihren Sitz haben; denn auch elektro-magnetische Wellen, welche, von der Sonne ausgehend, auf der Erde z. B. die prächtigen Nordlichterscheinungen hervorrufen, können kaum zur Erklärung herangezogen werden, da die Nebel sonst, ebenso wie die Nordlichter, nur von Zeit zu Zeit aufleuchten dürften.

ringere Gravitationswirkungen ausüben als bei gewöhnlicher Temperatur, so würde die auffällig geringe Dichte, welche sich für die Sonne und für die großen Planeten aus astronomischen Beobachtungstatsachen berechnet, eine einfache Erklärung finden. Doch bevor unsere Vermutung eine experimentelle Bestätigung erfahren hat, betrachten wir sie als gänzlich problematisch und legen ihr keinen weiteren Wert bei.

Dafür, daß zwischen den Nebelmassen nur äußerst geringe Gravitationskräfte wirksam sein können, läßt sich noch ein Grund angeben, der fast einem direkten Beweise gleichkommt. Wenn die Gravitationswirkungen der Nebel mit denen der ausgebildeten Weltkörper in Parallele gebracht werden könnten, so hätten während der letzten 30 Jahre, wo photographische Aufnahmen der Nebel mit großer Genauigkeit hergestellt worden sind, im Innern der Nebel relative Ortsveränderungen ihrer Massen beobachtet werden müssen. Derartige Änderungen sind aber mit Sicherheit noch nicht wahrgenommen. — Nehmen wir z. B. an, ein Nebel, dessen Masse der Masse unserer Sonne gleich sei, erstrecke sich durch einen Raum, dessen Dimensionen dem Durchmesser der Neptunsbahn entsprächen, so würde eine Planetenmasse, die sich am Rande des Nebels in einer Kreisbahn bewegte, falls die Gravitation der Nebelmasse ebenso groß wäre wie die der Sonne, ihren Umlauf in 170 Jahren beenden. In jedem Jahre würde sie also mehr als 2^0 und in 20 Jahren fast 45^0 in ihrer Bahn fortrücken, und diese große Ortsveränderung würde der Beobachtung unmöglich entgehen können. Auch wenn man annähme, daß der Nebel mit der angegebenen Masse noch weiter ausgedehnt sei und z. B. einen Radius von 100 Erdweiten (d. s. $3^1/_3$ Neptunsweiten) besitze, so würde sich für eine selbständige Teilmasse eine Umlaufszeit von 1000 Jahren, also ein jährliches Fortrücken in ihrer Kreisbahn um $0{,}36^0$, und in 30 Jahren eine Ortsveränderung von ungefähr 11^0 ergeben. Wollte man, um die geringe Eigenbewegung der Nebelmassen zu erklären, die Dimensionen so groß annehmen, daß die Strecke, um welche eine selbständige Teilmasse in ihrer Bahn fortschreitet, für eine Beobachtungszeit von 20—30 Jahren unmerklich klein würde, so entrinnt man doch nicht einer andern Schwierigkeit, die der angenommenen Erklärung um so mehr widersteht, je weiter man sich die Nebelmasse ausdehnen läßt. Welche Ursachen bewirken es, daß die selbständigen Teilmassen aus ihrer ursprünglichen großen Entfernung in die unmittelbare Nähe des Zentralkörpers gerückt und hier zu der schnellen Umlaufsbewegung gezwungen werden, die sie als Nebelmassen nicht besaßen?

Wenn man diese Annäherung nicht allein auf den Einfluß eines widerstehenden Mittels, als welches doch nur der Äther in Frage kommen könnte, zurückführen will, so beibt nichts anderes übrig, als sich zu derselben Annahme zu bekennen, der man aus dem Wege gehen wollte, zu der Annahme nämlich, daß die Gravitation der Zentralmasse erst allmählich zur Ausbildung kam und dadurch die Teilmasse zwang, ihre ursprüngliche beträchtliche Entfernung bedeutend zu verkleinern. Eine einzige Möglichkeit könnte allerdings noch angeführt werden, welche unsere Annahme entbehrlich zu machen scheint: Man postuliert bei dem Urnebel unseres Sonnensystems eine Ausnahme von der allgemeinen Regel der Unveränderlichkeit der Nebelmassen und nimmt an, daß die bei den Planeten vorliegenden großen Geschwindigkeiten auch schon im Urnebel anzutreffen gewesen seien. Allein diese Voraussetzung, die sich auch ohne nähere Untersuchung allzu deutlich als bloße Verlegenheitshypothese erweist, ist unstatthaft. Denn glücklicherweise wissen wir nicht nur von unserem, sondern auch von vielen andern Sonnensystemen, daß die in ihnen verbundenen Massen ganz bedeutende Geschwindigkeiten besitzen. Bei einer großen Anzahl von Doppelsternen sind z. B. für jeden einzelnen derselben Geschwindigkeiten beobachtet und berechnet worden, welche die bei unseren Planeten vorkommenden Geschwindigkeiten noch übersteigen. Auf welche Weise haben nun die Doppelsterne ihre großen Geschwindigkeiten erlangt? Sind sie nicht ebenso wie unser Planetensystem aus Nebelmassen hervorgegangen?[1]) Unsere Behauptung, daß die zwischen den ausgebildeten Weltkörpern wirkende Gravitation einen viel größeren Wert erreiche als die im Innern der Nebelmassen vorhandene, behält hiernach ihre Richtigkeit, und da eine Umbildung der Nebel in Sterne nicht geleugnet werden kann, so bleibt nichts anderes übrig, als mit uns anzunehmen, daß die Gravitationskräfte erst durch die Verdichtung der Nebelmassen allmählich zur Ausbildung gelangen.

Begründung der dritten wesentlichen Annahme. Was die zweite Ursache angeht, so könnte uns erwidert werden, weshalb wir eine so hypothetische Annahme, wie es der Widerstand des Äthers ohne Zweifel ist, machen, da doch die erste Annahme zur Erklärung der spiraligen Anordnung der Nebelmaterie vollkommen ausreiche. Aber die Hypothese des Ätherwiderstandes wird von uns nicht nur zu dem ebengenannten Zwecke aufgestellt, sondern wir bedürfen ihrer zur Erklärung einer ganzen Reihe von anderen Erscheinungen. Da uns jedoch nicht leicht jemand

[1]) Um die Entstehung der Doppelsterne erklären zu können, ist man gezwungen, anzunehmen, daß sie schon im Urnebel als zwei getrennte, höchstens durch zerstreute Nebelmaterie miteinander verbundene Massen vorhanden waren. Von den alten Theorien würden höchstens noch die Laplacesche und die Poincarésche geeignet erscheinen, eine Erklärung ihrer Entstehung zu geben. Beide erlauben zwar, ohne Schwierigkeit die oben angedeuteten großen Revolutionsgeschwindigkeiten der Doppelsterne herzuleiten, aber zwei Gründe stehen ihrer Anwendbarkeit entgegen. Erstens läßt das Massenverhältnis der Doppelsterne nicht zu, den kleineren durch Abschleuderung von dem größeren entstanden zu denken, und zweitens hätte die Bahn jedes Sternes fast kreisförmig werden müssen, während sie in Wirklichkeit meistens stark elliptisch ist.

ihre Zulässigkeit allein im Hinblick auf das Aussehen der Spiralnebel einräumen möchte, so müssen wir versuchen, auf andere Weise Material zu ihrer Rechtfertigung herbeizuschaffen. Wir berufen uns auf folgende Tatsachen:

1. Saturnsringe. Alle Teile der Saturnsringe, welche innerhalb der Cassinischen Trennung liegen, rotieren mit größerer Winkelgeschwindigkeit als der Planet selbst; der innerste Teil des dunklen Ringes vollendet seinen Umlauf schon in $4^1/_2$ Stunden, während der Planet zu seiner Rotation mehr als die doppelte Zeit braucht. Es ist also nicht möglich, daß die genannten Teile der Ringe sich nach der Laplaceschen Theorie aus der Atmosphäre gebildet haben. Auch Kant läßt die Ringe aus der Atmosphäre entstehen. Da diese Erklärung unhaltbar ist, so könnte man noch versuchen, mit Hülfe der von Kant bei der Entstehung der Monde gegebenen Erklärung die Entstehung der Ringe herzuleiten. Aber abgesehen davon, daß sich, wenn Kants Annahmen zuträfen, die Ringe rückläufig bewegen müßten (siehe die Kritik der Kantischen Theorie, § 2), zeigt sich, daß auch diese Erklärung zurückzuweisen ist, da, wenn sie anwendbar wäre, die Masse des Planeten Saturn sich nicht weiter als bis zum innersten Ringe erstreckt haben durfte. In diesem Falle hätte die anfängliche Dichte des Planeten schon mehr als die Hälfte der gegenwärtigen betragen müssen. Es ist aber ganz undenkbar, daß Saturn sogleich im Anfange seiner Entwicklung eine so bedeutende Dichte besitzen konnte. Ebensowenig kann man annehmen, daß die durch die Anziehung der Sonne und der Monde Saturns auf seiner Oberfläche hervorgerufene Flutbewegung die Rotation des Planeten beträchtlich verzögert habe. Wenn auch nicht zu bestreiten ist, daß die Flutwelle eine geringe Verzögerung hervorzurufen vermag, so kann doch kein Zweifel darüber bestehen, daß eine Wirkung der angegebenen Art unmöglich auf sie zurückzuführen ist. In der Zeit, während welcher die Flutwelle eine meßbare Wirkung hervorzubringen vermöchte, hat die Planetenmasse sich schon auf einen etwas kleineren Raum zusammengezogen. Die bei der Zusammenziehung gemäß dem Flächensatze erfolgende Beschleunigung der Rotationsbewegung wird aber, da sie alle Massenteile ergreift, während die Flutwelle nur in einer Oberflächenschicht wirkt, nicht nur die Verzögerung wieder aufheben, sondern noch zu einer Verkürzung der Rotationszeit führen. Dies gilt wenigstens, solange der Planet sich noch in einem Zustande befindet, der eine Kontraktion zuläßt, was beim Saturn, dessen mittlere Dichte noch hinter der Dichte des Wassers zurückbleibt, wahrscheinlich ist. — Wenn man nicht überhaupt auf eine Erklärung verzichten will, so bleibt demnach nichts anderes übrig, als anzunehmen, daß die von der Atmosphäre sich ablösenden Massen durch den Widerstand des Äthers gezwungen wurden, sich dem Planeten zu nähern. Dies konnte, wenn sie sich nicht wieder mit dem Planeten vereinigen sollten, nur dann geschehen, wenn seine Atmosphäre sich schneller zurückzog, als die abgeschleuderten Teilmassen sich ihm zu nähern ver-

mochten. Siehe § 19. — Ähnlich wie bei den inneren Teilen der Saturnsringe liegen die Verhältnisse bei dem innersten Marsmonde. Auch er vollendet seinen Umlauf in kürzerer Zeit als der Planet seine Rotation.

2. Die Jupitersmonde I, II, III. Laplace leitet die merkwürdigen Beziehungen, welche zwischen den Bewegungen der Monde I, II, III Jupiters bestehen,[1]) aus dem Einflusse eines widerstehenden Mittels her, als welches er die Atmosphäre des Planeten ansieht (Exp. d. syst. d. monde; t. II, l. V, chap. VI; quatr. éd., p. 442—444). Da sich aber die Atmosphäre eines Planeten nur bis zu dem Punkte erstrecken kann, wo Gleichgewicht zwischen der Schwere und der Schwungkraft herrscht, und sich gerade in diesen Punkten, nach der Laplaceschen Theorie, die Massen der Monde vom Planeten ablösten, so liegen sie ganz außerhalb seiner Atmosphäre. Wir betrachten den Äther als das betr. widerstehende Mittel.

3. Kometenbahnen. Um die fast genau parabolische Bahn der meisten Kometen zu erklären, hat Schiaparelli folgende Hypothese aufgestellt: „Die Kometen dringen von außen in unser Sonnensystem ein; m Weltraume bewegen sie sich ungefähr mit derselben Geschwindigkeit ifort wie die Sonne. Die aus dieser Annahme sich ergebende, in geringem Maße hyperbolische Exzentrizität wird in den meisten Fällen durch die Einwirkung der Planeten in eine elliptische verwandelt.“ Es hat sich gezeigt, daß die sehr gestreckt elliptische Bahn vieler Kometen sich auf diese Weise erklärt; aber es sind auch Ausnahmen vorhanden, z. B. der Komet Swift 1889 IV, der Komet Méchain-Tuttle, der Halleysche Komet und der Komet 1862 III.[2]) Diese Kometen kommen keinem der Planeten so nahe, daß sie durch ihn könnten in ihre elliptische Bahn gewiesen worden sein. Dasselbe gilt von den beiden großen Kometen 1841 I und 1882 III.

Schulhof läßt die Kometen aus den um die Sonne kreisenden Meteorschwärmen neu sich bilden und in sie sich wieder auflösen. Hierdurch glaubt er einmal ihre elliptische Bahn, die sie schon seit den ältesten Zeiten unserem Sonnensystem zuweist, und zugleich ihre geringe Beständigkeit, von der uns der Brorsensche und der Bielasche Komet ein Zeugnis geben, zu erklären. — Die Neubildung von Kometen aus Meteorschwärmen könnte nur auf eine gegenseitige Annäherung ihrer sehr zerstreuten Massen und diese wieder nur darauf zurückgeführt werden, daß die Kraft der gegenseitigen Anziehung sie zueinander treibt. Da aber die Körper, welche in den Meteorschwärmen vereinigt sind, sämtlich eine sehr geringe Masse besitzen, so üben sie auch sehr geringe anziehende Wirkungen aufeinander aus. Wenn man bedenkt, daß sie durchschnittlich mehrere Kilometer von-

[1]) Auch die Monde Saturns zeigen eine auffällige Kommensurabilität der Umlaufszeiten; siehe A. v. Humboldt, Kosmos III. Band.

[2]) Die Beispiele sind angeführt nach Schulhof; siehe H. Kleins Handbuch der allgemeinen Himmelsbeschreibung, 1901.

einander entfernt sind, so kann man ihre gegenseitigen Einwirkungen sogar gleich Null setzen. Demgegenüber sind die durch die Anziehung der Planeten in ihren Bahnen hervorgerufenen Störungen so beträchtlich, daß durch sie eine immer größere Zerstreuung der Meteormassen erfolgen muß. Schulhofs Hypothese ist also sehr unwahrscheinlich.

Die Annahme eines widerstehenden Einflusses des Äthers aber beseitigt sogleich alle Schwierigkeiten, welche die Schiaparellische Hypothese zurückgelassen und denen aus dem Wege zu gehen Schulhof seine Hypothese aufgestellt hat. Die Hypothese Schiaparellis ist wahrscheinlich richtig; wir werden später genauer auf sie zurückkommen (§ 20). Aber die elliptische Bahn der Kometen braucht nicht allein auf die Anziehung der Planeten zurückgeführt zu werden; sie erklärt sich ebenso einfach als Folge des Ätherwiderstandes. Ihm verdanken die oben genannten, der Schiaparellischen Hypothese nicht günstigen Kometenbahnen ihre Elliptizität. Es ist bemerkenswert, daß H. Klein, der sich sonst der Theorie des Ätherwiderstandes gegenüber ablehnend verhält, dazu gedrängt wird, ihr doch eine gewisse Bedeutung zuzugestehen. Die Periodizität der beiden großen Kometen 1843 I und 1882 II, die keinem der großen Planeten nahe kommen, würde sich erklären, sagt er (Handbuch der allg. Himmelsbeschreibung 1901, S. 282), „wenn man die geringste Einwirkung eines widerstehenden Mediums annimmt, die man füglich nicht völlig in Abrede stellen kann“.

4. Änderung der Exzentrizität. Es mehren sich die Kometen, die, obgleich sie bei ihrem Erscheinen in einer fast parabolischen Bahn liefen, zur Sonne zurückgekehrt sind. Man hat ihrer im ganzen bis jetzt sieben entdeckt. Um ihr Wiedererscheinen zu erklären, glaubte man annehmen zu müssen, daß die betr. Kometen durch einen noch unbekannten, transneptunischen Planeten eingefangen worden seien. Wenn man aber bedenkt, wie verschieden die Neigung der Kometenbahnen, wie ungleich die Lage ihrer großen Achse und wie gering die Geschwindigkeit des hypothetischen Planeten ist, so ergibt sich, daß für die Störung einer Kometenbahn durch den Planeten eine sehr geringe Wahrscheinlichkeit besteht. Da Neptun in 10 Jahren nur um 20^{0} in seiner Bahn fortrückt, der transneptunische Planet also um eine noch weit geringere Strecke, so müßten die 7 Kometen, wenn sie von einem transneptunischen Planeten sollten beeinflußt werden können, sich sämtlich ungefähr in derselben Richtung von der Sonne entfernt haben, was doch gewiß nicht der Fall ist. Viel wahrscheinlicher ist die Annahme, daß der Widerstand des Äthers ihre parabolische Bahn in eine elliptische verwandelt hat.

5. Der Enckesche Komet. Die Verkürzung der Umlaufszeit des Enckeschen Kometen ist von Encke der Einwirkung eines widerstehenden Mittels zugeschrieben worden. Er nimmt an, daß das Volumen des Kometen während des ganzen Umlaufes unverändert bleibe, daß die Dichte des widerstehenden Mittels mit dem Quadrate des Abstandes von der Sonne

abnehme, und daß der Widerstand selbst dem Quadrate der Geschwindigkeit proportional sei, gibt also der Funktion des Widerstandes die Form $k\frac{v^2}{r^2}$ (siehe Enckes 1. Abhandlung über den Kometen von Pons, in den „Abhandlungen der mathematischen Klasse der Königlichen Akademie der Wissenschaften zu Berlin", 1829). Unter Zugrundelegung der angegebenen Funktion des Widerstandes findet er und nach ihm van Asten, daß die Rechnungsresultate mit den Beobachtungen im Einklange stehen. Bis zur Wiederkehr im Jahre 1858 blieb die Zunahme der Beschleunigung der mittleren Bewegung bei jedem Umlaufe dieselbe; dann aber ergab die Beobachtung eine Abnahme dieser Beschleunigung bis zum Jahre 1871, und von 1871 bis jetzt wieder eine konstante, aber etwas kleinere Beschleunigung als vor 1858. Diese Verschiedenheiten, für welche sich nicht sogleich eine Erklärung darbot, schienen der Enckeschen Hypothese nicht günstig zu sein. In neuerer Zeit hat sich Backlund eingehend mit der Theorie der Bewegung des Enckeschen Kometen beschäftigt und nachgewiesen, daß die Enckesche Voraussetzung über das widerstehende Mittel in der Tat den Beobachtungen nicht entspreche. Er zeigt, daß, wenn man für den Widerstand den Ausdruck $k\frac{v^m}{r^n}$ wählt, wo v die Geschwindigkeit, r den Radiusvektor des Kometen bedeutet, die Beobachtungsdaten zu folgenden Bedingungen führen:

$$0 < m + 2n - 1 < 1; \quad m + n > 2;$$

siehe Bulletin astronomique 1894, Tome XI. Aus diesen Bedingungen ergibt sich für n ein negativer Wert. Man müsse also annehmen, sagt Backlund, daß die Dichte des widerstehenden Mittels mit der Entfernung von der Sonne zunehme; dies sei aber in hohem Grade unwahrscheinlich, da sonst auch andere Kometen eine Einwirkung des Widerstandes hätten erkennen lassen müssen. Allein Backlund geht in seiner Folgerung zu weit. Aus den obigen für m und n hergeleiteten Bedingungen ist nur zu schließen, daß die von Encke angenommene Funktion des Widerstandes, nicht, daß überhaupt die Annahme eines widerstehenden Mittels den Beobachtungen nicht entspricht. Es ergibt sich vielmehr aus den Backlundschen Resultaten ein neuer Beweis der Richtigkeit der Annahme eines widerstehenden Mittels, und zwar auf folgende Weise. Ist der Äther das widerstehende Mittel, so hat man die Enckesche Voraussetzung einer mit der Entfernung von der Sonne abnehmenden Dichte fallen zu lassen; es würde also, wenn nichts anderes noch zu berücksichtigen wäre, $n = 0$ zu setzen sein. Nun zeigen aber die Beobachtungen, daß das Volumen des Kometen nicht, wie Encke annimmt, unveränderlich ist, sondern sich während der Zeit der Sonnennähe beträchtlich verkleinert; siehe folgende Tabelle, wo r die Entfernung des Kometen von der Sonne, ausgedrückt in Erdbahnradien, 2ϱ den Durchmesser des Kometen bedeutet:

r	2ϱ
1,714	25000 Meilen,
1,084	23000 „
0,916	16000 „
0,689	12000 „
0,535	9000 „

Der Durchmesser des Kometen, und folglich auch der Widerstand, ist um so größer, je kleiner die Geschwindigkeit des Kometen ist. Da diese den Wert $\sqrt{k\left(\frac{2}{r}-\frac{1}{a}\right)}$ besitzt, so ist der Widerstand in erster Näherung mit r^{ν}, wo ν eine positive Zahl bezeichnet, proportional. Die Zahl n des Ausdruckes $k\frac{v^m}{r^n}$ ist also wirklich eine negative Zahl. Anstatt die Hypothese des widerstehenden Mittels umzustoßen, geben die Backlundschen Resultate mithin im Gegenteile eine neue, ungeahnte Bestätigung derselben. Nur die Enckesche, den analytischen Ausdruck der widerstehenden Kraft betreffende Annahme ist unrichtig. — Auch für die Abnahme der Beschleunigung der mittleren Bewegung im Zeitraume von 1858 bis 1871 erhält man leicht eine genügende Erklärung. Schon eine geringe Verdichtung der Kometenmasse reicht hin, um den Widerstand des Äthers weniger merklich zu machen und die Beschleunigung zu verringern. Die beobachtete Abnahme der Beschleunigung würde durch eine Verkleinerung des Kometendurchmessers um den 6. Teil hervorgerufen werden.[1]) Die Backlundsche Theorie, nach welcher die Beschleunigung der Bewegung des Kometen Meteormassen zuzuschreiben ist, würde nur unter Heranziehung neuer gesuchter Hülfshypothesen die genannte Tatsache erklären.[2])

Charliers Erklärung. In neuerer Zeit hat Charlier den Versuch gemacht, die Acceleration der mittleren Bewegung der Kometen auf die störenden Einwirkungen eines von den Kometen sich absondernden Meteorschwarmes zurückzuführen. Er weist analytisch nach (Arkiv för Matematik, Astronomi och Fysik, Stockholm, Band 3, No. 4), daß, wenn sich zwei Körper dicht hintereinander in derselben Bahn bewegen, die mittlere Bewegung des vorangehenden Körpers durch die Anziehung des nachfolgenden eine Acceleration erhalte und umgekehrt die mittlere Bewegung des nachfolgenden Körpers durch die Anziehung des vorangehenden eine Retardation erleide. Von der Richtigkeit dieser Schlußfolgerung

---

[1]) Die Verzögerung der mittleren Bewegung eines Kometen kann auch durch einen Massenverlust desselben erklärt werden; siehe Valentiner, Handwörterbuch der Astronomie, Artikel „Kometen und Meteore".

[2]) Vielleicht aber haben solche Meteormassen zu der von Arrhenius erwähnten (l. c. Bd. I, S. 206) negativen Beschleunigung, falls diese nicht auf einen Rechnungsfehler oder einen Massenverlust zurückzuführen ist, den Anstoß gegeben.

kann man sich auch ohne Rechnung überzeugen. Der nachfolgende Körper sucht den voraneilenden in seiner Bewegung zurückzuhalten, schwächt folglich dessen Tangentialkraft und zwingt ihn dadurch sich der Zentralmasse zu nähern, seine Umlaufszeit also zu verkürzen, während der vorangehende Körper den folgenden an sich heranzuziehen sucht, dessen Tangentialkraft also verstärkt und ihn dadurch befähigt, in größerer Bahn das Zentrum zu umkreisen, die Umlaufszeit also zu vergrößern. — Wenn sich auch gegen dies Resultat nichts einwenden läßt, so ist damit doch noch keineswegs eine Erklärung für die Acceleration der Kometenbewegung gewonnen. Charlier findet, daß, wenn die Acceleration des Enckeschen Kometen auf die angegebene Weise erklärt werden solle, die Masse des störenden Körpers den Wert $4 \, . \, 10^{-13}$ der Sonnenmasse als Minimalwert besitzen müsse; er setzt bei seiner Rechnung voraus, daß die störende Masse sich unmittelbar an die Oberfläche des Kometen anschließe und ihm während des ganzen Umlaufes in der beschriebenen Weise folge. Diese, zu dem genannten Minimalwerte führende Annahme kann aber in Wirklichkeit niemals zutreffen. Denn wenn der voraneilende Komet seine Bewegung beschleunigt, der störende Körper die seinige aber verzögert, so muß sich ihr Abstand schnell vergrößern und die störende Einwirkung, die mit dem Quadrate des Abstandes abnimmt, bald unmerklich werden. Wenn die störende Einwirkung trotzdem erhalten bleiben soll, so müßte also angenommen werden, daß sich fortwährend neue Meteorschwärme von dem Kometen absondern; dann aber würde der Komet, da der oben berechnete Minimalwert schon ungefähr 0,01 des von Laplace für die Kometenmassen angegebenen Maximalwertes ($= 10^{-5}$ der Erdmasse) beträgt, in kürzester Zeit seine ganze Masse verlieren. Ferner ist zu bemerken, daß die ohne weiteres vorausgesetzte Absonderung eines Meteoritenschwarmes von dem Kometen nicht weniger der Begründung bedarf, wie die in Frage stehende Beschleunigung der Kometenbewegung. Wodurch aber will man sie erklären? Wie man sich auch bemühen mag, letzten Endes dürfte nichts anderes übrig bleiben, als einem widerstehenden Mittel die Trennung zuzuschreiben, und dann würde man bei derselben Annahme, die man durch die neue Erklärung auszuschalten und entbehrlich zu machen suchte, wieder angelangt sein. Schließlich ist es auch noch fraglich, ob sich die Charliersche Erklärung mit den von Backlund aus der Bewegung des Enckeschen Kometen hergeleiteten Bedingungen $0 < m + 2n - 1 < 1$ und $m + n > 2$ vereinigen läßt.

Außer dem Enckeschen Kometen scheinen noch einige andere, was schon unter 3. bemerkt wurde, den widerstehenden Einfluß des Äthers hervortreten zu lassen, z. B. der große, von Argelander untersuchte Komet von 1811 und der Winneckesche Komet, dessen Bahn Oppolzer berechnete. Die Vergrößerung der Umlaufszeit des Brorsenschen Kometen ist ohne Zweifel auf innere Vorgänge zurückzuführen. Hat sich doch der Komet bald nachher aufgelöst!

6. Dichte des Äthers. Aus der Theorie des Enckeschen Kometen ergibt sich noch eine andere, bemerkenswerte Bestätigung der Richtigkeit unserer Annahme. Unter der Voraussetzung nämlich, daß die Beschleunigung seiner mittleren Bewegung einem widerstehenden Mittel zur Last zu legen sei, erhält man für die Dichte desselben einen Wert, der mit dem von Lord Kelvin für die Dichte des Äthers gefundenen sehr nahe übereinstimmt.

Da $\frac{1}{r}$ in erster Näherung mit v^2 proportional ist, so wird die allgemeine Funktion des Widerstandes $k\frac{v^m}{r^n}$ näherungsweise gleich $k' v^{m+2n}$. Die von Backlund aufgestellte Bedingung $0 < m + 2n - 1 < 1$ sagt also aus, daß die aus dem Widerstande als solchem und aus der Formänderung des Kometen resultierende Funktion des Widerstandes einer Potenz von v proportional ist, welche zwischen der ersten und zweiten liegt.[1]) Da bei sehr großen Geschwindigkeiten der Widerstand schneller als mit dem Quadrate derselben wächst, so nehmen wir ihn der 3. Potenz der Geschwindigkeit proportional an, setzen also $m = 3$. Fassen wir die beiden Grenzfälle $m + 2n - 1 = 0$ und $m + 2n - 1 = 1$ ins Auge, so folgt aus dem ersten $n = -1$, aus dem zweiten $n = -\frac{1}{2}$. Die 2. Backlundsche Bedingung $m + n > 2$ geht für $n = -1$ über in $m + n = 2$, für $n = -\frac{1}{2}$ in $m + n = 2\frac{1}{2}$; ihr geschieht also, wenn man den Grenzfall nicht ausschließt, Genüge. Im 1. Falle, wo $n = -1$ ist, würde der von der Form des Kometen abhängende Widerstandsfaktor dem Radiusvektor, im 2. Falle, wo $n = -\frac{1}{2}$ ist, der Wurzel aus dem Radiusvektor proportional sein.[2]) Wir betrachten zuerst den Fall $n = -1$. Bedeutet m die Masse des Kometen, λ eine von der Natur des Äthers abhängende Konstante, so ist die Funktion des Widerstandes:

$$\frac{\lambda \pi}{m} \varrho^2 v^3 = \frac{\lambda \pi}{m} \varrho_0^2 v_0^2 v.$$

[1]) Bei der Enckeschen Annahme $m = 2$, $r = 2$ wird die Funktion des Widerstandes gleich $k' v^6$. Encke setzt demnach die resultierende Größe des Widerstandes einer viel zu hohen Potenz von v proportional.

[2]) Das letzte trifft näherungsweise für die Sonnenferne des Kometen zu. In diesem Falle wird nämlich, da der von der Form des Kometen abhängende Widerstandsfaktor der Oberfläche, also dem Quadrate des Radius proportional ist, der Radius des Kometen der 4. Wurzel aus dem Radiusvektor der Bahn proportional. Geht man von dem dem Radiusvektor 1,084 r_e entsprechenden Kometendurchmesser, 23000 Meilen, aus, so würde sich hiernach der Durchmesser des Kometen in der Entfernung 1,714 r_e zu 25600 Meilen berechnen; die Tabelle gibt 25000 Meilen. — Das erste gilt wahrscheinlich näherungsweise für die Sonnennähe des Kometen. Der Kometendurchmesser müßte dann der Wurzel aus dem Radiusvektor proportional sein. Nach der Tabelle nimmt er allerdings schneller, ungefähr dem Radiusvektor proportional, ab; aber dies hat vielleicht darin seinen Grund, daß man in der Sonnennähe infolge der störenden Einwirkung des Sonnenlichtes für den Durchmesser des Kometen zu kleine Werte gemessen hat.

Der Einfluß, den ein widerstehendes Mittel auf die Bewegung eines Körpers ausübt, ist im § 16 bestimmt. Die große Achse verkleinert sich, und zwar ist in dem Falle, wo die Funktion des Widerstandes die Geschwindigkeit nur in der 1. Potenz enthält:

$$a' = a\,(1 - h);$$

hier ist:

$$h = \frac{2\,\lambda'\,\pi}{m}\,\varrho_0^2\,\tau = \frac{2\,\lambda\,\pi}{m}\,\varrho_0^2\,v_0^2\,\tau,$$

wo τ die Umlaufszeit bedeutet. Nach den Beobachtungsergebnissen verkürzte der Enckesche Komet bei jedem Umlaufe die Dauer desselben um $^4/_{35}$ Tage. Die Umlaufszeit beträgt 1204 Tage. Nach dem 3. Keplerschen Gesetze hat man daher:

$$\frac{a'}{a} = \left(\frac{\tau'}{\tau}\right)^{2/3} = \left(\frac{1204 - \frac{4}{35}}{1204}\right)^{2/3} = 1 - \frac{2\,.\,4}{3\,.\,35\,.\,1204}.$$

Durch Vergleichung dieser Gleichung mit der früheren $a' = a\,(1 - h)$ erhält man:

$$\frac{2\,\lambda\,\pi}{m}\,\varrho_0^2\,v_0^2\,\tau = \frac{2\,.\,4}{3\,.\,35\,.\,1204}.$$

Aus Versuchen, durch welche die Größe des Widerstandes der Luft bestimmt wurde, hat sich ergeben, daß bei Geschwindigkeiten bis zu $100\ \mathrm{m\,sec}^{-1}$ der Widerstand dem Quadrate derselben proportional ist und sehr nahe den Wert:

$$d\,F\,v^2\ Dyn$$

hat, wo d die auf Wasser bezogene Dichte der Luft, F die in Quadratzentimetern gemessene Fläche senkrecht zur Bewegungsrichtung und v die sekundliche Geschwindigkeit, in Zentimetern ausgedrückt, bedeutet. Hieraus geht hervor, daß für kleine Geschwindigkeiten die Konstante des Widerstandes λ bei der atmosphärischen Luft sehr nahe ihrer Dichte gleich ist. Da man annehmen darf, daß sich die Konstanten λ verschiedener gasförmiger Stoffe wie ihre Dichten verhalten, so ist auch die Widerstandskonstante λ des Äthers bei mäßigen Geschwindigkeiten gleich seiner Dichte δ. Bei größeren Geschwindigkeiten wird der Widerstand jedoch der 3. Potenz der Geschwindigkeit proportional. Die kleinste Geschwindigkeit, für welche dies der Fall ist, betrage $\alpha\ \mathrm{km\,sec}^{-1}$. Für diesen Wert sei der Widerstand $n$mal so groß, als sich aus der angegebenen, mit dem Quadrate der Geschwindigkeit wachsenden Widerstandsfunktion ergeben würde. Dann lautet die Konstante λ des mit der 3. Potenz der Geschwindigkeit zunehmenden Widerstandes:

$$\frac{\delta\,n}{10^5\,\alpha}\ \mathrm{sec\,cm}^{-1}.$$

Substituiert man diesen Wert für λ in der letzten Gleichung und schreibt:

$$m = \frac{4\pi}{3} \varrho_0^3 \delta',$$

so erhält man:

$$\delta \frac{n}{\alpha} \frac{3 v_0^2 \tau}{2 \varrho_0 \delta'} \sec \mathrm{cm}^{-1} = \frac{2 \,.\, 4 \,.\, 10^5}{3 \,.\, 35 \,.\, 1204}.$$

Wählt man für ϱ_0 den Wert, den der Radius des Kometen im Abstande 1,084 r_e, also in mittlerer Entfernung von der Sonne besitzt, setzt für v_0 die diesem Abstande entsprechende Geschwindigkeit 35,9 km sec^{-1} und drückt ϱ_0, v_0, τ durch die Maßeinheiten cm und sec aus, so ergibt sich:

$$\delta = \frac{\alpha}{n} \delta' \, 2{,}7 \,.\, 10^{-11}.$$

Nach Laplace ist die Masse der Kometen im Mittel geringer als 10^{-5} der Erdmasse. Nehmen wir für die Masse des Enckeschen Kometen diesen Wert an, so ist bei einem Radius von 11500 Meilen seine mittlere Dichte δ' gleich 2,3 . 10^{-8} der Dichte des Wassers. Man erhält also:

$$\delta = \frac{\alpha}{n} 6{,}2 \,.\, 10^{-19}.$$

Der Widerstand der atmosphärischen Luft ist bei einer Geschwindigkeit von 500 m sec^{-1} ungefähr doppelt so groß, als sich aus dem Ausdrucke $d\,F\,v^2$ ergeben würde. Wenn schon bei dieser Geschwindigkeit der Widerstand der 3. Potenz proportional zu werden beginnt, so wäre also für Luft $\alpha = {}^1/_2$, $n = 2$ zu setzen. Beim Äther ist aber die Minimalgeschwindigkeit eines mit der 3. Potenz derselben wachsenden Widerstandes ohne Zweifel größer als $^1/_2$ km sec^{-1}. Der Bruch $\frac{\alpha}{n}$ liegt daher wahrscheinlich über 1. Doch kann er, da nach den Backlundschen Untersuchungen für die bei dem Kometen vorkommenden Geschwindigkeiten, welche zwischen 6 km sec^{-1} und 70 km sec^{-1} schwanken, der Widerstand schon einer höhern als der 2. Potenz proportional ist, die Einheit nicht beträchtlich übersteigen. Setzen wir $\frac{\alpha}{n} = {}^1/_6$, so werden wir nach dem Gesagten den Wert des Bruches auf keinen Fall zu groß gewählt haben. Dann erhalten wir $\delta = 10^{-19}$. Dieser Wert ist, da nach Laplace die Kometenmassen weniger als 10^{-5} der Erdmasse betragen, ein Maximalwert. Lord Kelvin findet für die Dichte des Äthers den Wert 10^{-19} und später 10^{-22} (Transactions of the Royal Society; Edinb. 21; 1854). Die Übereinstimmung mit dem auf physikalischem Wege gefundenen Werte ist gewiß überraschend genug; sie gibt einen neuen Beweis der Richtigkeit unserer Voraussetzung, nach welcher die Beschleunigung der mittleren Bewegung des Kometen auf den Widerstand des Äthers zurückzuführen ist. — Im zweiten Falle, wo $n = -{}^1/_2$ ist, erhält man aus den im § 16 hergeleiteten Resultaten ähnlich wie vorher:

$$\frac{8\lambda\pi}{m} \varrho_0^2 v_0 E a \left(\frac{2K}{E} - 1\right) = \frac{2 \,.\, 4}{3 \,.\, 35 \,.\, 1204}.$$

Die Exzentrizität der Kometenbahn ist 0,848. Die Theorie der elliptischen Funktionen liefert dann für K den Wert $0{,}6698\,\pi$, für K' den Wert $0{,}5029\,\pi$. Hieraus findet man für q den Wert 0,0945. Aus der für E angegebenen Reihenentwicklung folgt nunmehr $E = 0{,}579\,K$. Die in der letzten Gleichung enthaltene Klammergröße ist also gleich 2,4. Da $4\,E\,a$, wenn v_0 den Wert 35,9 km sec^{-1} besitzt, ungefähr gleich $0{,}43\,v_0\,\tau$ ist, so ergibt sich aus der Vergleichung der letzten Gleichung mit der entsprechenden früheren, daß der aus ihr für δ hervorgehende Wert sich nur unwesentlich von dem früher berechneten unterscheidet.

7. Sternschnuppen und Meteore. Für die Erscheinung, daß mehrere Sternschnuppenschwärme wochenlang aus demselben Radiationspunkte Sternschnuppen entsenden, hat man bis jetzt noch keine genügende Erklärung gefunden. Die ungeheure Breite und Dicke, welche den Meteorschwärmen beizulegen die genannte Erscheinung uns zwingt, ergibt sich weder aus den Störungen, die von den Planeten in ihnen hervorgerufen werden, noch aus irgend einer Theorie der Entstehung dieser Schwärme; siehe Schulhof: Sur les étoiles filantes; Bulletin astronomique 1894, tome 11. Die Hypothese des Ätherwiderstandes aber leistet sogleich das gewünschte. Aus der im § 16 angegebenen Gleichung:

$$\frac{a'}{a} = 1 - h\left(\frac{4}{\sqrt{1-\varepsilon^2}} - 3\right); \qquad h = \frac{2\lambda\pi}{m}\varrho^2\tau\beta,$$

welche unter der Voraussetzung hergeleitet wurde, daß der Widerstand der 3. Potenz der Geschwindigkeit proportional sei, erhält man für ein Meteorteilchen, dessen Radius $\varrho = 1$ mm und dessen Dichte $\delta' = 2{,}5$ ist, wenn es in der Bahn des Enckeschen Kometen läuft, und wenn man die Dichte δ des Äthers zu 10^{-22} annimmt, da:

$$\varepsilon = 0{,}85, \quad \lambda = \delta\frac{n}{\alpha}\,\text{sec}\,\text{km}^{-1}, \quad \beta = \frac{kM}{a} = \frac{r_e c_e^2}{a}, \quad \tau = 1204\,.\,24\,.\,3600\,\text{sec}$$

ist, $\triangle a = \frac{n}{\alpha}\,3800$ km. Nach dem früher Gesagten kann der Wert von $\frac{n}{\alpha}$ etwas größer oder etwas kleiner als 1 sein. Setzen wir ihn gleich 1, so berechnet sich also die Abnahme der großen Bahnachse während eines Umlaufs zu 3800 km. Die Apheldistanz verkleinert sich sogar, was sich aus der Gleichung:

$$a'(1+\varepsilon') = a(1+\varepsilon)\left[1 - \frac{h}{\varepsilon}\left(2\sqrt{\frac{1+\varepsilon}{1-\varepsilon}} - \varepsilon - 2\right)\right]$$

ergibt, um 6500 km, also um eine Strecke von der Größe des Erdradius. Hieraus geht hervor, daß, wenn der Meteorschwarm aus Teilchen mit verschiedenen Durchmessern, die größer und kleiner als der oben zu 2 mm angenommene sein können, besteht, in ziemlich kurzer Zeit eine beträchtliche Vergrößerung seiner Breite eintreten muß. Die planetarischen Störungen verändern nunmehr, nachdem die Breite zugenommen hat, auch seine Dicke. Auf diese Weise werden die Meteormassen allmählich über ein großes Gebiet zerstreut, welches die Erde erst in längerer Zeit zu durcheilen vermag.

Außer den periodischen Sternschnuppen gibt es Meteore, welche mit hyperbolischen Geschwindigkeiten in die Atmosphäre der Erde eindringen. Sie stammen aus dem Weltraume und kommen wahrscheinlich aus der Sphäre einer andern Sonne zu uns, um die sie sich ebenfalls in hyperbolischer Bahn bewegt haben. Wenn sie auf ihrem Fluge durch den Weltraum ihre hyperbolische Geschwindigkeit durch den Widerstand des Äthers nicht einbüßen sollen, so muß ihre Masse über einer bestimmten Grenze liegen. Diese Grenze läßt sich leicht berechnen. Für ein frei im Weltraume sich bewegendes Meteor, dessen Masse m ist und welches näherungsweise als Kugel mit dem Radius ϱ betrachtet werden kann, besteht die Gleichung:

$$\frac{d^2 s}{d t^2} = -\frac{\lambda \varrho^2 \pi}{m}\left(\frac{d s}{d t}\right)^3.$$

Aus ihr erhält man:

$$\frac{d s}{d t} = \frac{c}{\sqrt{h c^2 t + 1}}, \qquad h = \frac{2 \lambda \varrho^2 \pi}{m},$$

wo c die anfängliche Geschwindigkeit bedeutet. Soll dieselbe nach der Zurücklegung des Weges zwischen zwei Fixsternen noch nicht in erheblichem Maße geschwächt worden sein, so folgt aus der letzten Gleichung die Bedingung $h c^2 t < 1$, oder, da $c t$ näherungsweise den durchlaufenen Weg s bezeichnet, $h c s < 1$. Schreibt man wieder $\lambda = \delta \frac{n}{\alpha} \sec \mathrm{km}^{-1}$, setzt $\frac{n}{\alpha} = 1$ und wählt für s die mittlere Entfernung der uns nächsten Fixsterne von der Sonne, d. h. ungefähr den Wert 1 Million Erdweiten,[1]) so erhält man, wenn man die Dichte des Meteors wieder zu 2,5 und die hyperbolische Geschwindigkeit c z. B. zu 100 $\mathrm{km\,sec}^{-1}$[2]) annimmt, $\varrho > 1$ mm; die Masse dieses Meteors beträgt ungefähr 1 Zentigramm. Der berechnete Wert erscheint sehr gering; wahrscheinlich ist die Masse der Meteore, bei denen eine hyperbolische Geschwindigkeit beobachtet worden ist, größer als ein Zentigramm. Aber dies kann nicht befremden. Der Wert der Ätherdichte 10^{-22} und der durchlaufene Weg sind vielleicht etwas zu klein angenommen worden. Schon eine geringe Vergrößerung der angenommenen Werte genügt, um die berechnete Länge des Radius von 1 mm auf einige Zentimeter und dadurch die Masse des Meteors auf 1 kg und mehr zu erhöhen.

---

[1]) Der Stern 61 Cygni ist uns etwas näher; die meisten übrigen Fixsterne, deren Parallaxen mit einiger Sicherheit bestimmt sind, befinden sich aber weiter von der Sonne entfernt.

[2]) Man hat Meteore mit mehr als 150 $\mathrm{km\,sec}^{-1}$ Geschwindigkeit in die Atmosphäre eindringen sehen.

8. Formänderungen der Kometen. a) Die Verkleinerung, welche der Kopf der meisten Kometen bei der Annäherung an die Sonne erfährt, erklärt sich ungezwungen als die Wirkung des größeren Druckes, den der Äther infolge der sich vergrößernden Geschwindigkeit des Kometen auf seine Masse ausüben muß.

b) Die nach der Fortschreitungsrichtung hin gelegene Seite des Schweifes vieler Kometen zeigt, namentlich wenn sie sich in der Nähe der Sonne befinden, eine größere Lichtstärke als die übrigen Teile des Schweifes, was auf eine Verdichtung der Materie dieser Seite infolge des Widerstandes des Äthers schließen läßt.

c) Die nach der Sonne hin gerichteten Ausströmungen der Kometen behalten ihre Richtung nur eine kurze Strecke bei, dann beugen sie sich nach rückwärts, gleich als wenn sie in ihrer Bewegung auf einen Widerstand träfen.

d) Der Bielasche Komet hat sich vor den Augen seiner Beobachter geteilt. Wodurch könnte eine Teilung leichter erklärt werden, als durch die Annahme einer in die Masse des Kometen eindringenden, widerstehenden, sie auseinander reißenden Materie? Der Vorgang einer Teilung hat schon öfters stattgefunden, da mehrere Kometen beobachtet worden sind, welche fast in derselben Bahn laufen.[1])

e) Daß in der Sonnennähe die Hauptschweife der Kometen von der Sonne abgekehrt sind, erklärt man aus der Wirkung zurückstoßender, von der Sonne ausgehender Kräfte. Als der Träger dieser Kräfte aber muß der Äther angesehen werden. Ein in besonderer Weise bewegter Äther vermag also die auffälligsten Erscheinungen solcher Art, wie wir sie betrachten, hervorzurufen.

f) Barnard weist darauf hin (Astrophys. Journ., Band 22, Nov.), daß die Richtung und Form der Kometenschweife nicht allein durch abstoßende Kräfte, die in der Sonne und im Kometenkerne ihren Sitz haben, erklärt werden könne, sondern daß in mehreren Fällen die vielfach festgestellten Verdrehungen und Ablenkungen der Schweife auf äußere Einflüsse zurückzuführen seien. Diese unberechenbaren Einflüsse scheinen nach ihm in einer Art Widerstand von fein, aber nicht gleichmäßig im Raume verteilter Materie, etwa von Meteormassen oder anderen uns unbekannten Stoffen, zu bestehen. Er macht den Widerstand mit Hülfe zweier Photographien deutlich, die von dem Kometen 1893 IV an zwei aufeinanderfolgenden Tagen hergestellt wurden. Indem er die auf den Platten sicht-

[1]) Kreutz nimmt zur Erklärung der Teilung eines Kometen eine in der Richtung der Tangente auf denselben wirkende Kraft, also einen Widerstand des Mittels an (Untersuchungen über das Kometensystem 1843 I, 1880 I und 1882 II). Bei dem Kometen 281 berechnet er für den ungeteilten Kern eine Umlaufszeit von 1497 Jahren und für die 4 entstehenden Teilkerne Umlaufszeiten von 666—967 Jahren. Die die Teilung verursachende Kraft verkürzte hiernach die Bahndimensionen fast um die Hälfte.

baren Fixsterne zur Deckung bringt, bemerkt er, daß die beiden um den Betrag einer 24stündigen Bewegung verschobenen Kometenschweife nicht parallel laufen, sondern sich am Ende kreuzen. Hieraus schließt B., daß nicht alle das Schweifende bildenden Stoffe die Bewegung des Kometen mitgemacht haben, sondern durch eine Art Widerstand gehemmt worden sind. Eine ganz ähnliche Bewegung der Schweifmaterie hat Pickering an dem Kometen 1892 I nachgewiesen (Astron. Nachr. No. 4081). — Die angeführten Tatsachen dienen uns als Argument für unsere, den Widerstand des Äthers betreffende Annahme. Daß nicht alle Kometen den genannten Einfluß erkennen lassen, liegt an der Verschiedenartigkeit der Schweifmaterie und an der mehr oder weniger beträchtlichen Repulsivkraft des Kometenkernes. Die Unregelmäßigkeit der Einwirkungen aber erklären wir nicht wie B. durch eine ungleichmäßige Verteilung der störenden Materie, sondern durch wirbelartige Strömungen im Innern der durchlaufenen Äthermassen, welche durch die hindurcheilenden Planeten oder vielleicht auch durch den Kometen selbst hervorgerufen worden sind.

Hiermit halten wir unsere Annahme eines widerstehenden Einflusses des Äthers für genugsam gerechtfertigt.

Vergleichende Ausdrucksweise. Übrigens ist es auffällig, wie oft man, um gewisse bei Kometen auftretende Erscheinungen zu erklären, das widerstehende Mittel zur Vergleichung heranzieht. Z. B. sagt Bessel (Astron. Nachr. No. 300, 1836): „Der Kern des Kometen und seine Ausströmung gewährten das Ansehen einer brennenden Rakete, deren Schweif durch Zugwind seitwärts abgelenkt wird“; Struve (Astron. Nachr. No. 303, 1836): „Es schien, als wenn ein Feuerstrahl vom Kern aus, wie von einem Geschütz oder einer Rakete, hervorgetrieben wurde und als wenn die Funken nachher von einem heftigen Winde zurückgebogen waren“; Barnard (San Francisco Examiner, 1894): „Der Schweif (des Kometen Brooks) hatte das Aussehen einer Fackel, welche unregelmäßig vom Winde bewegt wird“ usw.[1]) — Es ist sonderbar, daß man sich so lange und so hartnäckig der Belehrung, welche die Anschauung unmittelbar darbietet, hat verschließen können.

Grundloses Bedenken. Daß es vielen widerstrebt, dem Äther einen widerstehenden Einfluß zuzuschreiben, hat vielleicht darin seinen Grund, daß man glaubt, ihm als einem Imponderabile nicht die Eigenschaften aller übrigen Materien beilegen zu dürfen. Aber mit der Einsicht, daß der Äther eine gewisse Dichte besitzt, die es erlaubt, ihn mit bekannten Körpern in Vergleichung zu bringen, schwindet jeder Grund, ihm in Beziehung auf seine materiellen Eigenschaften noch fernerhin eine

[1]) Auch Helmholtz sagt einmal, es gebe Kometen, deren große Bahnachse durch den Einfluß eines ihrer Bewegung widerstehenden Mittels im Weltraum fortwährend kleiner werde („Vorlesungen über die Theorie der Wärme“, herausgegeben von Fr. Richarz; Leipzig 1903, S. 252).

Sonderstellung einzuräumen. Hat der Äther eine Dichte und eine Masse, so folgt mit Notwendigkeit, daß er auf andere durch ihn sich hindurchbewegende Körper einen Widerstand ausüben muß. In neuerer Zeit erheben sich auch Stimmen, welche dem Äther die Sonderstellung unter den übrigen Materien streitig machen. Z. B. legt Zehnder („Die Mechanik des Weltalls", Freiburg 1897) dem Äther sämtliche allgemeinen Eigenschaften der wägbaren Materie bei und versucht nachzuweisen, daß die physikalischen Vorgänge mit seiner Theorie keineswegs im Widerspruche stehen, sondern sich sogar in „wunderbarer Harmonie" aus derselben herleiten. Wer jedoch immer noch Bedenken haben sollte, mit uns den Äther als widerstehendes Mittel zu betrachten, der könnte überall dort, wo bei der Darstellung der Umbildung des Urnebels zu den Planeten und der Sonne von einem widerstehenden Einflusse des Äthers die Rede ist, an die Stelle desselben die fein verteilte Materie setzen, welche sich zwischen den Windungen des Nebels ausbreitet, da angenommen werden darf, daß sie sich langsamer bewegte als die großen kompakten Nebelmassen, und infolge davon auf diese einen Widerstand ausüben mußten; ferner könnte er bei der Darstellung der weiteren Entwicklung des Planetensystems den auf die ausgebildeten Planeten wirkenden Widerstand auf eine „interplanetarische Atmosphäre" zurückführen, von der schon mehrfach die Rede gewesen ist,[1]) und unsere den Äther betreffenden Erörterungen auf jene Atmosphäre beziehen.

§ 13. Die Art der Bewegung der Sonne in Hinsicht auf den Äther.

Ruhender oder bewegter Äther. Für unsere ferneren Untersuchungen ist es von einigem Interesse, festzustellen, in welcher Weise die translatorische Bewegung unseres Sonnensystems vor sich geht. Bewegt sich der Äther mit ihm fort oder durcheilt unsere Sonne ruhenden Äther? Da die Experimente, welche zur Entscheidung dieser Frage angestellt worden sind, zu keinem Ergebnisse geführt haben, so wollen wir versuchen, durch eine auf besondere Erfahrungstatsachen gestützte Überlegung zum Ziele zu gelangen. Die Kometen werden uns den gewünschten Anknüpfungspunkt geben.

Ursprung der Kometen. Schon seit langer Zeit hat man sich darüber gestritten, ob die Kometen unserem Sonnensystem ursprünglich angehören oder ob sie aus dem Weltraume in dasselbe eingedrungen sind. Diejenigen, welche die erste Ansicht verfechten, unterscheiden sich wieder darin, daß die einen, auf Kant sich stützend, die Kometen für ebenso alt

---

[1]) Cook, „Das Entweichen von Gasen aus den Planetenatmosphären", Astrophysical Journal 11, 1900. — Rogovsky, „Die Temperatur und Zusammensetzung der Atmosphären der Sonne und der Planeten", Astrophysical Journal 14, 1900. — Bryan, Kritik der Arbeit von Rogovsky, Nat. 66, 1902.

erklären wie die Planeten, die andern sie aber für Produkte intensiver vulkanischer Tätigkeit auf der Sonne oder den Planeten hält. Zu der zweiten Ansicht, daß die Kometen unserem Sonnensysteme nicht eigentümlich angehören, bekennt sich Laplace.

Vulkanischer Ursprung. Die Annahme, daß die Kometen vulkanische Produkte der Sonne oder der Planeten seien (eine Annahme, die in neuerer Zeit wieder Anhänger zu gewinnen scheint), ist im höchsten Grade unwahrscheinlich.[1]) Wir haben gar kein Beispiel einer so ungemein gesteigerten vulkanischen Tätigkeit, daß Stoffe völlig aus der Anziehungssphäre eines zu unserem Sonnensystem gehörenden Weltkörpers hinausgeschleudert werden könnten. Abgesehen von dem Widerstande der Luft müßte die Eruptionsgeschwindigkeit bei der Erde z. B. 11 km $\sec^{-1}$ betragen; solche Geschwindigkeiten kommen aber niemals vor. Die beim Ausbruche des Krakatau emporsteigende Aschenwolke erhob sich nur bis zu einer Höhe von 30 km; dies ist die größte Höhe, welche bei Eruptionen auf der Erde beobachtet worden ist. Bei der Sonne müßten die emporgeschleuderten Massen, wenn man keine Rücksicht auf den Widerstand der Sonnenatmosphäre nimmt, eine Anfangsgeschwindigkeit von mehr als 600 km $\sec^{-1}$ besitzen, wenn sie nicht auf die Sonne zurückstürzen sollten. Außerdem müßte man im letzten Falle noch annehmen, daß die Eruptionsmasse in die Nähe eines Planeten gelangte und daß die störende Einwirkung desselben die Periheldistanz der Kometenbahn bedeutend vergrößerte; ohne die Einwirkung eines Planeten würde die emporgeschleuderte Masse immer wieder auf die Sonne zurücksinken. Endlich bleibt auch die fast immer sehr genau parabolische Bahn durch die genannte Hypothese völlig unerklärt. Es müßten viel mehr ausgeprägt elliptische als parabolische Kometen vorhanden sein; denn die Parabel ist ein bloßer Grenzfall der Ellipse.

Reste der rotierenden Urmasse. Wer glaubt, daß die Kometen unserem Sonnensysteme von Anfang an angehört haben,[2]) muß, wenn er die Laplacesche Vorstellung zugrunde legt, annehmen, daß sie sich zu einer bestimmten Zeit von der großen Zentralgasmasse abgetrennt haben; sie können sich nicht schon immer an dem Orte befunden haben, wo sie sich jetzt bewegen, da einstmals die Zentralmasse diesen Ort ausfüllte. Haben sie sich, ähnlich wie die Planeten, nacheinander von derselben losgelöst? Wer dies annimmt, muß behaupten, daß sie sich zu einer Zeit bildeten, wo die Zentralmasse den Radius der jetzigen Sonnennähe der Kometen besaß. Denn wenn der Radius der Zentralmasse größer gewesen wäre, so hätten sie für ihre Bewegung keinen Raum gehabt; ihre ellipsenförmige Bahn würde sie in den Zentralkörper zurückgeführt haben. Die

---

[1]) Man vergleiche jedoch § 20.

[2]) Dagegen spricht besonders auch die geringe Beständigkeit mancher beobachteter Kometen, z. B. des Bielaschen und des Brorsenschen Kometen.

Abweichungen der Bahnen von der Kreisform würden sich, wenigstens bei den Kometen, die zu einer Zeit entstanden, als die Zentralmasse sich noch in gasförmigem Zustande befand, leicht als Folge einer den Kometen als ursprünglichen Eruptionsmassen anhaftenden Eruptionsgeschwindigkeit erklären (siehe § 17), wenn man zu gleicher Zeit Störungen der Kometenbahnen durch die Planeten annähme. Aber Störungen der angegebenen Art konnten nur bei anfänglich geringen Neigungen der Kometenbahnen vorkommen. Es würde also die Entstehung der Kometen mit großen Bahnneigungen, die keinem Planeten nahe kommen, unerklärt bleiben. — Wenn die Kantische Theorie richtig wäre, so dürfte es gar keine Kometen geben, deren Sonnennähe innerhalb der Neptunsbahn läge. Denn alle Kometen, welche sich der Sonne mehr als auf Neptunsweite nähern, hätten allmählich ihre Bahnen in den „Plan der Beziehung" hinein verlegen müssen. Kanten ist es sonderbarerweise nicht zum Bewußtsein gekommen, daß das Vorhandensein sämtlicher Kometen, deren Bahnen, projiziert auf die Ebene der Planetenbahnen, diese durchschneiden, nach seiner Theorie völlig unerklärlich ist.

Auch aus den letzten Ausläufern des von uns angenommenen Urnebels können die Kometen nicht entstanden sein. Denn im Anfange der Entwicklung des Sonnensystems fanden sie noch gar nicht den Raum für ihre Bewegung, da alles von der ungeheuren Nebelmasse ausgefüllt wurde. Ist doch die Sonnennähe einiger Kometen kaum größer als der heutige Radius der Sonne gefunden worden! Die Kometen könnten also erst mit der Zeit ihre gegenwärtige Bahn angenommen haben. Wenn ihre Bewegung nicht durch die Zentralmasse aufgehalten werden sollte, so mußten ihre Bahnen früher einem Kreise ähnlicher sein als heute. Es hätte mithin im Laufe der Entwicklung eine Vergrößerung der Exzentrizität eintreten müssen. Dies kann aber weder den Planeten, noch einem widerstehenden Mittel zur Last gelegt werden. Es ist daher auch die Annahme, daß die Kometen sich aus den letzten Ausläufern des Urnebels gebildet hätten, unrichtig.

Ursprung aus dem Weltraum. Widerstand des Äthers. Es bleibt nur die Möglichkeit, daß die Kometen, was sich übrigens von denen mit hyperbolischen Bahnen von selbst versteht, aus dem Weltraume in unser Sonnensystem eindringen. Ihre in den meisten Fällen fast genau parabolische Bahn ist nur dadurch zu erklären, daß sie ungefähr mit derselben Geschwindigkeit im Weltraume fortschreiten, wie unser Sonnensystem; eine merkliche Abweichung müßte unausbleiblich zu ausgeprägt hyperbolischen Bahnen führen. Da der Komet, nach der Umkreisung der Sonne, in ungemessene Weiten sich entfernt, so ist es möglich, daß er in die Nähe eines anderen Weltkörpers gelangt und, von ihm angezogen, gezwungen wird, eine Bahn um denselben zu beschreiben. Nun hat uns die Spektralanalyse gezeigt, daß die Sterne sich mit verschiedenen Geschwindigkeiten im Raume fortbewegen. Wenn der Äther keinen Einfluß auf die Bewegung der Kometen hätte, so müßten also alle Kometen, welche sich unserer Sonne nähern, wenn sie schon einmal in die Nähe eines anderen Weltkörpers gekommen sind und seine Sphäre wieder verlassen haben, ausnahmslos Hyperbeln beschreiben. Da dies nicht der Fall ist, da die Bahnen fast aller Kometen von der Parabel nur wenig abweichen, so werden wir zu der Annahme gedrängt, daß die Äthermassen, welche ein Komet durcheilt, wenn er sich von einem fremden Weltkörper entfernt, seine Geschwindigkeit in der Weise modifizieren, daß er, sobald er in die Nähe der Sonne kommt, ungefähr dieselbe translatorische Geschwindigkeit besitzt wie diese, also in Beziehung auf sie ruht. Das letzte aber ist gar nicht anders zu erklären als durch die Annahme, daß der Äther mit der Sonne fortschreitet, daß er einen Widerstand auf die Kometenmasse ausübt und dadurch jede eigene Bewegung derselben allmählich aufhebt. Wenn die sehr verbreitete Annahme, daß sich die meisten Kometen der Hauptsache nach aus festen Meteorteilchen zusammensetzen, richtig ist, so geht aus dem soeben Gesagten in Verbindung mit den Ergebnissen des Abschnittes 7, § 12 hervor, daß die Masse der einzelnen Teilchen sehr gering sein muß. Größere Massen würden beim Durcheilen des Äthers ihre hyperbolische Geschwindigkeit nicht vollkommen einbüßen; die Kometen müßten sich also in ausgeprägt hyperbolischen Bahnen um die Sonne bewegen.

Durch die gegebenen Auseinandersetzungen erhält unsere, den widerstehenden Einfluß des Äthers betreffende Grundvoraussetzung eine neue Stütze. Denn nachdem wir eingesehen hatten, daß sich eine ganze Reihe von Unmöglichkeiten und Widersprüchen ergeben, wenn man die Kometen für Weltkörper erklärt, welche unserem Sonnensysteme eigentümlich angehören, und uns also nichts anderes übrig blieb, als sie für fremde Eindringlinge auszugeben, wurden wir fast mit Notwendigkeit zu der Annahme eines widerstehenden Einflusses des Äthers geführt. Diese Annahme wird dadurch noch wahrscheinlicher, daß die Exzentrizität gewöhnlich nicht genau gleich 1 oder um ein geringes größer als 1, sondern meistens etwas kleiner als 1 gefunden worden ist. Hieraus ist nämlich zu ersehen, daß der Widerstand des Äthers schon während eines einzigen Umlaufes die Exzentrizität in merklicher Weise zu verkleinern vermag. Es darf aber nicht geschlossen werden, daß die Kometen, deren Exzentrizität etwas kleiner ist als 1, gezwungen werden, von nun an in unserem Sonnensysteme zu bleiben. In der Sonnenferne wird die geringe, oft nur wenige Meter betragende, durch die berechnete elliptische Bahn ihnen zugewiesene Geschwindigkeit durch den Widerstand des Äthers sehr leicht wieder ganz erstickt, vielleicht auch durch die Geschwindigkeit der Sonne, die sie in Beziehung auf den Äther immerhin noch besitzen mag, bei weitem übertroffen, so daß ihre Entfernung von der Sonne beständig zunimmt. Die wenigen periodischen Kometen sind wohl größtenteils durch die störenden Einwirkungen der Planeten in unserem Sonnensysteme festgehalten worden.

Der Widerstand des Äthers hat die Exzentrizität und die große Achse ihrer Bahnen allmählich verkleinert.

Es soll noch auf einige andere Umstände hingewiesen werden, welche es sehr wahrscheinlich machen, daß die Sonne in Beziehung auf den umgebenden Äther näherungsweise als ruhend zu betrachten ist. Es wurde bereits darauf aufmerksam gemacht (§ 12, Abschnitt 8), daß die vorauseilende Seite des Schweifes vieler Kometen einen helleren Glanz zeige als die übrigen Teile, und daß diese Erscheinung durch den Widerstand des Äthers zu erklären sei. Wenn sich die Sonne nun mit der für sie berechneten translatorischen Geschwindigkeit von 20 $\mathrm{km\,sec^{-1}}$ durch den Äther hindurchbewegte, so würden die Kometen, welche sich der Sonne in derselben Richtung, wie sie im Raume fortschreitet, nähern, beim Hingange zur Sonne einen viel größeren Ätherdruck erleiden als beim Rückgange. Folglich müßte auch der Glanz beim Hingange heller sein als beim Rückgange. Da ein Komet mit parabolischer Bahn während seines Durchganges durch das Perihel die 1,414 fache Geschwindigkeit eines Planeten besitzt, dessen Entfernung von der Sonne gleich der Periheldistanz des Kometen ist, so müßten ferner alle Kometen (der oben angegebenen Art), deren Perihel jenseits der Jupitersbahn liegt, beim Rückgange einen größeren Glanz auf der nachfolgenden Seite des Schweifes zeigen, weil sie sich nicht so schnell von der Sonne entfernen, wie diese im Äther fortschreitet. Bei den Kometen, deren Perihel innerhalb der Jupitersbahn liegt, müßte während des Rückganges von der Sonne der hellere Glanz anfangs auf der vorauseilenden, jenseits der Jupitersbahn aber auf der nachfolgenden Seite des Schweifes hervortreten. Das Umgekehrte würde für diejenigen Kometen gelten, welche aus der Richtung kommen, nach welcher die Sonne fortschreitet. Ein hellerer Glanz auf der Rückseite des Schweifes als auf der Vorderseite ist aber gewiß noch nicht beobachtet worden. — Wenn es ferner richtig ist, daß der Ätherdruck die Gasmasse des Kometen zusammenpreßt, so müßte bei den zuerst genannten Kometen sogleich nach dem Durchgange durchs Perihel eine plötzliche Vergrößerung ihres Volumens, bei den zuletzt genannten eine plötzliche Verkleinerung desselben eintreten. Auch dies ist nicht beobachtet worden.

Ätherwirbel. Wir dürfen annehmen, daß auch die übrigen Sterne des Sternhaufens, zu dem unsere Sonne gehört,[1]) sich gegen den Äther in ähnlicher Weise verhalten wie unsere Sonne, d. h. in Beziehung auf ihn fast als ruhend betrachtet werden können. Denn es ist kein Grund anzugeben, weshalb unser Sonnensystem den besonderen und einzigen Vorzug haben sollte, daß der Äther sich mit ihm fortbewegte. Es ist sehr

[1]) Nach Untersuchungen von Kapteyn gehört unsere Sonne zu einem Sternhaufen, der ungefähr 400 Sterne umfaßt und sich der Sternenwelt der Milchstraße als Teilsystem einordnet. Der Sternhaufen hat die Gestalt einer Linse, deren Ebene ungefähr 20^0 gegen die Ebene der Milchstraße geneigt ist. In seinem Innern stehen die Sterne verdichtet; unsere Sonne befindet sich in der Nähe des Zentrums.

wahrscheinlich, daß die Sterne unseres Sternhaufens eine gleichsinnige Bewegung besitzen und Bahnen beschreiben, welche von Kreisen nur wenig abweichen. Legen wir dem Äther innerhalb des Sternhaufens eine Rotationsbewegung bei, deren Geschwindigkeit ungefähr der Geschwindigkeit des Weltkörpers, in dessen Nähe er sich befindet, entspricht, so erscheint die etwas paradox klingende Behauptung, der Äther bewege sich mit der Sonne fort, um vieles glaubwürdiger als vorher (siehe § 25).

Kritische Erörterung. Trotz aller angeführten Gründe dürfte nicht jeder unserer Folgerung, daß die Kometen unserem Sonnensystem fremd seien und aus dem Weltraum in dasselbe eindringen, beistimmen. Obgleich er sich den Gründen nicht verschließt, könnte mancher, was die Folgerung angeht, es lieber bei einem *non liquet* bewenden lassen, als sich der vorgetragenen Meinung anzuschließen, da ihr mehrere Bedenken entgegenstehen. Erstens erscheint die Annahme, daß die Sterne unseres Sternhaufens trotz der ihnen zukommenden sehr verschiedenen absoluten Geschwindigkeiten in dem umgebenden Äther ruhen, als ziemlich gewagt. Denn wenn die Sterne auch nur wenig im Äther fortschreiten würden, so müßten die Kometen, falls sie in großer Entfernung von einem anziehenden Weltkörper durch den Widerstand des Äthers in diesem zur Ruhe kämen, deutlich hyperbolische Bahnen um die Sonne beschreiben. Um die parabolischen Bahnen der in unser Sonnensystem eindringenden Kometen zu erklären, würde man also gezwungen sein, wenigstens bei unserer Sonne eine äußerst geringe relative Geschwindigkeit in Beziehung auf den umgebenden Äther anzunehmen. Dies wäre aber ein wenig befriedigendes Postulat. — Daß Kometen noch nicht einen größeren Glanz auf der Rückseite als auf der Vorderseite des Schweifes gezeigt haben, erklärt sich ferner einfach durch die Tatsache, daß noch keiner entdeckt worden ist, dessen Perihel jenseits der Jupitersbahn läge. Die Perihelien der meisten Kometen liegen innerhalb der Marsbahn; nur ein einziger (der Komet von 1729) besaß ein Perihel von 4 Erdweiten. Daß man in der Nähe des Perihels keine schnelle Vergrößerung oder Verkleinerung des Kometenkopfes wahrgenommen hat, läßt sich endlich dadurch erklären, daß die Kometen in der Sonnennähe nur schwer zu verfolgen sind, und dadurch, daß sie meistens nur in einer Bahnhälfte, entweder beim Hingange zum oder beim Rückgange vom Perihel beobachtet werden können.

Wir verschließen uns diesen Gegengründen keineswegs. Aber wenn man unserer obigen Argumentation nicht beistimmt, so bleibt nichts anderes übrig, als einzugestehen, daß der Ursprung der Kometen, da sie weder aus dem Urnebel noch aus dem Weltraum stammen können, noch gänzlich in Dunkel gehüllt ist, und dies um so mehr, als einige Kometen, allen kritischen Erwägungen zum Trotz, doch auf einen Ursprung aus dem Weltraum hinweisen, da sie sich in schwach hyperbolischen Bahnen bewegen. Wir rechnen nicht darauf, jeden Leser für unsere Beweisführung, deren hypothetischen Charakter wir nach allem Gesagten nicht bestreiten können, zu gewinnen; es ist auch keineswegs nötig, daß man uns beistimme. Die Erörterungen dieses Paragraphen besitzen für unsere Theorie eine nur nebensächliche Bedeutung; sie haben nicht einmal den Zweck, eine definitive Antwort auf die Frage nach dem Ursprunge der Kometen zu geben, sondern sollen nur für unsere späteren, den Widerstand des Äthers betreffenden Rechnungen eine Grundlage schaffen. Die Tatsachen, zu deren Erklärung der Widerstand herangezogen wird (Sinken nach dem Anziehungszentrum, Verkleinerung der Exzentrizität, Entstehung der Rotationsbewegung) bedürfen jedoch jener Rechnungen keineswegs, sondern erklären sich auch unter der Annahme nicht relativ ruhenden Äthers. — Im § 20 werden wir den Versuch machen, für die Entstehung der Kometen noch eine neue Erklärung zu geben.

§ 14. Die Temperatur des Weltraums.

Rechtfertigung der Annahme. In mehrfacher Beziehung ist es für uns von Interesse, eine einigermaßen zuverlässige Bestimmung der Temperatur des Weltraums zu gewinnen. Für unsere Theorie hat sie zwar, ebenso wie die im vorigen Paragraph ausgeführte Bestimmung der relativen Bewegung der Sonne und des Äthers, eine nur nebensächliche Bedeutung; aber ohne dieselbe müßten wir doch auf einige Resultate verzichten, die nicht gänzlich bedeutungslos und außerdem auch geeignet sind, uns einen Einblick in kosmische Verhältnisse zu geben, die sich wohl schwerlich auf andere Weise bestimmen lassen.

Die von Einzelnen ausgesprochene Behauptung, der Weltraum habe überhaupt keine Temperatur, kann hier unberücksichtigt bleiben. Wenn es auch sehr wahrscheinlich ist, daß die Körperwärme als Molekularbewegung zu erklären sei, so berechtigt doch nichts dazu, einem Raume, der von der gewöhnlichen ponderablen Materie frei ist, die Temperatur abzusprechen. Als Träger der Wärmestrahlung nimmt man z. B. ohne weiteres den Äther an; weshalb soll es dann nicht erlaubt sein, von einer Temperatur desselben zu sprechen? Als Temperatur des Weltraums definieren wir diejenige, welche ein von jeder Wärmequelle abgesperrter Körper in demselben annehmen würde.

Temperatur 0^0 absolut. Höhe der Atmosphäre der Erde. Von manchen Physikern und Meteorologen wird angenommen, daß die Temperatur des Weltraumes 0^0 absolut betrage. Da in diesem Falle den an der Grenze der Atmosphäre befindlichen Teilchen keine eigene Bewegung mehr zukommt, so müssen sie infolge ihrer Schwere, nachdem sie vielleicht vorher durch gegenseitige Gravitationswirkungen zueinander getrieben worden sind, zu eisartigen Kristallen vereinigt, nach unten sinken. Befindet sich die ganze Atmosphäre in stabilem Gleichgewicht, so gilt dasselbe von den Teilchen der unter der Grenzschicht lagernden Luftschicht. Nachdem sie ihre geringe Wärme in den Weltraum ausgestrahlt haben, sinken die Teilchen, der Schwere folgend, nach unten. Beim stabilen Gleichgewichtszustande kann nun keine Erneuerung der Grenzschichten stattfinden, weil, abgesehen von einer kleinen, durch die Druckverminderung veranlaßten Ausdehnung der an die Grenze rückenden Luftschicht, der stabile Zustand eine Verschiebung der Luftmasse in der Richtung von unten nach oben nicht gestattet. Der Verlust an potentieller Energie, den die nach unten sinkenden Teilchen erleiden, wird allerdings durch einen Gewinn an Wärmeenergie wieder ausgeglichen und als solche an die umliegenden Schichten abgegeben; aber die fortschreitende Ausstrahlung an der Grenze der Atmosphäre läßt doch die Wärmeenergie der äußersten Atmosphärenschichten allmählich verschwinden, und langsam, aber beständig muß demnach, unter der Voraussetzung, daß die durch Wärmeleitung von unten her erfolgende Zuführung von Wärme langsamer erfolgt als die Wärmeausstrahlung an der Grenze der Atmosphäre, die Höhe der Atmosphäre sich verringern. Erst wenn die Höhe der Atmosphäre so weit abgenommen hat, daß die unteren warmen Luftschichten durch Konvektion ihre Wärme an die oberen abgeben können, wird eine weitere Verkleinerung derselben nicht mehr möglich sein, da an die Stelle der herabsinkenden äußeren Schichten sogleich neue treten. Also erst bei beginnendem labilen Gleichgewichtszustande würde sich, immer vorausgesetzt, daß die Temperatur des Weltraumes 0^0 absolut beträgt, die Höhe der Atmosphäre nicht mehr verringern. Hiernach würde sich die Höhe der Atmosphäre berechnen lassen, wenn man für ihre Schichten den Grenzfall zwischen stabilem und labilem, d. h. den indifferenten Gleichgewichtszustand annähme. Bei indifferentem oder adiabatischem Gleichgewichte besitzt eine aufsteigende Luftmasse an jeder Stelle genau die Temperatur ihrer Umgebung; die beim Aufsteigen gegen die Schwerkraft geleistete Arbeit ist dem Verluste an Wärmeenergie, den die Luftmasse dadurch erleidet, daß ihre Dichte sich verringert, äquivalent. Bedeutet c_p die spezifische Wärme der Luft bei konstantem Druck, h die Entfernung eines Punktes von der Erdoberfläche, ϑ die absolute Temperatur daselbst, ϑ_0 die Temperatur an der Erdoberfläche und A das mechanische Äquivalent der Wärme, so besteht also bei indifferentem Gleichgewichtszustande die Beziehung:

$$1 \text{ kg} \,.\, h = A\, c_p\, (\vartheta_0 - \vartheta).$$

Die ganze Höhe H der Atmosphäre ergibt sich demnach aus der Gleichung:

$$H = A\, c_p\, \vartheta_0.$$

Nun ist $A = 427$ mkg; für atmosphärische Luft ist $c_p = 0{,}2375$. Setzt man $\vartheta_0 = 273^0$, so erhält man:

$$H = 427 \,.\, 0{,}2375 \,.\, 273 \text{ m} = 27\,685 \text{ m}.$$

Hiernach dürfte die Höhe der Atmosphäre noch nicht 28 km betragen.

Korrektion des Rechnungsresultats. Wasserstoff-Atmosphäre. Bei unserer Rechnung ist auf die Störungen, welche die ungleiche Erwärmung der Erdoberfläche durch die Sonne in den unteren Schichten der Atmosphäre mit sich bringt, keine Rücksicht genommen worden. Auch der Gehalt der Atmosphäre an Wasserdampf, der infolge teilweiser Kondensation bei einer Aufwärtsbewegung der Luftmasse der Temperaturerniedrigung entgegenwirkt, ist nicht beachtet worden. Die Berücksichtigung des Wasserdampfgehaltes hat auf die berechnete Höhe der Atmosphäre einen sehr geringen Einfluß. Unter der Voraussetzung, daß die Atmosphäre mit Wasserdampf gesättigt sei, ergibt sich ihre Höhe nur um 1200 m größer, als oben angegeben ist (Ritter, Annalen der Physik und Chemie, 1878, Band V). Etwas bedeutender ist die Korrektion, welche durch die Gleichgewichtsstörungen der unteren Atmosphärenschichten erforderlich wird. L. Teisserenc de Bort bestimmte mit Hülfe kleiner Registrierballons, daß die Jahresisotherme von -25^0 ungefähr in 5 km, die von -40^0 in 8 km und die von -50^0 in 10 km Höhe liege. Hieraus ergibt sich, daß in den unteren Atmosphärenschichten erst bei je 200 m Höhendifferenz die Temperatur sich um 1^0 erniedrigt, während bei adiabatischem Gleichgewichtszustande schon bei einem Intervall von 101,5 m die Temperatur um 1^0 sinken würde. Die Temperaturen, welche einzelne Ballons in noch größeren Höhen anzeigten, lassen erkennen, daß derselbe Temperaturgradient noch bis 20 km Höhe vorherrschend ist. Nehmen wir an, daß sich die störenden Einflüsse der ungleichen Erwärmung der Erdoberfläche bis 30 km Höhe, einem ohne Zweifel zu groß angenommenen Werte, bemerkbar machen und bis zu dieser Höhe das angegebene Gesetz der Temperaturerniedrigung herrscht, so beträgt die Temperatur in 30 km Höhe -150^0. Befindet sich der übrige Teil der Atmosphäre im adiabatischen Gleichgewichte, so ergibt sich aus der Gleichung:

$$h = 427 \,.\, 0{,}2375 \,.\, 123 \text{ m}$$

für seine Höhe der Wert $12^1/_2$ km. Hiernach würde sich die Höhe der Atmosphäre zu etwas mehr als 42 km berechnen. Aus Beobachtungen über die Höhe des Aufleuchtens von Sternschnuppen folgt aber, daß die Höhe der Atmosphäre fast das zehnfache des zuletzt angegebenen Wertes betragen muß. Man könnte nun den Widerspruch dadurch zu heben suchen, daß man die Annahme machte, in den höheren Schichten ändere sich die Zusammensetzung der Atmosphäre. Es ist auch keineswegs unmöglich, daß besonders Wasserstoff und Helium, die in den unteren Schichten nur in sehr geringen Mengen vorhanden sind, in den oberen Schichten mehr und mehr vorherrschend werden und endlich allein noch die Atmosphäre bilden.[1]) In einigen Meteorsteinen hat man Spuren von Wasserstoffgas eingeschlossen gefunden. Es wäre denkbar, daß

[1]) Nach der kinetischen Theorie der Gase ist die Annahme einer irdischen Wasserstoffatmosphäre allerdings nicht erlaubt. Aber wir wollen hier die Anschauungen und Folgerungen dieser Theorie unberücksichtigt lassen und dürfen dies um so eher wagen, als alle einsichtsvollen Physiker sie fast immer nur mit einer reservatio mentalis anerkennen und ihren problematischen Charakter überall nachdrücklich betonen.

die Meteore beim Durcheilen der höheren Schichten der Atmosphäre das Gas aufgenommen haben, indem die durch die Glut flüssig werdende Oberflächenschicht geringe Mengen der vor ihr befindlichen komprimierten Luftmasse in Hohlräumen einschloß. Wir wollen daher untersuchen, ob die Annahme, daß die oberen Atmosphärenschichten aus Wasserstoff bestehen, zu einem Höhenwerte führt, der sich dem aus Sternschnuppenbeobachtungen geschlossenen Werte nähert.

Temperatur über 0° absolut. Kein adiabatisches Gleichgewicht. Neue Annahme. Durch Registrierballons ist festgestellt, daß auch in der größten von ihnen erreichten Höhe, die ungefähr 18 km beträgt, die Luft dieselbe Zusammensetzung hat wie in den der Oberfläche benachbarten Schichten. Nehmen wir an, die untere Grenze der Wasserstoffatmosphäre liege in 20 km Höhe, so wird demnach dieser Wert zu niedrig gewählt sein. Da bis 14 km Höhe die Temperatur sich bei je 200 m Höhendifferenz durchschnittlich um 1° erniedrigt, so dürfen wir schließen, daß auch in der folgenden 6 km dicken Luftschicht noch keine wesentliche Abweichung von diesem Gesetze vorhanden sein wird. Die Temperatur in 20 km Höhe berechnet sich dann zu ungefähr — 100°. Da die spezifische Wärme des Wasserstoffs 3,41 beträgt, so erhält man für die Höhe der Wasserstoffatmosphäre aus der Gleichung:

$$h = 427 \,.\, 3{,}41\,(273 - 100)\ \mathrm{m}$$

den Wert 252 km. Die ganze Höhe der Atmosphäre würde hiernach 272 km betragen. Selbst wenn man die Temperatur am Grunde der Wasserstoffatmosphäre nur zu — 70°, der niedrigsten bis jetzt durch Registrierballons festgestellten Temperatur, annähme, würde sich für sie eine Höhe von nur 295 km und als Gesamthöhe der Atmosphäre demnach 315 km ergeben. Die Sternschnuppenbeobachtungen haben aber gezeigt, daß die Höhe der Atmosphäre wenigstens 320 km beträgt, und daß sogar der Wert von 400 km vielleicht noch nicht zu hoch gewählt ist. Unter der Voraussetzung, daß an der Grenze der Atmosphäre die Temperatur 0° abs. herrsche, würde also nicht einmal eine Wasserstoffatmosphäre bei adiabatischem Gleichgewichtszustande die aus den Sternschnuppenbeobachtungen resultierende Höhe erreichen. Da der adiabatische Gleichgewichtszustand, vielleicht abgesehen von einer dünnen, der Erdoberfläche benachbarten Schicht, sich nach unseren früheren Auseinandersetzungen von selbst herausbildet, wenn die Temperatur des Weltraumes 0° abs. ist,[1]) so erkennen wir, daß die

[1]) Der Wichtigkeit für unsere Aufgabe wegen möge die Richtigkeit der Behauptung, daß der adiabatische Gleichgewichtszustand sich von selbst herausbilde, wenn die Temperatur des Weltraumes 0° abs. betrage, noch einmal kurz hergeleitet werden. Wenn die Wärmezuführung vom Grunde der Atmosphäre her so gering ist, daß durch Wärmeleitung nicht Ersatz für die an der Grenze ausgestrahlte Wärmemenge geschaffen werden kann, so muß die Atmosphäre, solange sie sich im stabilen Gleichgewichte befindet, allmählich bis zu der Höhe

Temperatur des Weltraumes über 0° abs. liegen muß. Wenn sich hieran nicht mehr zweifeln läßt, so ergibt sich von selbst die Berechtigung, Vermutungen über die Temperatur des Weltraums aufzustellen. Mit einiger Wahrscheinlichkeit hat Pouillet sie zu — 142° C., also zu ungefähr 130° abs. geschätzt; andere nehmen einen geringeren Wert, ungefähr — 200° C. an. Wenn sich bei diesen höheren Temperaturen die Atmosphäre über 320 km hoch erheben soll, so muß offenbar die Annahme des adiabatischen Gleichgewichtszustandes aufgegeben werden; denn unter der Voraussetzung des adiabatischen Gleichgewichtszustandes würden sich jetzt noch geringere Höhen ergeben als früher. Außer dieser Folgerung, daß sich die Atmosphäre, abgesehen von der unmittelbar über der Erdoberfläche lagernden Schicht, in stabilem Gleichgewichte befinden muß, lassen sich noch einige andere die Zusammensetzung der oberen Schichten der Atmosphäre betreffende Folgerungen machen. Da schon in 14—16 km Höhe die mittlere Temperatur der Luftschichten — 70° beträgt, so bleibt bis zur Atmosphärengrenze, wenn wir die Temperatur des Weltraumes zu — 140° annehmen, noch eine Temperaturdifferenz von — 70°. Wenn das Gesetz der Temperaturerniedrigung, nach welchem in den unteren Schichten bei einer Höhendifferenz von 200 m die Temperatur um 1° C. sinkt, auch für die oberen Schichten Gültigkeit hätte, so würde sich die gesamte Höhe der Atmosphäre zu nicht mehr als 28 km, oder, wenn die Temperatur des Weltraumes zu — 200° angenommen wird, zu 40 km berechnen. Da die Höhe bedeutend größer ist, so muß in den oberen Schichten die Temperatur viel weniger schnell abnehmen, als in den unteren. Die Atmosphäre kann daher in zwei Hauptteile, einen unteren mit schnellem, und einen oberen mit langsamem Temperaturabfall, eingeteilt werden. Der untere besitze die Höhe H, der obere die Höhe H'; die Temperatur am Grunde des unteren Teiles sei ϑ_0, die am Grunde des oberen ϑ_0'. Wir setzen, wie

---

zusammensinken, die ihr durch den adiabatischen Gleichgewichtszustand bestimmt wird. Die Schichten der Atmosphäre nämlich, die jenseits der angegebenen Höhe liegen, müssen nach und nach ihre gesamte Wärme ausstrahlen, und da weder durch Wärmeleitung, noch durch Wärmekonvektion Ersatz für die verlorene Wärme geschaffen wird, bis auf 0° abs. abgekühlt, zu Kristallen oder Tröpfchen vereinigt, infolge der Schwere sich der Oberfläche nähern. Der durch das Sinken hervorgerufene Verlust an potentieller Energie muß sich allerdings als neue Wärme äußern; aber da auch diese immer wieder ausgestrahlt wird, so folgt, daß die Höhe der Atmosphäre sich stetig verringert, bis sie endlich denjenigen Wert angenommen hat, bei welchem infolge des eintretenden adiabatischen oder auch des labilen Gleichgewichtszustandes die Wärmemenge der unteren Atmosphärenschichten durch Konvektion den oberen Schichten mitgeteilt werden kann. Anders liegen die Verhältnisse dagegen, wenn die Temperatur ϑ des Weltraums über 0° abs. liegt. In diesem Falle kühlt sich die äußerste Schicht der Atmosphäre bis zur Temperatur ϑ ab. Da aber bei einer über 0° abs. liegenden Temperatur die Gase der Atmosphäre nicht ihre gesamte Spannkraft verlieren, so können sie sich vermöge derselben beständig bis zu der ursprünglichen Höhe erhalten.

es beim adiabatischen Gleichgewichte der Fall ist, die Temperaturabnahme der Höhe proportional, schreiben also $\vartheta = \vartheta_0 - \alpha h$ und entsprechend $\vartheta' = \vartheta_0' - \alpha' h'$. Bedeutet δ die auf atmosphärische Luft bei 0^0 C. und 760 mm Druck bezogene Dichte des die Atmosphäre bildenden Gases, λg die früher, S. 43, berechnete Größe $\frac{273\,\delta}{7{,}6\,\vartheta}$ km^{-1} und y die der Höhe h entsprechende Dichte, so besteht die Gleichung:

$$dy = -\lambda g y\, dh = -35\,\delta y \frac{dh}{\vartheta}\ \text{km}^{-1}.$$

Setzt man für ϑ seinen Wert $\vartheta_0 - \alpha h$, schreibt $\mu = 35\,\delta$ km^{-1} und integriert, so folgt:

$$\log \frac{y}{y_0} = \frac{\mu}{\alpha} \log\left(1 - \frac{\alpha h}{\vartheta_0}\right); \quad \alpha = 0{,}005\ \text{m}^{-1}.$$

Ebenso ist:

$$\log \frac{y'}{y_0'} = \frac{\mu'}{\alpha'} \log\left(1 - \frac{\alpha' h'}{\vartheta_0'}\right); \quad \alpha' = \frac{\vartheta_0' - \vartheta_1'}{H'}; \quad \mu' = 35\,\delta'\ \text{km}^{-1}.$$

Hier bedeutet y_0' die Dichte am Grunde der oberen Atmosphärenschicht, ϑ_0' die dort herrschende Temperatur, ϑ_1' die Temperatur des Weltraums. Bezeichnet y_1 die Dichte der äußersten Schicht des den unteren, y_1' die Dichte der entsprechenden Schicht des den oberen Teil der Atmosphäre bildenden Gases, so wird, wenn man $h = H$, $h' = H'$ setzt, $y = y_1$, $y' = y_1'$ und man erhält durch Addition der beiden obigen Gleichungen:

$$\log \frac{y_1 y_1'}{y_0 y_0'} = \frac{\mu}{\alpha} \log\left(1 - \frac{\alpha H}{\vartheta_0}\right) + \frac{\mu'}{\alpha'} \log\left(1 - \frac{\alpha' H'}{\vartheta_0}\right).$$

Für $H = 14$ km und $\vartheta_0 = 273^0$ hat das erste Glied der rechten Seite, wenn man Briggsche Logarithmen nimmt, den Wert $-0{,}9$, und es ist $\vartheta_0' = 203^0$. Besteht auch der obere Teil der Atmosphäre aus atmosphärischer Luft, so wird $\mu' = \mu = 35$ km^{-1} und $y_1 = y_0'$. Setzt man $H' = 300$ km, so erhält man, da ϑ_1', die Temperatur des Weltraumes, zu 133^0 abs. angenommen wurde, für das zweite Glied der rechten Seite den Wert $-27{,}55$; folglich ist:

$$\log \frac{y_1'}{y_0} = -28{,}45.$$

Da y_0 das $1{,}293 \,.\, 10^{-3}$fache der Dichte des Wassers beträgt, so berechnet sich hiernach die Dichte y_1' der Atmosphäre in 314 km Höhe zu $4{,}6 \,.\, 10^{-32}$ der Dichte des Wassers. Für die untere Grenze der Ätherdichte ist der Wert 10^{-24} berechnet worden. Nach unserer Rechnung müßte die Dichte der äußersten Luftschichten also noch mehr als 20 millionenmal geringer sein als die Dichte des Äthers. Wenn nun die Annahme erlaubt wäre,[1]) daß die Dichte eines keinem Drucke unterworfenen Gases nicht

[1]) Nach der kinetischen Theorie der Gase ist diese Annahme allerdings nicht erlaubt; aber wir vermeiden es, wie gesagt, an dieser Stelle, auf sie Beziehung zu nehmen.

geringer sein könnte als die Ätherdichte, so würde hieraus folgen, daß die oberen Schichten der Atmosphäre aus einem leichteren Gase bestehen müßten als die unteren. Führt man die Rechnung für Wasserstoff durch, so bekommt das zweite Glied der rechten Seite, da $\delta' = 0{,}0693$, also $\mu' = 2{,}43\ \text{km}^{-1}$ ist, den Wert $-1{,}91$, und man erhält $y_1 y_1' = 1{,}55 \,.\, 10^{-3} y_0 y_0'$. Nun ist $y_0' = 0{,}0693\, y_1$, folglich $y_1' = 1{,}4 \,.\, 10^{-7}$ der Dichte des Wassers. Dieser Wert ist ohne Zweifel viel zu groß, ebenso der Wert $3{,}7 \,.\, 10^{-8}$, der sich ergibt, wenn man die Temperatur des Weltraumes zu -200^0 C. annimmt. Hieraus folgt, daß die Wasserstoffatmosphäre erst in größerer Höhe beginnen könnte. Nähme sie z. B. in der Höhe $h' = 150$ km ihren Anfang, so berechnet sich die Dichte der äußersten Schicht der unter ihr lagernden, $150 + 14 = 164$ km hohen Luftatmosphäre nach der obigen Formel zu $7{,}6 \,.\, 10^{-17}$ der Dichte des Wassers, und die Dichte der äußersten Schicht der Wasserstoffatmosphäre zu $4{,}7 \,.\, 10^{-19}$ der Dichte des Wassers. Dies sind einigermaßen angemessene Werte. Dafür, daß die Luftatmosphäre etwas über 150 km hoch sei, ließe sich auch die Tatsache anführen, daß die meisten Sternschnuppen erst in 150—200 km Höhe anfangen aufzuleuchten, in dem Augenblicke also, wo sie in die nach unten hin schneller als die Wasserstoffatmosphäre an Dichte zunehmende Luftatmosphäre eindringen.

Ein Bedenken. Wenn hiernach die Existenz einer Wasserstoffatmosphäre nicht unwahrscheinlich ist, so spricht doch ein Umstand dagegen. Man dürfte erwarten, daß in der zwischen der Luft und der Wasserstoffatmosphäre befindlichen Übergangsschicht beim Hindurchgange einer glühenden Sternschnuppe gewaltige Knallgasexplosionen stattfinden. Nun ist allerdings vielfach beobachtet worden, daß der Fall von Meteorsteinen mit explosionsartigen Detonationen verbunden war; aber diese fanden immer nur in den unteren Luftschichten statt. Wollte man annehmen, daß die in einer Höhe von 200 km auftretenden Explosionen wegen ihrer großen Entfernung weder durch das Ohr noch durch das Auge wahrgenommen werden könnten, so bliebe doch immerhin noch zu erklären, weshalb die an einem Punkte ausbrechende Explosion sich nicht in der Übergangsschicht über die ganze Erde ausbreite und der entstehende Wasserdampf nicht als feine, den ganzen Himmel umspannende Wolke sichtbar werde. Die in ungefähr 80 km Höhe schwebenden, mehrfach beobachteten leuchtenden Wolken sind wahrscheinlich keine Explosionsprodukte, sondern bestehen aus feinstem Staube. Die Annahme einer Wasserstoffatmosphäre wird daher wohl berechtigtem Zweifel begegnen, und uns nichts anderes übrig bleiben, als die berechneten, äußerst geringen, noch weit unter dem Werte der Ätherdichte liegenden Dichten der äußersten Atmosphärenschichten als möglich zuzugeben.[1])

---

[1]) Durch spektralanalytische Untersuchung der in großer Höhe schwebenden Nordlichter ließe sich vielleicht über die Wirklichkeit oder Nichtwirklichkeit einer Wasserstoffatmosphäre Klarheit verschaffen. Das Nordlicht tieferer Luftschichten zeigt das Spektrum des negativen Glimmlichts einer mit verdünnter

§ 15. Die Dimensionen des Urnebels und der Sonne im Zustande des adiabatischen Gleichgewichts.

Der Urnebel bei Kant und Laplace. Nach den alten Theorien sind die Dimensionen des Urnebels durch die Bahn des äußersten Planeten bestimmt, vorausgesetzt, daß man die Kometen, die sich weiter als der äußerste Planet von der Sonne entfernen, nicht als ursprüngliche Mitglieder unseres Sonnensystems betrachtet. Mit Hülfe einer leichten Rechnung erlauben sie daher, die Dichte des vorausgesetzten Urnebels festzustellen. Läßt man den Kantischen Urnebel, dessen Teilchen sich frei bewegten, sich bis zur Neptunsbahn erstrecken und nimmt ihn der Einfachheit halber als homogene Kugel an, so berechnet sich seine Dichte, da die Entfernung Neptuns von der Sonne 30 Erdweiten, eine Erdweite 210 Sonnenradien und die Dichte der Sonne das 1,4 fache der Dichte des Wassers beträgt, zu

$$\frac{1{,}4}{(30\,.\,210)^3} = 5{,}6\,.\,10^{-12}$$

der Dichte des Wassers. Die Laplacesche Theorie setzt den Nebel nicht als homogen voraus. Die Dichte der höchsten Teile der Sonnenatmosphäre muß also bedeutend geringer gewesen sein als der eben berechnete Wert. Die Pseudo-Laplacesche Theorie führt zu dem Werte $1{,}3\,.\,10^{-14}$, die Poincarésche zu dem Werte $1{,}56\,.\,10^{-13}$. Nach unserer Theorie sind die Größenverhältnisse des Urnebels weder durch die heutige Erstreckung des Sonnensystems gegeben, noch lassen sie sich durch Rechnung auf einfache Weise herleiten. Denn da der Ursprungsort der Planeten nicht der Ort ist, wo sie sich jetzt bewegen, so können die heutigen Dimensionen des Sonnensystems nicht unmittelbar einer Rechnung zugrunde gelegt werden. Wir müssen versuchen, auf einem Umwege zum Ziele zu gelangen.

Geringe innere Gravitation. Maximalgröße des Nebels. Wir denken uns den Urnebel, von dessen Größenverhältnissen vorläufig nichts bekannt ist, als eine Ansammlung von Gasen, die sich im Zustande der größten Zerstreuung befinden, deren sie fähig sind, wenn keine gravitierenden Kräfte auf sie wirken (man vergl. § 12, zweite wesentliche Annahme). Nun ist zwar die Annahme, daß auf die Teilchen des Nebels überhaupt keine gravitierenden Kräfte gewirkt hätten, nicht ganz richtig; aber die von Urnebeln aufgenommenen Photographien zeigen doch, daß in den ersten Stadien ihrer Entwicklung zwischen ihren Teilen nur geringe anziehende Kräfte wirksam sein können, da sich andernfalls ihre meistens sehr absonderliche Form, die sich als schnecken- oder

---

atmosphärischer Luft gefüllten Geißlerschen Röhre. Bei einer Wasserstoffatmosphäre müßte also das unter gleichen Umständen vom Wasserstoff erzeugte Spektrum erscheinen. — Die kinetische Theorie der Gase scheint uns, wie schon gesagt, nicht die erforderliche Dignität zu besitzen, die vorliegende Frage kategorisch zu entscheiden.

korkzieherartig gewundene Spirale, als Fächer usw. oder auch als ganz unregelmäßige, wolkenartige Bildung darstellt, nicht erklären würde. Wir dürfen annehmen, daß die Teile des Urnebels ursprünglich, ohne einen bemerkbaren Einfluß aufeinander auszuüben, fast nur durch Molekularkräfte miteinander verbunden, nebeneinander lagerten, und daß infolgedessen auch die ganze Masse, von örtlichen Unregelmäßigkeiten abgesehen, als homogen betrachtet werden könne. Die Dichte einer Gasmasse, welche nur molekularen Kräften unterworfen ist, festzustellen, sind wir nicht imstande; doch wollen wir annehmen, daß sie nicht geringer als die Ätherdichte sei.[1]) Wir würden also für die Dimensionen des Urnebels einen Maximalwert finden, wenn wir seine mittlere Dichte der Ätherdichte gleichsetzen. Diese zu 10^{-22} der Dichte des Wassers und den Urnebel als Kugel angenommen, würde sich aus der Gleichung:

$$r^3\, 10^{-22} = \left(\frac{r_e}{210}\right)^3 1{,}4$$

sein Radius zu 115000 Erdweiten oder 3500 Neptunsweiten berechnen. Dieser Wert ist ohne Zweifel viel zu groß (siehe jedoch § 25); dasselbe gilt vielleicht auch noch von dem Werte 11500 r_e, den man erhalten würde, wenn man die Dichte des Nebels 1000mal größer annehmen wollte. Um einen Anhaltspunkt für die Bestimmung der wirklichen Dimensionen des Urnebels zu gewinnen, machen wir den Versuch, durch Wahrscheinlichkeitsschlüsse die Dimensionen des kugelförmigen, im Innern verdichteten planetarischen Nebels festzustellen, zu welchem der Urnebel zusammensinken mußte, als die gravitierenden Kräfte zwischen seinen Teilen mehr und mehr zur Wirksamkeit kamen. Es wird uns dann möglich sein, von den Dimensionen des planetarischen Nebels einen Rückschluß auf die Dimensionen des Urnebels zu machen.

Umbildung des Nebels. Adiabatische Zentralmasse. Die einzelnen Teilchen des von uns als Urnebel angenommenen, schneckenartig gewundenen Spiralnebels rotierten anfangs, wie die Teilchen eines Wasserstrudels, mit ungefähr derselben, nach dem Zentrum jedoch an Größe vielleicht etwas zunehmenden Winkelgeschwindigkeit. Infolge des Widerstandes des Äthers mußten sich die einzelnen Teilchen allmählich der Mitte des Nebels nähern; dadurch entstand eine zunächst geringe Verdichtung im Innern des Nebels. Nun begannen sich gravitierende Kräfte zu regen. Dies hatte wieder ein schnelleres Sinken der Nebelmassen nach dem Zentrum, ein Anwachsen der anziehenden Masse und eine Vergrößerung der anziehenden Kräfte zur Folge. Auf diese Weise mußte sich die Umbildung des Nebels immer mehr beschleunigen; er verlor ziemlich schnell seine Form und sank zu einer kleineren, im Innern verdichteten Gaskugel zusammen, deren Teilchen nicht mehr wie früher allein durch Molekularkräfte an-

[1]) Nach den Untersuchungen am Schlusse des vorigen Paragraphen ist diese Annahme allerdings ziemlich hypothetisch.

einander gefesselt, sondern durch die wachgerufenen gravitierenden Kräfte zueinander hingezogen wurden und sich in gesetzmäßiger Weise um das Zentrum herum lagerten. Wenn die Kontraktion so langsam erfolgte, daß eine genügende Menge der durch dieselbe hervorgerufenen Wärme in den Weltraum ausgestrahlt werden konnte, so mußte sich in der Gaskugel ein stabiler Gleichgewichtszustand herausbilden. Weil aber die gravitierenden Kräfte, nachdem erst einmal der Anfang eines Anziehungszentrums vorhanden war, sich infolge des beschleunigten Anwachsens desselben schnell verstärken mußten, so ist es wahrscheinlich, daß das Zusammensinken des Nebels zu der im Innern verdichteten Gaskugel so schnell erfolgte, daß die Wärmeausstrahlung mit der Wärmeerzeugung nicht gleichen Schritt zu halten vermochte. Der auf diese Weise entstehende labile Zustand mußte nun sogleich zu katastrophenartigen Umwälzungen führen; es bildeten sich radial gerichtete Konvektionsströme, welche die im Überschusse vorhandene innere Wärme an die Oberfläche brachten. Eine größere Störung des inneren Gleichgewichts konnte jedoch, vielleicht abgesehen von der unmittelbar auf das Zusammensinken folgenden Entwicklungsperiode, nicht entstehen; denn schon eine geringe Verschiebung der Gleichgewichtsverhältnisse zugunsten des labilen Zustandes wurde durch neu sich bildende Konvektionsströme sogleich wieder aufgehoben. Die Massen- und Temperaturverteilung im Innern der Gaskugel mußte sich also, vorausgesetzt, daß die Urnebelmaterie eine einheitliche war (siehe § 17), derjenigen nähern, die durch den Übergangszustand zwischen dem labilen und dem stabilen, d. h. durch den adiabatischen Gleichgewichtszustand bestimmt wird. Wir gelangen also zu einer Vorstellung über die inneren Verhältnisse des planetarischen Nebels kurz nach dem Zusammensinken aus dem Urnebel, wenn wir annehmen, daß er sich im adiabatischen Gleichgewichte befunden habe. Unter der Voraussetzung des adiabatischen Gleichgewichtszustandes ist die Konstitution gasförmiger Weltkörper von Ritter untersucht worden (Annalen der Physik und Chemie, Jahrgang 1878 ff., Band V, VI, VII, VIII ff.). Wir wollen die wichtigsten von ihm erlangten Resultate in etwas veränderter Form vortragen.

Ritters Untersuchungen. Ritter nimmt an, daß die Temperatur des Weltraums 0^0 abs. betrage. Nach unseren früheren Auseinandersetzungen (§ 14) ist es zwar wahrscheinlich, daß die Temperatur des Weltraumes über 0^0 abs. liegt; aber da bei den im Innern vorhandenen hohen Temperaturen von mehreren 1000^0 die Ergebnisse durch die Annahme, daß die Temperatur des Weltraums einige Grade über 0 liege, nur unwesentlich modifiziert werden, so bleiben wir bei der Ritterschen Festsetzung. Bedeutet c_p die spezifische Wärme des Gases bei konstantem Druck, ϑ die Temperatur im Abstande r vom Mittelpunkte, g die Beschleunigung durch die Schwere an dieser Stelle, γ die Beschleunigung durch die Schwere an der Erdoberfläche und $A\gamma$ das mechanische Äquivalent der Wärme, so liefert die Wärmetheorie die Gleichung:

$$A\,c_p\,d\,\vartheta = -\frac{g}{\gamma}\,d\,r. \tag{1}$$

Bezeichnet M die Masse der ganzen Kugel, deren Radius R sei, m die Masse ihres inneren Teiles mit dem Radius r und G die Beschleunigung durch die Schwere an der Oberfläche der Kugel, so ist:

$$\frac{g}{G} = \frac{m}{M}\,\frac{R^2}{r^2}. \tag{2}$$

Wenn y die Dichte im Abstande r vom Mittelpunkte bedeutet, so ist $d\,m = 4\,\pi\,r^2\,y\,d\,r$. Durch Differenzieren der Gleichung (2) nach r erhält man also:

$$\frac{1}{G}\,\frac{d\,g}{d\,r} = \frac{4\,\pi\,y\,R^2}{M} - \frac{2\,m}{M}\,\frac{R^2}{r^3} \tag{3}$$

oder

$$\frac{d\,g}{d\,r} = \frac{4\,\pi\,y\,R^2\,G}{M} - \frac{2\,g}{r}. \tag{4}$$

Nun ist nach Gleichung (1):

$$g = -A\,c_p\,\gamma\,\frac{d\,\vartheta}{d\,r}, \tag{5}$$

folglich:

$$\frac{d\,g}{d\,r} = -A\,c_p\,\gamma\,\frac{d^2\,\vartheta}{d\,r^2}. \tag{6}$$

Setzt man die Werte von g und $\frac{d\,g}{d\,r}$ aus (5) und (6) in (4) ein, so erhält man:

$$\frac{d^2\,\vartheta}{d\,r^2} + \frac{2}{r}\,\frac{d\,\vartheta}{d\,r} + \frac{4\,\pi\,y\,R^2\,G}{M\,A\,c_p\,\gamma} = 0. \tag{7}$$

Bezeichnet man die Temperatur an einem beliebigen, zwischen Mittelpunkt und Oberfläche gelegenen Punkte (der Mittelpunkt selbst ist ausgeschlossen) mit ϑ_0, die entsprechende Dichte mit y_0, so besteht, da sich die ganze Masse in adiabatischem Gleichgewichte befinden soll, die in der Wärmetheorie abgeleitete Gleichung:

$$\frac{y}{y_0} = \left(\frac{\vartheta}{\vartheta_0}\right)^{\frac{1}{k-1}}. \tag{8}$$

Wenn man den hieraus für y sich ergebenden Wert in (7) einsetzt, mit y' die mittlere Dichte der ganzen Gasmasse bezeichnet und

$$M = \frac{4\,\pi}{3}\,R^3\,y', \quad \frac{\vartheta}{\vartheta_0} = u, \quad \frac{r}{R} = x \tag{9}$$

schreibt, so erhält man:

$$\frac{d^2\,u}{d\,x^2} + \frac{2}{x}\,\frac{d\,u}{d\,x} + \mu\,u^{\frac{1}{k-1}} = 0; \quad \mu = \frac{3\,y_0\,G\,R}{y'\,\vartheta_0\,A\,c_p\,\gamma}. \tag{10}$$

Für $x = 0$ wird das allgemeine Integral singulär. Da aber unendlich große Temperaturen und entsprechende, unendlich große Dichten ausgeschlossen sind, so hat man den für $x = 0$ singulär werdenden Teil des Integrals gleich 0 zu setzen. Dadurch ist über eine Integrationskonstante eine Bestimmung getroffen. Bezeichnet man nunmehr mit ϑ_0 und y_0 die Temperatur und die Dichte im Mittelpunkte, so ist der für $x = 0$ nicht singulär werdende Teil des Integrals der Gleichung (10) so zu bestimmen, daß $u = 1$ für $x = 0$ und $u = 0$ für $x = 1$ wird. Weil aber nur noch eine Integrationskonstante zur Bestimmung übrig bleibt, so kann den beiden genannten Bedingungen offenbar nur dann genügt werden, wenn μ einen von dem Radius und der Masse der Gaskugel unabhängigen, bestimmten konstanten Wert hat. Es wird also u eine bloße Funktion von x. Dann muß auch $\frac{d u}{d x}$ eine reine Zahl sein. Integriert man die Gleichung (1) von $r = 0$ bis $r = R$, so erhält man, da die Oberflächentemperatur 0^0 abs. ist:

$$A c_p \vartheta_0 = \frac{1}{\gamma} \int_0^R g\, d r. \tag{11}$$

Durch Division der Gleichungen (1) und (11) ergibt sich:

$$\frac{d r}{d \vartheta} = -\frac{1}{g \vartheta_0} \int_0^R g\, d r, \quad \text{oder} \quad \frac{d x}{d u} = -\frac{G}{g} \int_0^1 \frac{g}{G}\, d x. \tag{12}$$

Nach dem oben Gesagten ist $\frac{d x}{d u}$ von M und R unabhängig und eine Funktion von x allein; der Wert des Quotienten für $x = 1$ ist demnach eine konstante Zahl $-\alpha$. Da für $x = 1$ $g = G$ wird, so ist:

$$\alpha = \int_0^1 \frac{g}{G}\, d x. \tag{13}$$

Man erhält also aus (11):

$$A c_p \vartheta_0 \gamma = \alpha G R. \tag{14}$$

Substituiert man diesen Wert in μ und schreibt für M seinen Wert $\frac{4 \pi}{3} R^3 y'$, so folgt:

$$\mu = \frac{3 y_0}{y' \alpha}. \tag{15}$$

D i c h t e u n d T e m p e r a t u r d e r K u g e l. Da α und μ von M und R unabhängig sind, so gilt dasselbe von $\frac{y_0}{y'}$; d. h. die Mittelpunktsdichte steht mit der mittleren Dichte der Gasmasse in einem konstanten Verhältnisse. R i t t e r hat aus der Differentialgleichung und den angegebenen Grenzbestimmungen, indem er $k = 1{,}41$ setzte, für α den Wert 2,4 und für $\frac{y_0}{y'}$ den Wert 23 hergeleitet. — Er findet, daß folgende Werte von x und u einander entsprechen:

$x=0$	0,1	0,2	0,3	0,4	0,5	0,6	0,7	0,8	0,9	1	(16)
$u=1$	0,95	0,83	0,68	0,52	0,38	0,27	0,18	0,10	0,045	0.	

Hieraus ergeben sich der Gleichung (8) gemäß für $\frac{y}{y_0} = v$ die Werte:

$v=1$ 0,88 0,64 0,39 0,20 0,10 0,040 0,015 0,0038 0,00054 0. (16)

Masse. Mit Hülfe dieser Zahlenwerte ist es nun nicht schwer, für beliebige konzentrisch abgegrenzte Teile der Gaskugel die Masse, die in ihr enthaltene Wärmemenge, die potentielle Energie und das Trägheitsmoment zu berechnen. Die Masse m des inneren Teiles der Kugel mit dem Radius r ist gleich:

$$m = \int_0^r 4\, r^2 \pi\, y\, d\, r.$$

Da

$$M = \frac{4\pi}{3} R^3 y'$$

ist, so erhält man:

$$\frac{m}{M} = 3\, \frac{y_0}{y'} \int_0^{\frac{r}{R}} \left(\frac{r}{R}\right)^2 \frac{y}{y_0}\, d\, \frac{r}{R} = 3\, \frac{y_0}{y'} \int_0^x v\, x^2\, d\, x. \tag{17}$$

Wärmemenge. Ritter weist nach (Annalen der Phys. und Chem. Bd. V, 1878, S. 552), daß, wenn die Masseneinheit an einer beliebigen Stelle der adiabatischen Gaskugel sich um 1° C. erwärmt, sie 0,16312 c_p Wärmeeinheiten ausstrahlt, die in ihr enthaltene Wärmemenge also um 0,83678 c_p Wärmeeinheiten zunimmt. Die gesamte in der Masse m enthaltene Wärmemenge w ist also gleich:

$$w = 0{,}83678\, c_p \int_0^r 4\pi\, r^2\, y\, \vartheta\, d\, r.$$

Schreibt man:

$$W' = M\, \vartheta_0\, c_p = \frac{4\pi}{3} R^3 y'\, \vartheta_0\, c_p, \quad \text{und} \quad \varepsilon = 0{,}83678,$$

so folgt:

$$\frac{w}{W'} = 3\, \frac{y_0\, \varepsilon}{y'} \int_0^{\frac{r}{R}} \left(\frac{r}{R}\right)^2 \frac{y}{y_0}\, \frac{\vartheta}{\vartheta_0}\, d\, \frac{r}{R} = 3\, \frac{y_0\, \varepsilon}{y'} \int_0^x u\, v\, x^2\, d\, x. \tag{18}$$

Potentielle Energie. Die potentielle Energie e, welche verloren ging, während sich die Masse m aus dem Zustande unendlicher Zerstreuung bis zu der Kugel mit dem Radius r zusammenzog, ist gleich:

$$e = \int_0^r \frac{k\, m}{r}\, 4\, r^2 \pi\, y\, d\, r.$$

Setzt man:

$$E' = \frac{3}{5}\frac{k M^2}{R} = \frac{4\pi k}{5} M R^2 y',$$

so ergibt sich:

$$\frac{e}{E'} = 5\frac{y_0}{y'}\int_0^{\frac{r}{R}} \frac{m}{M}\frac{r}{R}\frac{y}{y_0}\, d\frac{r}{R} = 5\frac{y_0}{y'}\int_0^{x} \frac{m}{M} v\, x\, d x. \qquad (19)$$

Trägheitsmoment. Das Trägheitsmoment einer homogenen Kugel mit dem Radius r und der Masse m hat den Wert $^2/_5\, m\, r^2$. Durch Differentiation und erneute Integration erhält man hieraus für das Trägheitsmoment t einer nicht homogenen Kugel, deren Dichte eine Funktion des Radius ist:

$$t = \frac{8\pi}{3}\int_0^r r^4 y\, d r.$$

Schreibt man:

$$T' = \frac{2}{5} M R^2 = \frac{8\pi}{15} R^5 y',$$

so folgt:

$$\frac{t}{T'} = 5\frac{y_0}{y'}\int_0^{\frac{r}{R}} \left(\frac{r}{R}\right)^4 \frac{y}{y_0}\, d\frac{r}{R} = 5\frac{y_0}{y'}\int_0^{x} v\, x^4\, d x. \qquad (20)$$

Numerische Werte. Durch approximative Integration erhält man aus den in (16) für u, v, x angegebenen Werten:

$$\int_0^1 v\, x^2\, d x = 0{,}0145; \qquad \int_0^1 u\, v\, x^2\, d x = 0{,}0073;$$

$$\int_0^1 \frac{m}{M} v\, x\, d x = 0{,}0180; \qquad \int_0^1 v\, x^4\, d x = 0{,}0025.$$

Dann ergibt sich aus (18), (19), (20), da $\frac{y_0}{y'} = 23$ ist:

$$\frac{W}{W'} = 0{,}407; \quad \frac{E}{E'} = 1{,}99; \quad \frac{T}{T'} = 0{,}287. \qquad (21)$$

Außerdem findet man,[1]) daß folgende Werte von $\frac{r}{R}$, $\frac{m}{M}$, $\frac{w}{W}$, $\frac{e}{E}$, $\frac{t}{T}$ einander entsprechen.

---

[1]) Ein Blick auf die Tabelle zeigt, daß die Laplacesche Theorie auf keinen Fall die Annahme des adiabatischen Gleichgewichtszustandes für die Zentralmasse zuläßt. Die Laplacesche Theorie verlangt, der Höhe der Atmosphäre zur Zeit der Abtrennung Neptuns den 130fachen Wert, zur Zeit der Ab-

$\frac{r}{R}$	0	0,1	0,2	0,3	0,4	0,5	0,6	0,7	0,8	0,9	1	
$\frac{m}{M}$	0	0,02	0,14	0,35	0,57	0,76	0,89	0,96	0,99	0,999	1	
$\frac{w}{W}$	0	0,05	0,22	0,49	0,73	0,88	0,96	0,99	0,999	1	1	(22)
$\frac{e}{E}$	0	0,01	0,07	0,23	0,47	0,70	0,86	0,95	0,99	0,999	1	
$\frac{t}{T}$	0	0,00	0,02	0,10	0,26	0,48	0,69	0,86	0,96	0,996	1	

Da nach (14):

$$A \gamma c_p \vartheta_0 = \alpha G R$$

ist, so kann man schreiben:

$$W = 0{,}407\, W' = 0{,}407\, M c_p \vartheta_0 = 0{,}407 \frac{\alpha M G R}{A \gamma} = 0{,}976 \frac{k M^2}{A \gamma R}.$$

Die der verschwundenen potentiellen Energie E äquivalente Wärmemenge ist:

$$\frac{E}{A\gamma} = 1{,}99 \frac{E'}{A\gamma} = 1{,}2 \frac{k M^2}{A \gamma R}.$$

Folglich ist von der verschwundenen potentiellen Energie:

$$\frac{0{,}976 \,.\, 100}{1{,}2} = 81{,}3\,\%$$

als Wärme in der Gaskugel aufgespeichert und 18,7 % ausgestrahlt worden.

Annahme einer Maximal-Temperatur. Wir sind nun imstande, auf Grund einer einfachen Voraussetzung zu der gewünschten Bestimmung der Dimensionen zu gelangen, welche die Sonne besaß, als sie sich kurz nach dem Zusammensinken des Urnebels, unserer Annahme nach, in einem dem adiabatischen nahekommenden Zustande befand. Diese Voraussetzung lautet: „Die Temperatur einer Gasmasse ist keiner unbegrenzten Steigerung fähig.“ Man hat allerdings behauptet, daß, wenn die Wärme

trennung Merkurs den 43fachen Wert des Radius der Kernmasse beizulegen. Nach der Tabelle beträgt aber z. B. für $\frac{r}{R} = 0{,}5$ die Masse der Atmosphäre, wenn man unter Atmosphäre die äußeren dünnen Schichten versteht, noch mehr als $^1/_5$ der Gesamtmasse, ihre Rotationsenergie, wie die Reihe für $\frac{t}{T}$ zeigt, sogar noch mehr als die Hälfte der gesamten Rotationsenergie. Da Masse und Rotationsenergie der Atmosphäre gegen die Gesamtmasse und die gesamte Rotationsenergie müssen vernachlässigt werden können, so dürfte die Höhe der Atmosphäre demnach nur kleiner als $^1/_2\, R$ angenommen werden! — Die Laplacesche Theorie erlaubt also nicht, der Zentralmasse eine Massenverteilung beizulegen, welche derjenigen des adiabatischen Gleichgewichts nahe käme.

als molekulare Bewegung zu betrachten sei, keine obere Temperaturgrenze angenommen zu werden brauche, da man sich die Intensität der molekularen Bewegung beliebig gesteigert denken könne. Gegen diese Behauptung läßt sich zweierlei einwenden:

1. Wenn sich die Temperatur ins Unbegrenzte steigern könnte, so müßte sich ein gasförmiger Himmelskörper in ganz kurzer Zeit so weit zusammenziehen, wie es überhaupt möglich ist. Denn wenn er im Innern einer unbegrenzten Temperatursteigerung fähig wäre, so würde kein Gesetz bestehen, welches die Geschwindigkeit der Zusammenziehung von der Zeit in Abhängigkeit brächte. Durch eruptionsartige Konvektionsströme von ungeheurer Gewalt müßte die im Innern im Überschuß erzeugte Wärme an die Oberfläche geführt werden; ein fortwährender Aufruhr müßte die ganze Masse durchtoben, bis zu dem Augenblicke, wo der Übergang in den flüssigen oder festen Zustand nur noch eine geringe weitere Zusammenziehung möglich machen würde. Die Zeit, in welcher die Zusammenziehung erfolgen müßte, würde sich, wenn die entstehenden Konvektionsströme sie nicht etwas verlängerten, als die Zeit des freien Falls berechnen, welcher die einzelnen Teilchen bedürften, um von ihrem ursprünglichen Orte bis zu demjenigen zu sinken, von welchem aus wegen des eintretenden flüssigen oder festen Zustandes ein weiteres Sinken nicht mehr möglich wäre. In Wirklichkeit aber braucht ein Weltkörper unfaßbar lange Zeitperioden, um aus dem gasförmigen Zustande in den feurig-flüssigen überzugehen. Daß er eine geordnete Entwicklung durchmacht, daß er nicht in kürzester Zeit mit katastrophenartiger Gewalt in sich zusammenstürzt, erklärt sich nur durch die Annahme, daß sich die Materie einer unbegrenzten Temperatursteigerung widersetzt. Ist dies der Fall, so schreibt sie sich selbst das Gesetz der Schnelligkeit der Zusammenziehung vor; die Geschwindigkeit der Kontraktion wird dann von der ausgestrahlten Wärmemenge abhängig.

2. Wir dürfen annehmen, daß die Materie in Gefahr ist, sich selbst zu zerstören, wenn die Temperatur eine gewisse Grenze übersteigt. Es wäre denkbar, daß die Energie der molekularen Bewegung, wenn sie sich unbegrenzt steigern könnte, einmal eine Gewalt erreichen würde, die dem Bestande der Materie als solcher gefährlich zu werden drohte. Es könnte ein inneres Zermalmen stattfinden, durch welches die Materie in sich selbst zerfiele.

Schätzung der Maximal-Temperatur. Aus den beiden angegebenen Gründen nehmen wir an, daß die Temperaturen, welche bei den Himmelskörpern vorkommen können, eine gewisse Grenze nicht übersteigen. Eine Schätzung dieser Grenztemperatur ist schwierig; doch geben uns die Himmelskörper selbst dazu einen Anhaltspunkt. Temperaturen, wie Ritter sie unter der Voraussetzung des adiabatischen Gleichgewichtszustandes für das Innere der Sonne berechnet, sind gewiß ohne weiteres von der Hand zu weisen; er findet z. B., daß die Mittelpunktstemperatur der Sonne, je nach der Größe der spezifischen Wärme der

Sonnenmasse, zwischen $31^1/_3$ und 450 Millionen Grad C. liegen müsse. Zwar wird man nicht fehl gehen, wenn man annimmt, daß die inneren Temperaturen der leuchtenden Himmelskörper größer seien als ihre Oberflächentemperatur; aber sie werden diese doch nicht an Größe unverhältnismäßig übersteigen. Über die inneren Verhältnisse der Sonne und der Planeten wird noch in einem besonderen Abschnitte die Rede sein (§ 17); dabei wird sich dann zeigen, daß, wenn für die erste Zeit der Entwicklung der Himmelskörper auch der Voraussetzung des adiabatischen Gleichgewichtszustandes nichts entgegensteht, diese Annahme doch bei der Untersuchung ihres jetzigen Zustandes auf keinen Fall mehr zulässig ist. — Die Oberflächentemperatur der Sonne beträgt ungefähr 8000° C. Aus der Beschaffenheit der Spektra der Fixsterne hat man geschlossen, daß Oberflächentemperaturen bis zu 15000° C. vorkommen können.[1]) Da höhere Temperaturen als 15000° C. nicht gemessen worden sind, so schließen wir, daß die größte mögliche Temperatur nicht beträchtlich von diesem Werte entfernt liege. Wir schätzen sie, ziemlich willkürlich, auf 30000° C. Wenn sich herausstellen sollte, daß dieser Wert zu klein oder zu groß gewählt sei, so lassen sich unsere Resultate, ohne daß der Kern der Ausführungen davon berührt würde, sehr leicht in die neuen umwandeln.[2])

Größe der adiabatischen Kugel. Nach dem früheren besteht die Gleichung:

$$A\, c_p\, \vartheta_0\, \gamma = \alpha\, G\, R.$$

Bedeutet μ die Masse, ϱ den Radius der Erde, so ist:

$$\frac{G}{\gamma} = \frac{M}{\mu}\,\frac{\varrho^2}{R^2},$$

folglich:

$$R = \frac{M\, \alpha\, \varrho^2}{\mu\, A\, c_p\, \vartheta_0}. \qquad (23)$$

Bedeutet r_e eine Erdweite, so ist $r_e = 148 \,.\, 10^6$ km. Ferner ist $\varrho = 6375$ km, $M = 325000\, \mu$, $A = 427$ m, $\alpha = 2{,}4$. Setzt man noch für ϑ_0 den angenommenen Wert, so erhält man:

---

1) Diese Schätzung stammt von Scheiner.

2) Der angegebene Wert könnte manchem als zu klein erscheinen. Wenn wir einen höheren Wert annähmen, so würden wir uns unsere Darstellung in mehrfacher Hinsicht beträchtlich erleichtern. Da uns aber daran liegt, zu zeigen, daß unsere Theorie auch bei der für sie ungünstigeren Annahme einer geringen Maximaltemperatur anwendbar bleibt, so wählen wir absichtlich einen wahrscheinlich zu kleinen Wert. Die Theorie würde den geringsten Schwierigkeiten begegnen, wenn die Maximaltemperatur ungefähr das 10fache des obigen Wertes, 300000° C. betrüge (§§ 18, 19). — Übrigens kann die Theorie die Annahme einer Maximaltemperatur auch entbehren; allein sie würde dann darauf verzichten müssen, die Kontraktion der Gasmasse von der Zeit in gesetzmäßige Abhängigkeit zu bringen.

$$\frac{R}{r_e} = \frac{17}{c_p}.$$

Wählt man für c_p die spezifische Wärme des Wasserstoffs, $c_p = 3{,}409$, so folgt $R = 4{,}9\, r_e$; wählt man die spezifische Wärme der atmosphärischen Luft, $c_p = 0{,}2375$, so folgt $R = 70\, r_e$. — Die durch Zusammensinken des Urnebels unseres Sonnensystems entstehende adiabatische Gaskugel würde, wenn ihre Mittelpunktstemperatur zu 30000° C. und ihre spezifische Wärme zu derjenigen des Wasserstoffs angenommen wird, hiernach einen Radius von 4,9 Erdweiten gehabt haben.

Rotationsdauer. Unter der Voraussetzung, daß bei ihrer ferneren Kontraktion der Flächensatz gültig gewesen sei, läßt sich leicht ihre Rotationsdauer berechnen. Das Trägheitsmoment T einer adiabatischen Kugel hat nach (21) den Wert:

$$T = 0{,}287\, T' = 0{,}287\, {}^2/_5\, M R^2.$$

Das Trägheitsmoment t einer homogenen Kugel mit dem Radius r ist gleich:

$$t = {}^2/_5\, M r^2.$$

Nach dem Flächensatze besteht die Gleichung $T\omega = t\omega'$. Bedeutet ω die Winkelgeschwindigkeit der adiabatischen Kugel, ω' die der heutigen Sonne und r den Radius der Sonne, so erhält man also, wenn man die Sonnenmasse als homogen voraussetzt:

$$0{,}287\, {}^2/_5\, M R^2 \omega = {}^2/_5\, M r^2 \omega'.$$

Hieraus folgt, wenn man die äquatorealen Geschwindigkeiten mit c und c' bezeichnet:

$$\frac{c'}{c} = 0{,}287\, \frac{R}{r}.$$

Nun ist $R = 4{,}9 \,.\, 210\, r = 1030\, r$, mithin, wenn man für c' seinen Wert 2 km sec^{-1} setzt:

$$c = 6{,}8 \text{ m sec}^{-1}.$$

Bedeuten τ und τ' die Rotationszeiten der Kugeln, so erhält man, da $\tau\omega = \tau'\omega'$ ist:

$$\frac{\tau}{\tau'} = 0{,}287 \left(\frac{R}{r}\right)^2.$$

Die Rotationsdauer τ' der Sonne beträgt $26^1/_4$ Tage; folglich ist die Rotationszeit τ der adiabatischen Gaskugel gleich 21600 Jahren.

Minimalgröße des Urnebels. Wir wenden uns jetzt zu der Berechnung der Dimensionen des Urnebels. Nehmen wir an, das Zusammensinken des Urnebels zu der adiabatischen Gaskugel sei so schnell vor sich gegangen, daß während desselben nur eine geringe Wärmeausstrahlung in den Weltraum stattgefunden habe, und setzen wir ferner voraus, daß die in der adiabatischen Gaskugel enthaltene Wärmemenge als Äquivalent der beim Zusammensinken verloren gegangenen potentiellen Energie aufzufassen sei, so ergibt sich die Größe des Urnebels auf folgende Weise. Nach der Gleichung (19) und (21) hat die potentielle Energie, welche verloren geht, wenn sich eine adiabatische Gaskugel aus dem Zustande unendlicher Zerstreutheit ihrer Materie bis zu dem gegenwärtigen Zustande zusammenzieht, den Wert:

$$E = 2\,E' = 2\,\frac{3}{5}\,\frac{k\,M^2}{R}.$$

Bei einer homogenen Kugel ist die entsprechende potentielle Energie gleich:

$$\frac{3}{5}\,\frac{k\,M^2}{R'}.$$

Bezeichnet R den Radius der adiabatischen Gaskugel, R' den Radius des als homogen vorausgesetzten Urnebels, so besteht also, da nach Gleichung (18) und (21)

$$W = 0{,}407\,W' = 0{,}407\,M\,\vartheta_0\,c_p$$

die in der Gaskugel enthaltene Wärmemenge bedeutet, die Gleichung:

$$2\,\frac{3}{5}\,\frac{k\,M^2}{R} - \frac{3}{5}\,\frac{k\,M^2}{R'} = A\,\gamma\,0{,}407\,M\,\vartheta_0\,c_p.$$

Nach (14) ist:

$$A\,\gamma\,c_p\,\vartheta_0 = \alpha\,G\,R.$$

Mithin erhalten wir, da:

$$G = \frac{k\,M^2}{R}$$

ist, die Gleichung:

$$\frac{2}{R} - \frac{1}{R'} = \frac{5}{3}\,\frac{0{,}407\,\alpha}{R}.$$

Aus ihr folgt:

$$R' = 2{,}7\,R = 13{,}2\,r_e.$$

Dieser Wert ist viel zu klein. Hieraus dürfen wir schließen, daß die in der adiabatischen Gasmasse enthaltene Wärmemenge nicht rechnungsmäßig als verschwundene potentielle Energie zu bestimmen sei. Das ganze Aussehen der Nebelmassen läßt, worauf schon mehrfach hingewiesen wurde, erkennen, daß ebensowenig wie ein Staubwirbel den anziehenden Kräften der Staubkörnchen, sondern der Bewegung der umgebenden Luft seinen Ursprung verdankt, auch der innere Zusammenhang der Nebelmaterie weniger durch die zwischen den Teilchen wirkende Gravitation bestimmt, als eine Folge äußerer, auf den Nebel einwirkender Ursachen sei (§ 12). Der lose, durch kein inneres Gesetz geregelte Zusammenhang der Nebelmassen wird erst dann ein die ganze Masse beherrschender, wenn die anfangs geringen molekularen Kräfte eine größere Verdichtung der feinen Materie herbeigeführt und dadurch die Gravitationskräfte zur Ausbildung gebracht haben. Wenn aber die Gravitation bei den Nebelmassen erst allmählich zur Geltung kommt, so kann auch die potentielle Energie erst allmählich eine Rolle spielen. Hieraus folgt dann, daß die ursprüngliche Erstreckung des Nebels ausgedehnter gewesen sein muß, als sich unter der Voraussetzung, die in der adiabatischen Gaskugel aufgespeicherte Wärme sei umgewandelte, durch das allgemeine Gravitationsgesetz ihrer Größe nach bestimmte potentielle Energie, ergibt. — Vielleicht kommen wir der Wirklichkeit näher, wenn wir annehmen, die Wärmemenge der adiabatischen Kugel sei durch bloße adiabatische Zusammenpressung des Urnebels entstanden. Dabei wird dann also vorausgesetzt, daß die Teilchen der Gasmasse während der Zeit des Zusammensinkens keine anziehenden Wirkungen aufeinander ausgeübt hätten. Diese Voraussetzung kann zwar nicht streng richtig sein, da sich andernfalls die Nebelmassen nicht bestrebt haben würden, sich dem Mittelpunkte des Nebels zu nähern; aber man möge uns trotzdem an dieser Stelle die Annahme, es habe keine Verwandlung potentieller Energie in Wärme stattgefunden, gelten lassen, um so mehr, als man die bereits vorhandene, geringe potentielle Energie als die Wärmequelle betrachten kann, durch welche die in den Weltraum ausgestrahlte Wärmemenge ersetzt wurde. — Es sei y_0 die Mittelpunktsdichte, ϑ_0 die Mittelpunktstemperatur der adiabatischen Gaskugel, y_0' die ursprüngliche Dichte der im Mittelpunkte befindlichen Gasmasse, ϑ' die Temperatur des Urnebels; ferner sei y_1 die Dichte, ϑ_1 die Temperatur an einer beliebigen Stelle der adiabatischen Kugel und y_1' die ursprüngliche Dichte dieses Teiles der Gasmasse; dann bestehen, wenn das Zusammensinken des Nebels dem adiabatischen Gesetze gemäß vor sich ging, die Gleichungen:

$$\left(\frac{y_0'}{y_0}\right)^{k-1} = \frac{\vartheta'}{\vartheta_0}; \quad \left(\frac{y_1'}{y_1}\right)^{k-1} = \frac{\vartheta'}{\vartheta_1}.$$

Durch Division folgt aus ihnen:

$$\left(\frac{y_0'}{y_1'}\right)^{k-1} = \frac{\vartheta_1}{\vartheta_0}\left(\frac{y_0}{y_1}\right)^{k-1}.$$

Die rechte Seite dieser Gleichung hat nach (8) den Wert 1; folglich ist $y_0' = y_1'$, d. h. unter der Voraussetzung, daß die in der adiabatischen Kugel aufgespeicherte Wärmemenge nicht durch Umwandlung verschwindender potentieller Energie, sondern durch bloße adiabatische Zusammenpressung entstanden sei, ergibt sich die Dichte y' des Urnebels vor dem Zusammensinken als homogen. Der Wert dieser Dichte wird auf folgende Weise gefunden. y_0 ist das 23 fache der mittleren Dichte δ der Gaskugel; folglich hat man:

$$\frac{y'}{\delta} = 23\left(\frac{\vartheta'}{\vartheta_0}\right)^{\frac{1}{k-1}}.$$

Setzt man die Temperatur ϑ' des Urnebels gleich der Temperatur des Weltraums, also $\vartheta' = 133^0$, so erhält man, da $\vartheta_0 = 30000^0$ ist:

$$\frac{y'}{\delta} = \frac{1}{23900} = \left(\frac{R}{R'}\right)^3.$$

Mithin ist $R' = 28{,}8\, R = 140\, r_e$.

Noch auf einem ganz anderen Wege erhält man für den Radius des Urnebels einen Minimalwert. Auch die Planeten bieten Anhaltspunkte dar, welche erlauben, auf die Größe des Urnebels zu schließen. Es wurde früher bemerkt, daß die Teilchen des Urnebels wahrscheinlich mit ungefähr derselben Winkelgeschwindigkeit, die inneren jedoch etwas schneller als die äußeren, rotierten. Im § 16 wird gezeigt werden, daß, wenn vom Widerstande des Äthers abgesehen wird, die Annäherung der Planetenmassen an die Zentralmasse dem Flächensatze gemäß erfolgt. Die ursprüngliche Entfernung des Planeten Neptun vom Zentrum, d. h. also der Radius des Urnebels, würde sich hiernach berechnen lassen, wenn die ursprüngliche Geschwindigkeit des Planeten bekannt wäre. Man erhält für dieselbe offenbar einen Maximalwert, und damit einen Minimalwert für den Radius des Urnebels, wenn man annimmt, daß die Winkelgeschwindigkeit des Planeten dieselbe wie die Winkelgeschwindigkeit der aus dem Urnebel zusammensinkenden adiabatischen Gaskugel gewesen sei. In Wirklichkeit mußte die Winkelgeschwindigkeit des Planeten hinter derjenigen der adiabatischen Gaskugel zurückbleiben, erstens, weil die inneren Teile des Nebels eine größere Winkelgeschwindigkeit besaßen als die äußeren, und zweitens, weil die inneren Teile des Urnebels beim Zusammensinken ihre Geschwindigkeit gemäß dem Flächensatze vergrößerten. — Bedeutet r_0 den Radius des Urnebels, c_0 seine lineare, äquatoreale Geschwindigkeit, c die äquatoreale Geschwindigkeit der adiabatischen Gaskugel und setzt man $r_0 = \lambda R$, so ist nach unserer Annahme $c_0 = \lambda c$, also:

$$r_0 c_0 = \lambda^2 R c.$$

Bezeichnet ferner ϱ den Radius der Neptunsbahn, v seine Revolutionsgeschwindigkeit, so ist, da bei der Annäherung Neptuns an das Zentrum der Flächensatz Gültigkeit hatte:

$$\varrho v = r_0 c_0.$$

Man erhält also:

$$\lambda^2 R c = \varrho v,$$

oder

$$\lambda^2 = \frac{\varrho}{R} \frac{v}{c}.$$

Nun ist $\varrho = 30\, r_e$, $R = 4{,}9\, r_e$, $v = 5{,}4$ km sec^{-1}, $c = 6{,}8$ m sec^{-1}, folglich:

$$\lambda^2 = 4900, \quad \lambda = 70$$

und

$$r_0 = 70\, R = 340\, r_e.$$

Nach dieser Rechnung ist der Minimalwert des Urnebelradius 340 Erdweiten; er übertrifft den früher berechneten Minimalwert um als das $1^1/_2$fache.

Schon im Anfange des Kapitels wurde bemerkt, daß sich auch ein Maximalwert für den Radius des Urnebels bestimmen lasse, wenn man voraussetze, daß die Dichte des Nebels geringer gewesen sei als die Ätherdichte. Wir gelangten dort zu dem Werte 115000 Erdweiten.

Schlußbemerkung. Die berechneten Maximal- und Minimalwerte liegen sehr weit auseinander; doch sind wir nicht imstande, genauere Bestimmungen zu treffen. Es möge nur noch bemerkt werden, daß unter der Voraussetzung, beim Zusammensinken des Urnebels zu der adiabatischen Gaskugel sei, weil die Gravitationskräfte erst allmählich zur Ausbildung kamen, nur eine geringe Vergrößerung der Rotationsenergie eingetreten und die lineare Geschwindigkeit der Teilchen des Urnebels überall die gleiche, also auch gleich der ursprünglichen Geschwindigkeit Neptuns gewesen, sich für den Radius des Urnebels ein Wert ergibt, der sich nur wenig von dem berechneten Maximalwerte unterscheidet; er beträgt 105000 Erdweiten.

C. Die Entwicklung unseres Planetensystems.

§ 16. Die vier großen Planeten.

Der Spiralnebel in den Jagdhunden. Wir gehen von der Annahme aus, daß der Urnebel unseres Sonnensystems ein Spiralnebel ähnlicher Art, wie der in den Jagdhunden, gewesen sei. Daher gewinnen wir eine Vorstellung von der Entwicklung unseres Sonnensystems aus dem Urnebel, wenn wir uns an der Hand der photographischen Abbildung des genannten Spiralnebels klar zu machen suchen, wie sich seine weitere Entwicklung mutmaßlich gestalten wird.

Die Materie des Nebels (Fig. 3) strebt in spiralig gekrümmten Kurven dem Zentrum zu. Zur Erklärung dieser Bewegung nehmen wir, wie schon im § 12 ausgeführt wurde, an, daß zwischen den Nebelmassen ein anderes als das Newtonsche Gesetz der Massenanziehung herrscht, und daß der Äther (oder auch die zwischen den größeren Nebelmassen fein verteilte, schleierartige Nebelmaterie) der Bewegung der Nebelmassen einen Widerstand entgegensetzt. Aus der Abbildung des Spiralnebels geht hervor, daß die vereinigte Wirkung der beiden genannten Ursachen die Bewegung der Nebelmassen ganz beträchtlich beeinflußt. Wäre nämlich die Wirkung nur gering, so dürfte erst nach mehreren Umläufen eine Verkleinerung des Radius der Bahn bemerkbar sein; die Abbildung zeigt aber, daß die Teilmassen schon während eines Umlaufes sich dem Zentrum beträchtlich nähern, so daß eine radspeichenartige Verteilung der Materie entsteht. Wenn die Anziehung der im Zentrum befindlichen Masse einen irgendwie nennenswerten Betrag erreichte, so würden sich die Teilmassen während des Sinkens nach dem Zentrum schneller und immer schneller bewegen; die Windungen der Spirale müßten immer enger werden und schließlich fast ganz in Kreise übergehen. Die Abbildung läßt aber eine Verschmälerung der Spiralwindungen nach innen hin nicht erkennen. Daraus geht hervor, daß die Anziehung der zentralen Masse nicht bedeutend genug ist, die Bewegung der Teilmassen in bemerkbarer Weise zu beschleunigen. Da die Windungen in ziemlich großem Winkel auf die zentrale Masse

Fig. 3.

treffen, so dürfen wir ferner schließen, daß ihre Endgeschwindigkeit die Anfangsgeschwindigkeit kaum übersteige, und daß sie daher, anstatt die Rotationsenergie der Zentralmasse zu vermehren, vielleicht noch verzögernd auf die Rotation wirken, weil ihre in die Richtung der Rotation fallende Bewegungskomponente nicht die Größe der Rotationsgeschwindigkeit erreicht. Eine eingehende Erörterung über die Größe der Rotationsbewegung der Zentralmasse enthält § 17.

Der Urnebel unseres Sonnensystems. Wir nehmen an, daß der Urnebel unseres Sonnensystems mit dem Spiralnebel in den Jagdhunden ziemlich große Ähnlichkeit besaß. Er wies im Innern eine größere Massenansammlung auf; diese war von einer Anzahl Spiralwindungen umgeben, welche mit dem Zentrum sehr nahe in einer Ebene lagen. Ein wesentlicher Unterschied bestand nur darin, daß bei dem Spiralnebel unseres Sonnensystems die Windungen feiner, an Masse ärmer waren als bei dem in den Jagdhunden, wo, wenn der Augenschein nicht trügt, die Kernmasse die Masse der einzelnen Windungen nicht um ein großes Vielfaches übersteigt.

Die vier großen Planeten. Um den Schwierigkeiten, denen die Laplacesche Theorie begegnet, wenn sie die Planeten sich von der Zentralmasse abtrennen läßt, aus dem Wege zu gehen, nehmen wir an, daß sie niemals mit ihr verbunden gewesen seien, sondern sich ungefähr gleichzeitig mit derselben bildeten. Die Abbildung des Nebels in den Jagdhunden ist sehr belehrend; sie führt uns die Entstehung eines Planeten vor die Augen. Sie zeigt, daß die am weitesten entfernte Spiralwindung sich aufgerollt hat und im Begriffe ist, sich von der übrigen Masse zu trennen. Man erkennt sogleich, daß, wenn die Verbindung erst unterbrochen ist, ein Planet in das erste Stadium seiner selbständigen Entwicklung eingetreten ist. In ähnlicher Weise denken wir uns die Entstehung des Planeten Neptun. Der am weitesten vom Zentrum entfernte Teil des Nebels löste seine Verbindung mit der übrigen Materie und begann sich selbständig zu entwickeln. Verfolgt man die Entwicklung nach der Abbildung weiter, so ist leicht einzusehen, daß das Band, welches den Planeten mit der übrigen Masse verknüpfte, sich ebenfalls sowohl von der Planeten- als von der Kernmasse abzutrennen und einen zweiten Planeten zu bilden vermochte. Auf diese Weise kann man sich den Planeten Uranus entstanden denken, wenn man nicht vorziehen sollte, ihm einen besonderen, dem Zentrum etwas näher liegenden Windungsteil zuzuweisen. Zwei, dem Zentrum noch mehr benachbarte, an Masse bedeutendere Windungsteile bildeten sich endlich zu den Planeten Saturn und Jupiter aus.

Verkürzung des Bahnradius der Planeten. Als infolge der fortschreitenden Verdichtung der Zentralmasse ihre Gravitationskraft allmählich zur Wirksamkeit kam, mußten sich die Planeten ihr mehr und mehr nähern; auch der Widerstand des Äthers und der zerstreuten Materie trug zur Verkürzung der Bahnachsen bei. Wir wollen den Einfluß des Ätherwiderstandes zunächst unberücksichtigt lassen und untersuchen, in welcher Weise die Verkleinerung der Bahnachsen von der Vergrößerung der Anziehungskraft des zentralen Kernes abhing. Betrachten wir die Vergrößerung der Anziehungskraft als Wirkung einer mit der Zeit sich vergrößernden Masse und bezeichnen dieselbe mit $Mf(t)$, wo $f(o) = o$, $f(\infty) = 1$ ist, so ergeben sich aus den Differentialgleichungen der Bewegung für eine kreisförmige Bahn die Integrale:

$$\left(\frac{ds}{dt}\right)^2 = \frac{kMf(t)}{r}; \quad r^2 \frac{d\varphi}{dt} = r\frac{ds}{dt} = \text{konst.} = C.$$

Das 2. Integral ist der Flächensatz. Durch Kombination beider erhält man:

$$C^2 = k\,M\,r\,f(t).$$

Das Produkt $r\,f(t)$ hat hiernach einen konstanten Wert. Ist also die Größe der Anziehung auf den $n$fachen Wert gewachsen, so beträgt der Radius der Bahn nur noch den n. Teil des früheren Wertes.

Ursprünglicher Ort der Planetenmassen. Es sei r der Bahnradius, ω die Winkelgeschwindigkeit, c die lineare Geschwindigkeit eines Planeten; dann sagt der Flächensatz aus, daß die Größe $2F = r^2\,\omega = r\,c$ einen konstanten Wert hat. Bezeichnet man die auf den Planeten Neptun sich beziehenden Werte mit dem Index n, so folgt:

$$\frac{F}{F_n} = \left(\frac{r}{r_n}\right)^2 \frac{\omega}{\omega_n} = \frac{r}{r_n}\,\frac{c}{c_n}\,.$$

Nun ist für Neptun $r = 30{,}2\;r_e$, $c = 5{,}4$ km, für Uranus $r = 19{,}2\;r_e$, $c = 6{,}8$ km, für Saturn $r = 9{,}5\;r_e$, $c = 9{,}6$ km, für Jupiter $r = 5{,}2\;r_e$, $c = 13$ km, man erhält also:

$$F_u = 0{,}89\,F_n;\quad F_s = 0{,}56\,F_n;\quad F_\gamma = 0{,}42\,F_n.$$

Besaßen die Windungsteile des Urnebels dieselbe lineare Geschwindigkeit, so verhielten sich die von ihren Radienvektoren beschriebenen Flächenräume wie ihre Entfernungen vom Mittelpunkte; besaßen sie aber nur dieselbe Winkelgeschwindigkeit, so verhielten sich die Flächenräume wie die Quadrate der Entfernungen. War der Radius des Windungsteiles, aus welchem Neptun entstand, gleich R, so betrug hiernach die Entfernung der Windungsmassen, aus denen die anderen drei großen Planeten entstanden, im ersten Falle $0{,}89\;R$, $0{,}56\;R$ und $0{,}42\;R$, im zweiten Falle $0{,}94\;R$, $0{,}75\;R$ und $0{,}64\;R$. Der wirklich anzunehmende Wert dürfte zwischen diesen Grenzen liegen. — Wenn der Widerstand des Äthers wirkt, so verliert der Flächensatz seine Gültigkeit, die Größe F verkleinert sich. Bei den dem Zentrum näher liegenden Planeten mußte sich der Widerstand offenbar mehr bemerkbar machen, als bei den äußeren, da im Innern des Nebels die zwischen den Windungen verteilte feine Materie den widerstehenden Einfluß des Äthers vergrößerte. Der ursprüngliche Wert der Größen F_u, F_s und F_γ war also größer, als oben angenommen wurde, und hieraus geht hervor, daß sämtliche berechneten Werte Minimalwerte sind. — Unter der Voraussetzung gleicher Winkelgeschwindigkeit der Windungsteile des Nebels ergibt sich für die Nebelmassen, aus denen Neptun und Uranus entstanden, eine so geringe Differenz ihres Abstandes vom Zentrum, daß man unsere Annahme, die beiden äußersten Planeten seien aus einem einzigen Windungsteile hervorgegangen, nicht bedenklich finden wird. Denn während aus dem vorderen Teile der Windung Neptun sich aufrollte, mußte der ihm nachfolgende Teil, weil der Widerstand des Äthers auf die etwas verdichtete Planetenmasse nicht in demselben Maße einzuwirken vermochte, wie auf die weniger dichte Materie des folgenden Windungsabschnittes, etwas schneller zum Zentrum sinken als der Planet.[1])

Rotation der Planeten. Außer der die Bewegung hemmenden Wirkung hatte der Äther auf die in der Entwicklung begriffenen Planeten noch einen andern Einfluß. Ihm ist es größtenteils zuzuschreiben, daß sie sich in Rotation versetzten.

Widersinnige Rotationsrichtung. Der im Innern des Nebels befindliche Äther wurde teilweise in die Rotationsbewegung desselben hineingezogen; die ihn umgebenden Äthermassen aber blieben in Ruhe. An der Grenze des Nebels mußte daher der Widerstand des Äthers besonders groß sein. So erklärt es sich, daß der peripherische Windungsteil, aus welchem der Planet Neptun entstand, da seine Materie an der Außenseite in ihrer Bewegung durch den Äther mehr aufgehalten wurde als an der inneren und außerdem die Anziehung der Zentralmasse noch so gut wie unwirksam war, sich rückwärts, an der Außenseite des Nebels, aufrollen mußte, in ähnlicher Weise, wie sich die äußeren Teile eines in der Luft aufsteigenden Wasserdampfstromes an dieser aufrollen. Die Abbildung des Nebels in den Jagdhunden führt uns die Entstehung dieser rückwärts gerichteten Rotation vor die Augen. Sie läßt deutlich erkennen, daß der Planet im Begriffe ist, eine Rotation anzunehmen, deren Richtung seiner Bewegungsrichtung entgegengesetzt ist. — Auf die genannte Weise erklärt sich die widersinnige Rotationsbewegung der Planeten Neptun[2]) und Uranus.

---

[1]) Die Abbildung des Spiralnebels in den Jagdhunden zeigt, daß der ursprünglich dem Planeten folgende Windungsteil ihm mit der Zeit vorausgeeilt ist. Hierfür findet sich eine einfache Erklärung. Da der dem Planeten folgende Windungsteil, wenn er zum Zentrum sinkt, bei der Bewegung um dasselbe einen kleineren Kreis zu beschreiben hat als der Planet, seine Geschwindigkeit aber beibehält, sie vielleicht sogar, wenn sich die Anziehung der zentralen Masse schon bemerkbar macht, beschleunigt, so muß er sich unter dem sich bildenden Planeten hinweg bewegen.

[2]) Man könnte sich verleiten lassen, die rückwärts gerichtete Rotation Neptuns dadurch zu erklären, daß man annähme, der Planet habe, aus einer bloßen Anhäufung von Nebelmaterie hervorgehend und deswegen anfangs ungefähr ebenso schnell wie der Nebel, also in unfaßbar langer Zeit, rotierend, seine Rotation nicht beschleunigt (was übrigens dem Flächensatze widerspricht), sondern nur seine Umlaufszeit verkürzt. Wenn diese Erklärung richtig wäre, so dürfte sich Neptun während eines Umlaufs nur einmal rückwärts drehen, was doch gewiß unzutreffend ist. Dasselbe müßte der Fall sein, wenn die Annahmen gemacht würde, Neptun habe anfangs überhaupt keine Rotationsbewegung gehabt. Bei keiner dieser Annahmen ergibt sich ein negatives Rotationsmoment, wie es doch erforderlich ist, wenn sich die rückwärts gerichtete Rotation dem Flächensatze gemäß beschleunigen soll. Nur wenn an genommen wird, daß gleich im Anfange der Entwicklung der Anstoß zu einer, wenn auch noch so geringen rückwärts gerichteten Rotation gegeben worden sei, erklärt sich die widersinnige Rotationsbewegung des Planeten.

Schiefe der Achsen. Wenn der Äther es ist, der die umgekehrte Rotationsbewegung verursacht, so müssen offenbar zufällige örtliche Unregelmäßigkeiten der Windungsteile die Stellung der Rotationsachse nicht unwesentlich beeinflussen. Nur bei ganz symmetrischer Form der sich aufrollenden Windung und genau symmetrischer Lage derselben zu dem ganzen Nebel würde eine Rotation entstehen, deren Achse genau senkrecht auf der Bahnebene stände. Geringe Abweichungen von der Symmetrie müssen aber Verschiebungen der Achse zur Folge haben. Bei dem Planeten Neptun hat, da seine Rotationsachse um ungefähr 50° von der Senkrechten abweicht, die Unsymmetrie einen ziemlich großen Betrag erreicht; aber noch bedeutend größer muß sie beim Uranus, dessen Rotationsachse fast mit der Bahnebene zusammenfällt, gewesen sein. Wenn wir mit Recht vermuten, daß Neptun und Uranus aus demselben Windungsteile entstanden seien, so würde sich die große Neigung der Uranusachse z. B. durch die Annahme erklären, daß der sich vom Planeten Neptun abtrennende hintere Windungsteil keine symmetrische Lage zu demselben hatte, sondern infolge der bei der Abtrennung an der Trennungsstelle unvermeidbaren gewaltsamen Störungen an der Spitze eine seitliche Verschiebung erlitt. Wenn diese Spitze vielleicht noch eine Zeitlang mit dem Planeten verbunden war, während der folgende Teil unter ihm hinweg vorwärts drängte, oder, sich von dem Planeten trennend und plötzlich von dem Widerstande des Äthers erfaßt, anstatt sich genau rückwärts umzubiegen, sich mehr nach der Seite neigte, so würde der Anstoß zu der abnormen Lage der Uranusachse gegeben sein. Bei dieser Erklärung ist allerdings angenommen, daß der dem Planeten Neptun nachfolgende Windungsteil nicht, wie es bei dem Spiralnebel in den Jagdhunden der Fall ist, dem Planeten mit der Zeit vorausgeeilt war, sondern ihm als Schweif noch folgte. Andernfalls müßte man die Ursache der sehr gestörten Achsenlage in unsymmetrischen Eigenschaften der sich von der inneren Hauptmasse des Nebels trennenden Spitze des Windungsteiles suchen. Man könnte die besondere Lage der Uranusachse auch dadurch erklären, daß man annähme, der Windungsteil, aus welchem er entstand, sei infolge unsymmetrischer Lage zu der Bahnebene Neptuns dem hemmenden Widerstande des Äthers weniger an der äußeren, dem Neptun zugewandten Seite, als oberhalb oder unterhalb der Bahnebene desselben ausgesetzt gewesen. Da der Spiralnebel die Form eines flachen Rotationsellipsoids besitzt, so vermag der Widerstand des denselben umgebenden Äthers nicht nur in seiner Äquatorebene zu wirken, um hierdurch eine unter normalen Verhältnissen senkrechte Rotationsachse hervorzurufen, sondern kann, wenn ein Windungsteil etwas seitwärts, oberhalb oder unterhalb der Äquatorebene aus der übrigen Masse herausragt, ihn in eine schiefe Drehung versetzen. Auf jeden Fall erkennen wir, daß sich für die abnorme Rotationsrichtung der beiden äußeren Planeten eine einfache Erklärung ergibt.

Rechtsinnige Rotationsrichtung. Die Planeten Saturn und Jupiter entwickelten sich aus Windungsteilen, die dem Zentrum näher lagen als der, aus welchem Neptun und Uranus entstanden. Ihnen war es im Innern der feinverteilten, und wie die Windungen um das Zentrum sich bewegenden Nebelmaterie offenbar nicht möglich, sich ähnlich, wie es bei den an der Grenze liegenden Windungsteilen geschah, an ruhendem Äther aufzurollen. Aber auch im Innern des Nebels war der Widerstand des Äthers wirksam und suchte die Bewegung der Materie aufzuhalten. Vielleicht bewegte sich auch, was schon mehrfach bemerkt wurde, die feinverteilte Materie etwas langsamer als die von ihr eingeschlossenen, dichteren, an Masse bedeutenderen Windungsteile und verhielt sich gegen dieselben auf diese Weise wie ein widerstehendes Mittel. Am stärksten wirkte der Widerstand auf den vorauseilenden Teil der Windungen und zwang dessen Spitze, da die Anziehung der zentralen Masse bereits angefangen hatte, ihre Wirkung geltend zu machen, mehr als die nachfolgende Masse zum Falle nach dem Zentrum. Wenn der vorauseilende Teil trotzdem seine Verbindung mit dem folgenden nicht löste, so mußten die vorderen Massen, sobald es zu einer Zusammenballung derselben kam, offenbar in eine Rotation versetzt werden, deren Richtung ihrer Umlaufsrichtung entsprach. Auch nachdem der Planet sich schon zusammengeballt hatte, wurde die Größe seiner Rotationsbewegung durch den Widerstand noch beschleunigt. Dieser wirkte am meisten auf die Teilchen der Vorderseite des Planeten und verzögerte ihre Bewegung mehr als die der übrigen Teilchen. Infolge davon mußten sie bestrebt sein, sich dem Anziehungsmittelpunkte zu nähern. Da sie durch die Anziehung des Planeten aber zurückgehalten wurden, so trat ihre Fallbewegung nach dem Anziehungsmittelpunkte als Rotationsbewegung des Planeten in die Erscheinung. — Wenn sich herausstellen sollte, was allerdings, wenigstens für Uranus, im höchsten Grade unwahrscheinlich ist, daß auch Neptun und Uranus, trotzdem ihre Monde rückläufig sind, in demselben Sinne rotieren wie die übrigen Planeten, so würde die Entstehung ihrer Rotation auf die zuletzt angegebene Weise zu erklären sein. Die Erklärung der Rückläufigkeit ihrer Monde würde sich dann wie die des Mondes Phöbe beim Saturn ergeben (§ 19).

Schiefe der Achsen. Nach dem Gesagten muß unter normalen Verhältnissen, d. h. bei genauer Symmetrie der Form und der Lage des Windungsteiles, aus welchem der Planet entstand, die Rotationsachse senkrecht auf der Bahn stehen. Örtliche Unregelmäßigkeiten bewirkten, daß die Achse Saturns um 27° gegen die Senkrechte geneigt ist; die Achse Jupiters steht aber fast genau senkrecht auf der Bahn. Dies erklärt sich vielleicht daraus, daß bei der immer mehr zur Ausbildung kommenden Anziehungskraft der Zentralmasse örtliche Unregelmäßigkeiten nicht mehr imstande waren, den nunmehr mit größerer Gewalt nach dem Zentrum fallenden vorderen Teilchen der Windung in ihrem Bestreben, eine Rotation mit senkrechter Achse entstehen zu lassen, so sehr entgegenzuwirken, daß eine größere Achsenverschiebung erfolgen konnte.[1])

Beschleunigung der Rotation. Man würde mit Recht unsere Ausführungen in Zweifel ziehen, wenn wir in ihnen behauptet hätten, die gegenwärtige bedeutende Rotationsbewegung des Planeten sei allein eine Wirkung des Ätherwiderstandes. Bei allen Planeten hat man sich nur den ersten Anstoß zu ihrer Rotationsbewegung auf die beschriebene Weise entstanden zu denken. Die Beschleunigung derselben erfolgte bei der Zusammenziehung der Planeten gemäß dem Flächensatze, ohne äußere Ursache. Beim Saturn und Jupiter trug jedoch, wie schon bemerkt wurde, der Widerstand auch im Laufe der ferneren Entwicklung zur Beschleunigung der Rotationsbewegung bei. Beim Uranus fällt, da seine Achse fast in seiner Bahn liegt, diese Ursache der Beschleunigung der Rotationsbewegung fort und beim Neptun wirkte sie sogar der dem Flächensatze gemäß erfolgenden Beschleunigung der ursprünglichen Rotationsbewegung entgegen. Vielleicht ist dies der Grund, weshalb Neptun, was aus seiner geringen Abplattung, welche nicht größer als $^1/_{100}$ ist, geschlossen werden kann, bedeutend langsamer rotiert als die drei anderen Planeten.

Rotation der Sonne. Es leuchtet ein, daß, nachdem die ganze innere Nebelmasse zu der Zentralkugel zusammengesunken war, diese eine Rotationsbewegung annehmen konnte, deren Achse nicht genau senkrecht auf der Bahnebene der Planeten stand. Nur wenn der Spiralnebel genau die Form eines Rotationsellipsoides gehabt und wenn sich die Windungen, aus denen die großen Planeten entstanden, genau in der Äquatorebene desselben befunden hätten, würde die Äquatorebene der später entstehenden Sonne mit den Bahnebenen der Planeten zusammenfallen. Aber schon eine geringe Unsymmetrie der Nebelmassen mußte die Äquatorebene der Sonne aus den Bahnebenen der Planeten hinausdrängen. Wenn die Windungen des Urnebels z. B. nicht genau ineinander lagen, sondern wie die Windungen eines Korkziehers auseinander gezogen waren, so mußte die Äquatorebene der die Hauptmasse der Windungen an sich reißenden Zentralmasse eine Verschiebung gegen die durch die äußerste Windung und ihr Zentrum gehenden Ebene erfahren. Daraus, daß die Verschiebung

[1]) Bei unserer obigen Auseinandersetzung liegt die im § 13 hergeleitete Annahme zugrunde, daß der Äther in Beziehung auf die Sonne als ruhend zu betrachten sei. Aber auch wenn sich die Sonne mit ihrer translatorischen Geschwindigkeit von 20 km sec^{-1} durch den Äther hindurchbewegen sollte, und der Widerstand desselben infolgedessen bald auf der Vorder-, bald auf der Rückseite des Planeten wirken würde, müßte der Planet in eine rechtsinnige Rotation versetzt werden. Denn der auf der Vorderseite des Planeten wirkende Widerstand würde immer größer als der auf der Rückseite wirkende sein, da sich im ersten Falle die Geschwindigkeit des Planeten zu einer Komponente der translatorischen Geschwindigkeit der Sonne addiert, im zweiten Falle aber von ihr subtrahiert.

nur 7^0 beträgt, dürfen wir schließen, daß die Windungen des Spiralnebels unseres Sonnensystems nur wenig auseinander gezogen waren (siehe § 17).

Bewegung im widerstehenden Mittel. Jetzt soll noch der Einfluß eines widerstehenden Mittels auf die Bewegung der Planeten untersucht werden, weil die Frage nach der Größe der Wirkung des Ätherwiderstandes auch für die kleinen Planeten von Wichtigkeit ist und die Rechnung uns außerdem erlaubt, eine gewisse Schätzung des Alters unseres Planetensystems anzustellen.

Bedeutet m die Masse, ϱ den Radius eines Planeten, λ die Konstante des Widerstandes, und setzt man den Widerstand der 2. Potenz der Geschwindigkeit proportional, so gelten, unter der Voraussetzung, daß die Sonne in Beziehung auf den Äther ruht und ihre Anziehungskraft dieselbe bleibt, für die Bewegung des Planeten die Gleichungen:

$$\left.\begin{aligned} \frac{d^2 x}{d t^2} &= -\frac{k M x}{r^3} - \frac{\lambda \varrho^2 \pi}{m}\left(\frac{d s}{d t}\right)^{\nu} \frac{d x}{d s}, \\ \frac{d^2 y}{d t^2} &= -\frac{k M y}{r^3} - \frac{\lambda \varrho^2 \pi}{m}\left(\frac{d s}{d t}\right)^{\nu} \frac{d y}{d s}. \end{aligned}\right\} \tag{1}$$

Aus ihnen folgt:

$$log\left(x \frac{d y}{d t} - y \frac{d x}{d t}\right) = log\, \alpha_0 - \frac{\lambda \pi}{m} \int_0^t \varrho^2 \left(\frac{d s}{d t}\right)^{\nu - 1} d t, \tag{2}$$

$$\left(\frac{d s}{d t}\right)^2 = \frac{2 k M}{r} - \beta_0 - \frac{2 \lambda \pi}{m} \int_1^t \varrho^2 \left(\frac{d s}{d t}\right)^{\nu + 1} d t. \tag{3}$$

α_0 und β_0 bedeuten zwei Konstanten. Der Wert des Integrals in diesen Gleichungen läßt sich folgendermaßen näherungsweise bestimmen. Wenn der Widerstand des Äthers nicht wirkt, so lauten die Integrale der Bewegungsgleichungen in Polarkoordinaten:

$$r^2 \frac{d \varphi}{d t} = \alpha; \quad r^2 \left(\frac{d \varphi}{d t}\right)^2 + \left(\frac{d r}{d t}\right)^2 = \frac{2 k M}{r} - \beta. \tag{4}$$

Aus ihnen folgt:

$$d t = \left(\frac{2 k M}{r} - \beta - \frac{\alpha^2}{r^2}\right)^{-1/2} d r. \tag{5}$$

Dritte Potenz der Geschwindigkeit. Mit Berücksichtigung dieses Wertes erhält man, wenn man $\nu = 3$ setzt, ϱ als unveränderlich betrachtet und beachtet, daß:

$$\left(\frac{d s}{d t}\right)^2 = \frac{2 k M}{r} - \beta$$

ist, folgende Integrale:

$$\left.\begin{aligned}
&\int\left(\frac{d s}{d t}\right)^2 d t = R + \frac{k M}{\sqrt{\beta}} \, arc \sin \frac{r \beta - k M}{c}, \\
&\int\left(\frac{d s}{d t}\right)^4 d t = - R \beta - 3 k M \sqrt{\beta} \, arc \sin \frac{r \beta - k M}{c} \\
&\qquad - \frac{4 k^2 M^2}{\alpha} \, arc \sin \frac{\alpha^2 - k M r}{c r}, \\
&R^2 = 2 k M r - \beta r^2 - \alpha^2; \quad c^2 = k^2 M^2 - \alpha^2 \beta.
\end{aligned}\right\} \tag{6}$$

Für die Zeitdauer τ eines Umlaufs ergibt sich hieraus:

$$\int_\tau \left(\frac{d s}{d t}\right)^2 d t = \frac{2 k M \pi}{\sqrt{\beta}}; \quad \int_\tau \left(\frac{d s}{d t}\right)^4 d t = 2 k M \pi \left(\frac{4 k M}{\alpha} - 3 \sqrt{\beta}\right). \tag{7}$$

Für die Exzentrizität der Bahnellipse erhält man:

$$\varepsilon = \sqrt{1 - \frac{\alpha^2 \beta}{k^2 M^2}}; \tag{8}$$

folglich ist:

$$\frac{k M}{\alpha \sqrt{\beta}} = \frac{1}{\sqrt{1 - \varepsilon^2}}. \tag{9}$$

Berücksichtigt man, daß aus dem Integrale der Gleichung (5):

$$\tau = 2 k M \pi \beta^{-3/2} \tag{10}$$

folgt, so lassen sich die Gleichungen (7) auch folgendermaßen schreiben:

$$\int_\tau \left(\frac{d s}{d t}\right)^2 d t = \tau \beta; \quad \int_\tau \left(\frac{d s}{d t}\right)^4 d t = \tau \beta^2 \left(\frac{4}{\sqrt{1 - \varepsilon^2}} - 3\right). \tag{11}$$

Setzt man:

$$h = \frac{2 \lambda \pi}{m} \varrho^2 \tau \beta, \tag{12}$$

so gehen hiernach die Gleichungen (4) nach einem Umlaufe des Planeten über in:

$$\left.\begin{aligned}
r^2 \frac{d \varphi}{d t} &= \alpha \left(1 - {}^1\!/_2 h\right), \\
\left(\frac{d s}{d t}\right)^2 &= \frac{2 k M}{r} - \beta - h \beta \left(\frac{4}{\sqrt{1 - \varepsilon^2}} - 3\right).
\end{aligned}\right\} \tag{13}$$

Die Gleichung der Bahnellipse lautet:

$$r = \frac{p}{1 + \varepsilon \cos(\varphi + \varphi_0)}; \quad p = \frac{\alpha^2}{k M}. \tag{14}$$

Bezeichnet man die Konstanten der bei dem folgenden Umlaufe beschriebenen Bahnellipse mit α', β', ε', so folgt aus (4) und (13):

$$\alpha' = \alpha\,(1 - {}^1/_2 h); \quad \beta' = \beta\left[1 + h\left(\frac{4}{\sqrt{1-\varepsilon^2}} - 3\right)\right]. \tag{15}$$

Da

$$\varepsilon' = \sqrt{1 - \frac{\alpha'^2\,\beta'}{k^2\,M^2}}$$

ist, so erhält man also:

$$\varepsilon' = \sqrt{\varepsilon^2 - 4\,h\,(\sqrt{1-\varepsilon^2} - 1 + \varepsilon^2)}. \tag{16}$$

Die Klammergröße unter der Wurzel hat stets einen positiven Wert; mithin ist $\varepsilon' < \varepsilon$, d. h. die Exzentrizität verringert sich. Bedeutet a die halbe große Achse der Bahn, so ist:

$$\beta = \frac{k\,M}{a}\cdot \tag{17}$$

Aus (15) folgt dann:

$$a' = a\left[1 - h\left(\frac{4}{\sqrt{1-\varepsilon^2}} - 3\right)\right]. \tag{18}$$

Demnach verkleinert sich die große Achse. Bildet man:

$$b = a\sqrt{1-\varepsilon^2}, \qquad b' = a'\sqrt{1-\varepsilon'^2},$$

so findet man, daß auch die kleine Achse an Größe abnimmt. Dasselbe gilt von der Periheldistanz $a\,(1 - \varepsilon)$.

Erste Potenz der Geschwindigkeit. Ist die Funktion des Widerstandes der 1. Potenz der Geschwindigkeit proportional, so lauten die Integrale:

$$\log r^2 \frac{d\,\varphi}{d\,t} = \log \alpha_0 - \frac{\lambda'\,\pi}{m}\,\varrho^2 \int_0^t d\,t,$$

$$\left(\frac{d\,s}{d\,t}\right)^2 = \frac{2\,k\,M}{r} - \beta_0 - \frac{2\,\lambda'\,\pi}{m}\,\varrho^2 \int_0^t \left(\frac{d\,s}{d\,t}\right)^2 d\,t.$$

Integriert man nur für die Dauer eines Umlaufs, so erhält man, wenn man:

$$h = \frac{2\,\lambda'\,\pi}{m}\,\varrho^2\,\tau$$

setzt, ähnlich wie im vorigen Falle:

$$\alpha' = \alpha\,(1 - {}^1/_2\,h); \qquad \beta' = \beta\,(1 + h)$$

Bildet man mit Hülfe dieser Werte:

$$\varepsilon' = \sqrt{1 - \frac{\alpha'^2\,\beta'}{k^2\,M^2}},$$

so folgt $\varepsilon' = \varepsilon$, d. h. die Exzentrizität bleibt in erster Näherung unverändert. Für die große Achse der Bahn erhält man:

$$a' = a\,(1 - h);$$

sie verkleinert sich also.

Zweite Potenz der Geschwindigkeit. Ist endlich die Funktion des Widerstandes dem Quadrate der Geschwindigkeit proportional, so heißen die Integrale:

$$\log r^2 \frac{d\varphi}{dt} = \log \alpha_0 - \frac{\lambda'' \varrho^2 \pi}{m} \int_0^t \frac{ds}{dt}\, dt,$$

$$\left(\frac{ds}{dt}\right)^2 = \frac{2kM}{r} - \beta_0 - \frac{2\lambda'' \varrho^2 \pi}{m} \int_0^t \left(\frac{ds}{dt}\right)^3 dt.$$

Setzt man in dem letzten Integrale wieder für $\frac{ds}{dt}$ seinen Wert:

$$\left(\frac{2kM}{r} - \beta\right)^{1/2}$$

und drückt mit Hülfe der Gleichung (5) dt durch dr aus, so erhält man, wenn man die Substitution

$$r = \frac{kM}{\beta}(1 + \varepsilon \sin \psi)$$

anwendet:

$$\frac{1}{M}\int \left(\frac{ds}{dt}\right)^3 dt = k \int \frac{(\varepsilon \sin \psi - 1)^2\, d\psi}{\sqrt{1 - \varepsilon^2 \sin^2 \psi}} =$$

$$= 2k \int \frac{d\psi}{\sqrt{1 - \varepsilon^2 \sin^2 \psi}} - k \int \sqrt{1 - \varepsilon^2 \sin^2 \psi}\, d\psi - 2\varepsilon k \int \frac{\sin \psi\, d\psi}{\sqrt{1 - \varepsilon^2 \sin^2 \psi}}.$$

Schreibt man:

$$K = \int_0^{\frac{\pi}{2}} \frac{d\psi}{\sqrt{1 - \varepsilon^2 \sin^2 \psi}}, \quad K' = \int_0^{\frac{\pi}{2}} \frac{d\psi}{\sqrt{1 - (1 - \varepsilon^2) \sin^2 \psi}},$$

ferner:

$$E = \int_0^{\frac{\pi}{2}} \sqrt{1 - \varepsilon^2 \sin^2 \psi}\, d\psi,$$

so ergibt sich also, wenn man für die Dauer eines Umlaufs integriert:

$$\int_\tau \left(\frac{ds}{dt}\right)^3 dt = 4kM(2K - E); \quad \int_\tau \frac{ds}{dt}\, dt = 4Ea.$$

Es sei

$$h = \frac{8\lambda'' \varrho^2 \pi}{m} E a;$$

dann ist, ähnlich wie in den beiden vorhergehenden Fällen:

$$\alpha' = \alpha\,(1 - {}^1/_2\,h); \quad \beta' = \beta\left[1 + h\left(\frac{2\,K}{E} - 1\right)\right].$$

Bildet man mit Hülfe dieser Werte:

$$\varepsilon' = \sqrt{1 - \frac{\alpha'^2\,\beta'}{k^2\,M^2}},$$

so erhält man:

$$\varepsilon' = \sqrt{\varepsilon^2 - 2\,h\,(1 - \varepsilon^2)\left(\frac{K}{E} - 1\right)}.$$

Die Theorie der elliptischen Funktionen liefert die Gleichung:

$$E = K - \left(\frac{\pi}{2\,K}\right)^2 \gamma\,K\left[\frac{q}{1 - q^2} + \frac{2\,q^2}{1 - q^4} + \frac{3\,q^3}{1 - q^6} + \ldots\right],$$

wo

$$\log q = -\,\pi\,\frac{K'}{K}$$

ist. Sind K und K', wie in unserem Falle, reelle Zahlen, so wird q ein echter, positiver, reeller Bruch. Aus der für E angegebenen Gleichung geht dann hervor, daß $E < K$ ist. Demnach ist:

$$\frac{K}{E} - 1 > 0$$

und mithin $\varepsilon' < \varepsilon$; d. h. die Exzentrizität der Bahn nimmt ab. Dasselbe gilt von der großen Bahnachse.

Zeitdauer der Verkürzung des Bahnradius. Wir beziehen uns jetzt wieder auf den ersten Fall. Setzt man in (18) $\varepsilon = 0$, so entsteht:

$$a' = a\,(1 - h).$$

Schreibt man:

$$h' = 2\,k\,\lambda\,\pi\,\varrho^2\,\frac{M}{m},$$

so folgt, wenn man (17) beachtet:

$$a' = a - h'\,\tau.$$

Bildet man diese Gleichung für sämtliche aufeinander folgenden Umläufe und addiert sie, so erhält man:

$$a = a_0 - h'\,\Sigma\,\tau,$$

oder

$$\Sigma\,\tau = \frac{a_0 - a}{h'}.$$

Die letzte Gleichung erlaubt, die Zeit zu berechnen, welche der Planet brauchte, um den Radius seiner Bahn infolge des Ätherwiderstandes von dem Werte a_0 bis zu dem Werte a zu verkürzen. Setzt man, wenn δ die Dichte des Äthers bedeutet, wie im § 12:

$$\lambda = \delta \frac{n}{\alpha} \sec \mathrm{km}^{-1},$$

so wird, da

$$k M = r_e c_e^2, \quad m = \frac{4\pi}{3} \varrho^3 \delta'$$

ist,

$$h' = \delta \frac{n}{\alpha} \frac{3 r_e c_e^2}{2 \varrho \delta'} \sec \mathrm{km}^{-1},$$

oder, da c_e den Wert 30 km sec^{-1} besitzt:

$$h' = \delta \frac{n}{\alpha} \frac{1350\, r_e}{\varrho \delta'} \mathrm{km} \sec^{-1} = \delta \frac{n}{\alpha} \frac{r_e 10^{11}}{2{,}35\, \varrho \delta'} \mathrm{km}\,(\mathrm{Jahre})^{-1}.$$

Setzt man diesen Wert in dem für $\Sigma \tau$ angegebenen Ausdrucke ein, so erhält man, wenn man den Wert der Ätherdichte wieder zu 10^{-22} und den Wert von $\frac{\alpha}{n}$ zu 1 annimmt,

$$\Sigma \tau = \frac{a_0 - a}{r_e} 2{,}35 \,.\, 10^{11} \delta' \left(\frac{\varrho}{\mathrm{km}}\right) \text{ Jahre.}$$

Im § 18 wird von dieser Gleichung eine Anwendung gemacht werden.

§ 17. Die Sonne.

Die Sonne als adiabatische Kugel. In seinen Abhandlungen über „die Höhe der Atmosphäre und die Konstitution gasförmiger Weltkörper“ hat Ritter, indem er von der Voraussetzung des adiabatischen Gleichgewichtszustandes ausging, eine Reihe interessanter Resultate abgeleitet, von denen wir einige in der vorliegenden Arbeit verwertet haben. Es bleibt uns nun noch übrig, zu seiner Annahme, daß die Sonne während der ganzen Zeit ihrer Entwicklung den adiabatischen Gleichgewichtszustand beibehalten habe, und zu den Folgerungen aus dieser Annahme Stellung zu nehmen. Nach der Formel (23) des § 15 hat das Produkt $R \vartheta_0$ einen konstanten Wert. Die Mittelpunktstemperatur einer adiabatischen Gaskugel ist also ihrem Radius umgekehrt proportional. Für die Sonne beträgt, wenn Wasserstoff als ihr Bestandteil angenommen wird, nach unserer früheren Rechnung bei einem Radius von 4,9 r_e die Mittelpunktstemperatur 30000°. Hieraus berechnet sich die Mittelpunktstemperatur zu der Zeit, als ihr Radius die Größe des Erdbahnradius besaß, zu 146000°, und ihre gegenwärtige Mittelpunktstemperatur zu rund 30 Millionen Graden. Früher haben wir wahrscheinlich zu machen gesucht (§ 15), daß die Temperatur einer Gasmasse sich nicht beliebig steigern lasse, daß sie stets unter einer gewissen Grenze bleibe und ihr Maximalwert ungefähr 30000° betrage. Da bei der Annahme des adiabatischen Gleichgewichts eine Zusammenziehung der Gasmasse nur unter gleichzeitiger Erhöhung der Mittelpunktstemperatur stattfinden kann, so sind wir, wenn wir unsere Voraussetzungen aufrecht erhalten wollen, gezwungen, die Rittersche Annahme zurückzuweisen. Wir wollen nun versuchen, die schwierige Frage, wie sich die weitere Entwicklung der Sonne auf Grund physikalischer Gesetze gestaltet habe, zu beantworten, ohne unsere Voraussetzungen umzustoßen.

Die Sonne als gleichmäßig warme Kugel. Zunächst könnten wir annehmen, daß, nachdem bei einem Radius der Gaskugel von $4{,}9\, r_\odot$ die Mittelpunktstemperatur ihren Maximalwert erreicht hatte, die in der folgenden Zeit vor sich gehende Zusammenziehung nur die äußeren Schichten ergriff, und daß die dabei verloren gehende potentielle Energie, sich in Wärmeenergie verwandelnd, die Temperatur der genannten Schichten so lange vergrößerte, bis auch sie ungefähr den Maximalwert erreichte. Durch die Annäherung der äußeren Schichten an das Zentrum vermehrte sich der von diesen auf die inneren Schichten ausgeübte Druck; infolge davon nahm die Dichte im Innern etwas zu. Da aber eine Erhöhung der Temperatur nicht eintreten sollte, so mußte die Wärmemenge, welche aus der bei der Verdichtung verloren gehenden potentiellen Energie im Innern entstand, entweder durch Leitung an die Oberfläche oder unmittelbar durch Strahlung in den Weltraum fortgeführt werden. Auf diese Weise ging die adiabatische Gaskugel allmählich in eine andere über, deren Temperatur überall ungefähr gleichmäßig war, und die vielleicht nur in den äußersten Schichten den adiabatischen Gleichgewichtszustand beibehielt. Wir wollen daher jetzt untersuchen, wie die Temperaturverhältnisse einer Gaskugel bei der Zusammenziehung derselben sich ändern, wenn die Temperatur der Kugel als gleichmäßig vorausgesetzt wird. — Die Gleichung (1) des § 6 geht für veränderliches γ über in:

$$d y = -\lambda y \frac{k m}{r^2} d r; \quad m = \int_0^r 4 r^2 \pi y \, d r.$$

Durch Differentiation erhält man hieraus:

$$\frac{d^2 \log y}{d r^2} + \frac{2}{r} \frac{d \log y}{d r} + \mu y = 0; \quad \mu = 4 k \lambda \pi. \tag{1}$$

Schreibt man:

$$\frac{y}{y_0} = z, \quad r = \frac{1}{u} \sqrt{\frac{A}{\mu y_0}}, \tag{2}$$

so folgt:

$$\frac{d^2 \log z}{d u^2} + \frac{A z}{u^4} = 0. \tag{3}$$

Sucht man dieser Gleichung durch eine Potenzreihe zu genügen, so erhält man:

$$\left.\begin{aligned} z &= \alpha u^2 (1 + \beta \log u + \gamma \log^2 u + \delta \log^3 u + \ldots); \\ 2\gamma &= 2 + \beta + \beta^2 - A\alpha; \\ 6\delta &= 2 + 7\beta + 3\beta^2 + \beta^3 - A\alpha(1 + 4\beta); \\ 24\varepsilon &= 14 + 21\beta + 19\beta^2 + 6\beta^3 + \beta^4 - A\alpha(15 + 12\beta + \\ &\quad + 11\beta^2) + 4A^2\alpha^2, \text{ usw.} \end{aligned}\right\} \quad (4)$$

Da die Reihe die beiden willkürlichen Konstanten α und β enthält, so ist sie innerhalb ihres Konvergenzbereiches das allgemeine Integral der Gleichung (3). Für $u = \infty$ oder $r = 0$ wird der Wert der Reihe unbestimmt; doch erhält man leicht eine nach Potenzen von r^2 fortschreitende Reihe, welche der Gleichung (3) für kleine Werte von r genügt. Es ist, wenn y_0 die Mittelpunktsdichte bedeutet:

$$\left.\begin{aligned} &\log \frac{y}{y_0} = \alpha v + \beta v^2 + \gamma v^3 + \ldots; \quad v = \mu y_0 r^2; \\ &\alpha = -{}^1/_6; \quad \beta = \frac{1}{120}; \quad \gamma = -\frac{1}{42 \,.\, 45}; \quad \delta = \frac{61}{72 \,.\, 84 \,.\, 270}; \\ &\varepsilon = -\frac{629}{27 \,.\, 36 \,.\, 110 \,.\, 2100}; \text{ usw.} \end{aligned}\right\} \quad (5)$$

Mit Hülfe dieser Reihe läßt sich $\frac{y}{y_0} = z$ ungefähr bis zu dem Werte $v = 8$ bestimmen. Ausgehend von den berechneten Werten kann man dann mit Hülfe der Reihe (4), indem man α und β in passender Weise bestimmt, die Werte von z für größere Werte des Radius finden. Kennt man z. B. die Werte z_m und z_n, welche sich aus den nicht sehr weit voneinander entfernten Werten v_m und v_n ergeben, so erhält man aus (4), wenn man $A_n = v_n$ setzt, da:

$$u = \sqrt{\frac{A}{v}}$$

ist, und für $v = v_n$ den Wert 1 annimmt:

$$z_n = \alpha_n. \quad (6)$$

Setzt man $v = v_m$, so folgt:

$$z_m = \frac{\alpha_n A_n}{v_m}\left(1 + \beta_n \log \frac{A_n}{v_m} + \gamma_n \log^2 \frac{A_n}{v_m} + \ldots\right)$$

oder

$$z_m v_m = z_n v_n \left(1 + \beta_n \log \frac{v_n}{v_m} + \gamma_n \log^2 \frac{v_n}{v_m} + \ldots\right). \quad (7)$$

Aus (6) findet man α_n, aus (7) β_n; dann sind nach (4) auch γ_n, δ_n usw. bekannt. Man ist also imstande, neue Werte z_o, z_p usw. für $v = v_0$, v_p usw. zu berechnen. In der folgenden Tabelle sind die gefundenen Werte zusammengestellt. Die erste Spalte enthält die Werte von v, die zweite die von z, die dritte die von vz, die vierte die von $\sum_{0}^{v} a(\sqrt{v+\triangle v}-\sqrt{v}) = L$.

v	z	vz	L
0	1	0	0
1	0,853	0,853	0,303
2	0,738	1,476	0,784
3	0,645	1,935	1,327
4	0,573	2,292	1,895
5	0,510	2,550	2,460
6	0,456	2,736	3,020
7	0,411	2,877	3,570
8	0,372	2,976	4,105
9	0,340	3,060	4,630
10	0,310	3,10	5,135
12	0,269	3,23	6,080
14	0,234	3,28	6,940
16	0,205	3,28	7,770
20	0,162	3,24	9,360
25	0,127	3,17	11,10
32	0,0955	3,06	13,02
64	0,0410	2,63	19,68
128	0,0172	2,20	27,17
256	0,0076	1,95	36,89
512	0,0035	1,79	49,26
1024	0,0017	1,73	65,75
2048	0,00085	1,73	88,68
4096	0,00043	1,78	121,6
8192	0,00023	1,85	169,6
16384	0,00012	1,93	240,6
32768	0,000061	2,00	344,9
65536	0,000032	2,06	497,2
131072	0,000016	2,08	716,3
262144	0,000008	2,02	1026

Die 3. Spalte zeigt, daß der Wert vz nur innerhalb enger Grenzen schwankt; für große Werte von v nähert er sich der 2 mehr und mehr. Gibt man für zwei nicht übermäßig weit voneinander entfernte Werte v_m, v_n dem Produkte vz einen mittleren Wert a_{mn}, so erhält man also nach der Formel:

$$\triangle M = \int_{r_m}^{r_n} 4\, r^2 \pi\, y\, d\, r$$

für die Masse $\triangle M_{mn}$ der Kugelschale, welche von den zu den Radien r_m nud r_n gehörenden Kugelflächen begrenzt wird, mit ziemlicher Genauigkeit den Wert:

$$\triangle M_{mn} = \int_{r_m}^{r_n} 4 r^2 \pi \frac{a_{mn}}{\mu r^2} d r = \frac{4 \pi a_{mn}}{\mu} (r_n - r_m) = \frac{4 \pi a_{mn}}{\mu \sqrt{\mu y_0}} (\sqrt{v_n} - \sqrt{v_m}).$$

Demnach ist:

$$M_n = \sum_0^n \triangle M = \frac{4 \pi}{\mu \sqrt{\mu y_0}} \sum_0^n a (\sqrt{v + \triangle v} - \sqrt{v}) = \frac{4 \pi L_n}{\mu \sqrt{\mu y_0}}.$$

Die Werte von L sind aus der 4. Spalte der Tabelle zu entnehmen. Man erkennt leicht, daß, wenn $v > 100000$ ist, mit hinreichender Genauigkeit $L = 2 \sqrt{v}$ gesetzt werden kann; näherungsweise gilt dies auch für kleinere Werte von v. Ohne einen großen Fehler zu begehen, kann man also schreiben:

$$M = \frac{2 . 4 \pi \sqrt{v}}{\mu \sqrt{\mu y_0}} = \frac{8 \pi R}{\mu} = \frac{2 R}{k \lambda}. \tag{8}$$

Nun ist (siehe den Anfang des § 6):

$$\lambda g = \frac{273 . 0{,}0693}{7{,}6} \frac{\mathrm{km}}{\vartheta}^{-1},$$

ferner:

$$k M = r_e c_e^2,$$

wo r_e den Radius der Erdbahn, c_e die Revolutionsgeschwindigkeit der Erde bedeutet. Aus (8) folgt also:

$$R \vartheta = \frac{273 . 0{,}0693}{2 . 7{,}6} \frac{c_e^2 r_e}{g \,\mathrm{km}} = 112000 \, r_e. \tag{9}$$

Aus der Gleichung (8) und der Näherungsgleichung:

$$z = \frac{y}{y_0} = \frac{a}{v} = \frac{a}{\mu y_0 r^2}$$

erhält man ferner, wenn y' die Dichte der äußersten Schicht der Kugel bedeutet:

$$M = \frac{8 \pi R^3 y'}{a}.$$

Bezeichnet man mit δ die mittlere Dichte der Kugel, so hat man

$$M = \frac{4 \pi R^3 \delta}{3},$$

folglich ist:

$$\frac{y'}{\delta} = \frac{a}{6}.$$

Da a für größere Werte von v ungefähr den Wert 2 hat, so ist demnach die Dichte der äußersten Schichten sehr nahe gleich dem 3. Teile der mittleren Dichte der Kugel. Dabei kann jedoch die Mittelpunktsdichte y_0 innerhalb ziemlich weiter Grenzen schwanken.

Ungültigkeit des Boyle-Mariotteschen Gesetzes. Die Gleichung (9) zeigt, daß auch unter der Voraussetzung, die Temperatur der Gasmasse sei überall dieselbe gewesen, bei der Zusammenziehung der Kugel die Temperatur umgekehrt proportional mit dem Radius wächst. Allerdings ergeben sich etwas kleinere Temperaturgrade als bei der Annahme des adiabatischen Gleichgewichtszustandes; für $R = 4{,}9\,r_e$ erhält man z. B. $\vartheta = 23\,700^0$, während die Mittelpunktstemperatur der gleich großen adiabatischen Kugel $30\,000^0$ beträgt; aber diese Differenz ist so gering, daß sie kaum ins Gewicht fällt. Wenn wir unsere frühere Annahme, daß die Temperaturen eine gewisse Grenze nicht übersteigen, beibehalten wollen, so können wir demnach auch nicht von der Voraussetzung aus, daß die Temperatur der Gasmasse gleichmäßig gewesen sei, zu einer Vorstellung des Entwicklungsganges der Sonne gelangen. Da nun der Zustand des adiabatischen Gleichgewichts und der einer gleichmäßigen Temperatur die beiden Grenzzustände sind, innerhalb deren sich die Gasmasse der Sonne während der Zeit ihrer Zusammenziehung bewegt haben muß,[1]) so sind wir, um unsere Annahme aufrecht erhalten zu können, gezwungen, die Gültigkeit des Boyle-Mariotteschen Gesetzes, das sowohl im Falle des adiabatischen Gleichgewichts als auch in dem einer gleichmäßigen Temperatur der Rechnung zugrunde gelegt wurde, für hohe Temperaturgrade in Zweifel zu ziehen.

Indem wir dies tun, drücken wir unserer Darstellung keineswegs den Charakter des Problematischen auf. Daß das Boyle-Mariottesche Gesetz das physikalische Verhalten der Gase nicht genau zum Ausdrucke bringt, ist schon seit langer Zeit bekannt. Den Abweichungen von dem Gesetze hat van der Waals die Formel desselben dadurch anzupassen gesucht, daß er ihr Korrektionsgrößen einfügte. Die van der Waalssche Formel gilt jedoch auch nur in einem ziemlich beschränkten Temperaturintervall. Untersuchungen von Regnault und anderen haben gezeigt, daß alle Gase bei hohen Temperaturen und von einem gewissen Drucke an noch andere Abweichungen von dem Boyleschen Gesetze erkennen lassen, und zwar widerstehen diese Gase der Zusammendrückung mehr, als es das Gesetz verlangt. Auch Arrhenius weist mehrfach mit Nachdruck darauf hin, daß die Abweichungen bei hohen Temperaturen einen großen Betrag erreichen und deshalb die aus dem Boyleschen Gesetze berechneten Resultate nicht einmal mehr als näherungsweise richtig bezeichnet werden könnten („Kosmische Physik" S. 123 und 228). Um das Boylesche Ge-

---

[1]) Daß ein labiler Zustand bestanden hätte, ist sehr unwahrscheinlich; er würde übrigens zu noch höheren Mittelpunktstemperaturen führen.

setz den im physikalischen Laboratorium nicht realisierbaren hohen Druck- und Temperaturverhältnissen anzupassen, geben wir ihm die Form:

$$p\,v^{\tau} = Q\,\vartheta^{\sigma}. \tag{10}$$

Nun stellen wir zunächst die der früheren entsprechende Differentialgleichung auf, welcher die Dichte y im Innern der Gaskugel genügt. Da die Zunahme des auf der Flächeneinheit im Innern der Gasmasse lastenden Druckes der Zunahme des Gewichtes der auf der Flächeneinheit ruhenden Masse proportional ist, so hat man:

$$d\,p = -\,\varepsilon\,y\,d\,r\,\frac{k\,m}{r^2}.$$

Hier bedeutet ε eine Konstante und m, wie früher, den inneren kugelförmigen Teil der Gasmasse mit dem Radius r. Aus dem verallgemeinerten Boyleschen Gesetze folgt für konstantes ϑ, da v den reziproken Wert der Dichte y bedeutet:

$$d\,p = Q\,\tau\,\vartheta^{\sigma}\,y^{\tau-1}\,d\,y.$$

Setzt man diesen Wert in der letzten Gleichung ein, so erhält man:

$$y^{\tau-2}\,d\,y = -\,\frac{k\,\varepsilon}{Q\,\tau\,\vartheta^{\sigma}}\cdot\frac{m\,d\,r}{r^2}$$

oder

$$d\,y^{\tau-1} = -\,\frac{\tau-1}{\tau}\,\frac{4\,k\,\varepsilon\,\pi}{Q\,\vartheta^{\sigma}}\,d\,\frac{1}{r}\int r^4\,y\,d\,\frac{1}{r}. \tag{11}$$

Schreibt man:

$$\left(\frac{y}{y_0}\right)^{\tau-1} = z, \quad A^2 = \frac{\tau-1}{\tau}\,\frac{4\,k\,\varepsilon\,\pi}{Q\,y_0^{\tau-2}\,\vartheta^{\sigma}}, \quad \frac{1}{r} = A\,v, \tag{12}$$

so geht die letzte Gleichung, nachdem man sie nach $\frac{1}{r}$ differenziert hat, über in

$$\frac{d^2 z}{d\,v^2} + \frac{z^{\frac{1}{\tau-1}}}{v^4} = 0. \tag{13}$$

Das allgemeine Integral dieser Gleichung ist, wenn man die Fälle $\tau = 1$ und $\tau = 2$ ausschließt, innerhalb ihres Konvergenzbereiches die Potenzreihe:

$$\left.\begin{aligned} z &= \alpha\,v^{\lambda}\,(1 + \beta\,log\,v + \gamma\,log^2\,v + \ldots); \quad \lambda = 2\,\frac{\tau-1}{2-\tau};\\ 2\,\gamma &= -\,\alpha^{2/\lambda} - \lambda\,\beta - (\lambda-1)\,(\lambda+\beta);\\ 6\,\delta &= -\,\frac{\beta}{\tau-1}\,\alpha^{2/\lambda} - 2\,\lambda\,\gamma - (\lambda-1)\,(\lambda\,\beta + 2\,\gamma)\ \text{usw.,}\end{aligned}\right\} \tag{14}$$

denn sie enthält die beiden willkürlichen Konstanten α und β. Setzt man $\frac{v}{c}$ für v, so ändert sich nur die Größe α; in der letzten Form kann man daher die Reihe für solche Werte von v benutzen, die in der Nähe der beliebig angenommenen Größe c liegen, d. h. die Reihe läßt sich beliebig weit fortsetzen. Für $v = \infty$, d. i. für $r = 0$, wird sie unbestimmt. In der Umgebung dieses Punktes gilt die Entwicklung:

$$z = 1 + \frac{\beta}{v^2} + \frac{\gamma}{v^4} + \frac{\delta}{v^6} + \dots \tag{15}$$

$$\beta = -\frac{1}{3!}; \quad \gamma = \frac{1}{(\tau - 1)\, 5!}; \quad \delta = -\frac{1}{(\tau - 1)^2\, 7!} \cdot \frac{13 - 5\,\tau}{3} \quad \text{usw.}$$

Da z eine reine Zahl ist und die Differentialgleichung (13) außer den Veränderlichen z und v keine Konstante enthält, so muß auch v eine reine Zahl sein. Man erkennt leicht, daß der auf der rechten Seite der Gleichung (11) mit $d\frac{1}{r}$ multiplizierte Ausdruck für wachsendes r nicht unendlich klein werden kann; daraus folgt, daß $y^{\tau - 1}$ für ein endliches r gleich 0 werden muß. Dies sei für $r = R$ der Fall; dann wird für $v_0 = \frac{1}{A\,R}$ die Reihe (14) gleich 0. Für die Masse M der Kugel erhält man nun:

$$M = \int_0^R 4\,r^2\,\pi\,y\,d\,r = \frac{4\,\pi\,y_0}{A^3} \int_{v_0}^{\infty} \frac{z^{\frac{1}{\tau - 1}}\,d\,v}{v^4}. \tag{16}$$

Die Größen hinter dem Integralzeichen sind reine Zahlen, also ist der Wert des Integrals auch eine reine Zahl i. Eliminiert man aus den beiden Gleichungen:

$$v_0 = \frac{1}{A\,R}; \quad M = \frac{4\,\pi\,i\,y_0}{A^3} \tag{17}$$

die Größe A, so folgt:

$$M = 4\,\pi\,i\,v_0^3\,R^3\,y_0. \tag{18}$$

Wird die mittlere Dichte der Kugel wieder mit δ bezeichnet, so ergibt sich hieraus:

$$\frac{\delta}{y_0} = 3\,i\,v_0^3, \tag{19}$$

d. h. für ein bestimmtes τ ist der Quotient aus der Mittelpunktsdichte und der mittleren Dichte ein konstanter Wert. Schreibt man:

$$A^2\,y_0^{\tau - 2}\,\vartheta^{\sigma} = B,$$

so ist B eine nur von Maßeinheiten abhängende konstante Zahl. Aus der ersten der Gleichungen (17) folgt dann, wenn man aus ihr die Größe y_0 mit Hülfe von (18) eliminiert:

$$\vartheta^{\sigma} = \text{konst.}\ M^{2 - \tau}\,R^{3\,\tau - 4}. \tag{20}$$

Aus dieser Gleichung erkennt man, daß nur für $\tau < 1^1/_3$ die Temperatur ϑ sich vergrößert, wenn der Kugelradius sich verkleinert. Für

$\tau = 1^1/_3$ bleibt die Temperatur bei der Kontraktion unverändert und für $\tau > 1^1/_3$ nimmt sie sogar ab, wenn der Radius kleiner wird. Soll, wie wir annehmen, die Temperatur nicht beliebig groß werden können, so muß demnach τ für hohe Temperaturen größer als $1^1/_3$[1]) sein. Aber da die Temperatur auch der Größe $M^{2-\tau}$ proportional ist, so könnte es scheinen, daß τ sogar gleich oder größer als 2 sein müßte, da die Größe der Weltkörper keinen Gesetzen unterliegt und nichts hindert, sie beliebig groß anzunehmen. Es ist jedoch nicht erforderlich, daß τ für hohe Temperaturen den Wert 2 übersteige. Wenn die das Zentrum umgebenden Massen die höchste zulässige Temperatur erreicht haben, so findet wahrscheinlich auch das verallgemeinerte Boylesche Gesetz auf sie keine Anwendung mehr, indem sie durch Übergehen in einen dem flüssigen ähnlichen Zustand sich einer weiteren Kompression unter gleichzeitiger Temperaturerhöhung widersetzen. — Wie sich die Gasmasse in einem besonderen Falle bei der Zusammenziehung verhält, wird sehr gut durch den Fall $\tau = 2$ illustriert, da sich die Gleichung (13) für $\tau = 2$ leicht in geschlossener Form integrieren läßt. Das allgemeine Integral lautet:

$$y = c\,\frac{\sin A r}{r} + c'\,\frac{\cos A r}{r}; \qquad A^2 = \frac{2\pi k}{Q\,\vartheta^\sigma}.$$

Da die Dichte im Mittelpunkte nicht unendlich werden darf, so ist $c' = 0$ zu setzen; dann folgt:

$$\frac{y}{y_0} = \frac{\sin A r}{A r}.$$

Für $A R = \pi$ wird $y = 0$. Ferner ist:

$$M = \frac{4\pi y_0}{A^3}(\sin A R - A R \cos A R) = \frac{4\pi y_0 R}{A^2} = \frac{4 y_0 R^3}{\pi}.$$

Hieraus erhält man:

$$\frac{y_0}{\delta} = \frac{\pi^2}{3}.$$

Aus $A R = \pi$ folgt:

$$\vartheta^\sigma = \frac{2k}{\pi Q} R^2,$$

d. h. die Temperatur nimmt bei der Kontraktion ab.

Wir glauben hiermit nachgewiesen zu haben, daß man sehr wohl zu einer Vorstellung des Entwicklungsganges der Sonne oder eines andern Sternes von größerer oder kleinerer Masse gelangen kann, ohne die durch die Ritterschen Untersuchungen geforderten fabelhaften Temperaturen gelten lassen zu müssen.

Langsame Kontraktion. Wenn die Temperatur der Gasmasse, vielleicht abgesehen von den äußersten Schichten, deren Zustand sich

---

[1]) Diesem Werte nähert sich τ tatsächlich, wenn die Verdichtung einen gewissen Grad erreicht hat (Arrhenius, Kosm. Phys. S. 228).

wahrscheinlich dem adiabatischen näherte, überall ungefähr gleichmäßig war, so konnten nur unbedeutende Konvektionsströme in der Oberflächenschicht entstehen und folglich auch nur unbedeutende Wärmemengen durch Konvektion den inneren Massen entzogen werden. Eine weitere Zusammenziehung der Gasmasse war jedoch nur dadurch möglich, daß die aus der verschwindenden potentiellen Energie entstehende Wärme in den Weltraum entführt wurde. Wenn hieran, nach unserer obigen Bemerkung, die Wärmekonvektion einen nur geringen Anteil haben konnte, so blieb nur die Wärmeleitung übrig, um die Wärme aus dem Innern an die Oberfläche zu befördern Da die Wärmeleitungsfähigkeit der Gase eine außerordentlich geringe ist, so mußten dann ungeheure Zeitperioden verfließen, bis der Radius sich auch nur um ein geringes verkürzte.

Beschaffenheit der Sonnenmaterie. Konvektionsströme. Doch nunmehr ist es an der Zeit, uns von einer, unsere Folgerungen wesentlich einschränkenden Voraussetzung frei zu machen. Bis jetzt nahmen wir an, daß die Zentralmasse aus einem einzigen Stoffe, und zwar aus Wasserstoff bestanden habe. Die spektralanalytischen Untersuchungen der Gasnebel lassen erkennen, daß außer Wasserstoff besonders Stickstoff in ihnen anzutreffen sei. In ihrem gegenwärtigen Zustande weisen die Sonne und die Planeten aber nicht nur Wasserstoff und Stickstoff, sondern noch eine Fülle anderer Stoffe als Bestandteile auf. Entweder müssen wir uns nun vorstellen, daß die Elemente auch dieser Stoffe schon im Urnebel vorhanden gewesen und später nur zu neuen chemischen Verbindungen zusammengetreten seien, oder daß aus dem Urstoffe des Nebels, unter den bei seinem Zusammensinken auftretenden neuen Druck- und Temperaturverhältnissen, sich die Vielheit der chemischen Stoffe erst herausbildete. Wir neigen uns der letzten Ansicht zu, räumen aber auch die Möglichkeit der ersten Annahme ein. Sobald sich in der zusammensinkenden Zentralmasse die Differenzierung der Stoffe geltend machte, mußte den spezifisch schwereren Stoffen das Bestreben entspringen, sich dem Anziehungszentrum zu nähern und die leichteren Stoffe aus seiner Nähe zu verdrängen. Auf diese Weise entstand allmählich in der Zentralmasse ein dichterer, aus den schweren Gasen bestehender Kern, und eine dünnere, aus den leichteren Gasen sich zusammensetzende, atmosphärenartige Umhüllung desselben. Da sich bei dem Zusammensinken der schwereren Gase zu dem dichteren Kerne nicht nur bedeutende Wärmemengen aus verschwindender potentieller Energie, sondern auch durch das Zusammentreten der Stoffe zu neuen chemischen Verbindungen beträchtliche Verbrennungswärmen bildeten, so mußte die im Überschusse vorhandene innere Wärme durch stürmische, eruptionsartige, radial gerichtete Konvektionsströme der im Innern befindlichen leichteren Gase an die Oberfläche geführt werden. Die Konvektionsströmungen bestanden ohne Zweifel, solange die Urnebelmaterie noch im Zusammensinken begriffen war. Da das Zusammensinken wahrscheinlich in verhältnismäßig kurzer Zeit vor sich ging, so mußten die durch die Konvektionsströme fortgeführten Wärmemengen offenbar sehr beträchtliche, die Ströme selbst also sehr heftig und zahlreich sein. Dafür, daß dies wirklich der Fall war, lassen sich zwei Gründe angeben. Erstens brauchten die Konvektionsströme, sobald die schwereren Gase sich um das Zentrum und die leichteren sich als Atmosphäre zu sammeln begannen, um dem Inneren Wärme zu entziehen, nicht mehr ganz bis zur Oberfläche der Zentralmasse vorzudringen, sondern nur noch bis zur Oberfläche der entstehenden dichteren Kernmasse derselben, da die mitgeführte Wärme schon von hier aus durch die dünnere Atmosphäre, ebenso wie die Wärme der Erdoberfläche durch die Luftatmosphäre hindurch unmittelbar in den Weltraum ausgestrahlt werden konnte. In dem beschriebenen Stadium ihrer Entwicklung glich die Zentralkugel einem der mehrfach beobachteten Nebelsterne; der hellere Lichtschimmer, der bei ihnen aus dem Zentrum des Nebels hervorbricht, weist darauf hin, daß die intensiver glühenden, dichteren Teile des Inneren ihr Licht und folglich auch ihre Wärme durch die dünneren äußeren Schichten hindurch unmittelbar bis zu uns senden können. Zweitens war es möglich, daß die im Innern der Kernmasse entstehenden Wärmegrade so hohe Beträge erreichten, daß manche der schwereren, nach dem Mittelpunkte sinkenden Stoffe anfingen, sich wieder zu zersetzen. Ein großer Teil der überschüssigen inneren Wärme wurde dann als Dissoziationswärme verbraucht. Die durch die Dissoziation der chemischen Verbindungen entstehenden leichteren Gase bestrebten sich nun, durch die schwereren Stoffe verdrängt, aus dem Innern zu entweichen. Sobald sie sich aber der Oberfläche der Kernmasse näherten und hier in eine weniger warme Umgebung gerieten, wurden die chemischen Affinitäten wieder wirksam; die Stoffe traten wieder zu den alten oder zu neuen Verbindungen zusammen. Die dabei frei werdende Wärme aber konnte nun unmittelbar durch die Atmosphäre hindurch ausgestrahlt werden. Auf diese Weise wurden also, gleichsam in latentem Zustande, bedeutende Wärmemengen aus dem Innern an die Oberfläche gebracht und dadurch der Kernmasse in kürzester Zeit entzogen. Sobald aber die Verdichtung der Kernmasse einen gewissen Grad erreicht hatte, der durch das den hohen Temperaturen angepaßte Boylesche Gesetz bestimmt wurde, und ein gewisses Gleichgewicht der vorher heftig bewegten Massen sich einzustellen begann, mußten auch die Konvektionsströme allmählich schwächer werden und endlich ganz aufhören.[1]) Da nach unserer Annahme die Temperatur des

[1]) Die Konvektionsströme traten erst wieder auf, als die Sonnenmasse einen solchen Grad der Verdichtung erreicht hatte, daß sie teilweise flüssig wurde. Von diesem Zeitpunkte an konnten sich verschiedene chemische Stoffe, was im gasförmigen Zustande, wegen der Diffusionseigenschaften der Gase, nicht in dem Grade möglich war, an verschiedenen Stellen in größeren Massen zusammenfinden und durch die mit der Zeit sich ändernden Druck- und Temperaturverhältnisse in ihrem physikalischen und chemischen Charakter so beeinflußt werden, daß sie

Innern eine gewisse Grenze nicht überstieg und daher nur diejenigen chemischen Verbindungen in dissoziiertem Zustande an die Oberfläche geführt werden konnten, deren Zersetzungstemperatur unter jener Grenze lag, so mußten schließlich allein noch die bei der betr. Temperatur beständigen Verbindungen in den inneren Teilen des Kernes zurückbleiben. Auf diese Weise nahm die Kernmasse mit der Zeit einen stabilen Gleichgewichtszustand an.

Wenn bei der weiteren Zusammenziehung die im Innern aus verloren gehender potentieller Energie entstehende Wärme, wegen des eingetretenen stabilen Zustandes, nicht mehr durch Wärmekonvektion an die Oberfläche gebracht werden konnte, so mußte die Wärmeleitung diese Rolle übernehmen. Bedenkt man die ungemein geringe Wärmeleitungsfähigkeit der Gase, so führt hiernach auch die Annahme der Heterogenität der in der Kernmasse vereinigten Materie zu dem Schlusse, daß die Zusammenziehung nur äußerst langsam vor sich gehen konnte.

Entwicklungsdauer der Sonne. Ausgehend von verschiedenen Voraussetzungen über die Größe der Wärmeausstrahlung leitet Ritter (Annalen der Phys. u. Chem. 1879, Band VI) einige Werte für die Entwicklungsdauer der Sonne seit dem Zeitpunkte ihrer Erstreckung bis zur Erdbahn ab. Er macht zuerst die Voraussetzung, daß die ausgestrahlte Wärmemenge stets dieselbe geblieben sei. Vergrößert sich bei der Zusammenziehung die Dichte der einzelnen Schichten gleichmäßig, d. h. ist $\frac{y}{y_0}$ stets dieselbe Funktion von $\frac{r}{R}$, so nimmt die potentielle Energie der Kugel bei einer Verkleinerung des Radius um die Größe dR um

$$\text{konst.}\,\frac{dR}{R^2}$$

ab. Soll die ausgestrahlte Wärmemenge der Zeit proportional sein, so folgt also:

$$dt = \text{konst.}\,\frac{dR}{R^2}$$

oder

$$t = \text{konst.}\left[\frac{1}{R} - \frac{1}{R_0}\right].$$

Wird die gesamte gegenwärtig von der Sonne ausgestrahlte Wärmemenge auf Kosten verloren gehender potentieller Energie erzeugt, so muß sich der Sonnenhalbmesser jährlich um $\sigma = 32$ m verkürzen, der gegenwärtige Sonnenradius R mißt rund 700000 km. Folglich ist

$$\text{konst.} = \frac{R^2}{\sigma}\ \text{Jahre},$$

---

den Anstoß zur Bildung neuer Konvektionsströme gaben. Gegenwärtig erheben sich diese, als Protuberanzen, viele Tausende von Kilometern über die Sonnenoberfläche.

und man erhält:

$$t = \frac{R}{\sigma}\left[1 - \frac{R}{R_0}\right] \text{ Jahre.}$$

Setzt man für R_0 den Erdbahnradius, so wird $R_0 = 210\,R$ und mithin:

$$t = 22 \text{ Millionen Jahre.}$$

Ritter findet einen kleineren Wert, $7^1/_2$ Millionen Jahre, weil nach ihm der größte Teil der aus der potentiellen Energie entstehenden Wärme in der Sonnenmasse zurückgehalten wurde und zur Erhöhung ihrer Temperatur diente. — Ritter macht zweitens die Annahme, daß die ausgestrahlte Wärmemenge durch das Strahlungsgesetz bestimmt worden sei. Da die Intensität der Wärmestrahlung nach dem Stefanschen Gesetze der 4. Potenz der absoluten Temperatur direkt, diese selbst bei adiabatischem Gleichgewichtszustande dem Radius umgekehrt proportional ist und die ausgestrahlte Wärmemenge Q endlich mit der Größe der Oberfläche zunimmt, so ist:

$$Q = Q_0\left[\frac{R_0}{R}\right]^4\left[\frac{R}{R_0}\right]^2 = Q_0\left[\frac{R_0}{R}\right]^2,$$

folglich:

$$Q_0\left[\frac{R_0}{R}\right]^2 d\,t = \text{konst.}\ \frac{d\,R}{R^2}$$

oder:

$$t = \text{konst.}\ (R_0 - R) = \frac{R_0 - R}{\sigma} \text{ Jahre.}$$

Ist $R_0 = r_e$, so findet man:

$$t = 4600 \text{ Millionen Jahre.}^{1)}$$

Setzt man $R_0 = 4{,}9\,r_e$, so erhält man bei der letzten Annahme $t = 23\,000$ Millionen Jahre. — Vielleicht aber ist der während der Entwicklung der Sonne verflossene Zeitraum noch bedeutend größer gewesen als der größte berechnete Wert; denn die Größe σ, um welche der Sonnenradius jetzt jährlich abnimmt, ist keine geeignete Maßeinheit, nach welcher auch in früheren Zeiten der Entwicklung die Größe der Zusammenziehung gemessen werden könnte, da die Sonnenmasse jetzt nicht mehr gasförmig, sondern teilweise feurig flüssig ist, und ferner die Wärme, welche die Sonne gegenwärtig ausstrahlt, zum größten Teile durch Eruptionen, also durch Konvektionsströme dem Innern entführt wird, während sich nach unseren Auseinandersetzungen die Sonnenmasse während des größten Teiles

---

1) Auf Grund einer unrichtigen Annahme über das Strahlungsgesetz, nach welcher Ritter die Größe der Wärmestrahlung nur der 3. Potenz der absoluten Temperatur proportional festsetzt, gelangt er zu der Gleichung:

$$t = \frac{R}{\sigma}\,log\,\frac{R_0}{R},$$

woraus sich $t = 115$ Millionen Jahre ergibt.

ihrer Entwicklungsdauer, vielleicht abgesehen von den äußersten Schichten, in stabilem Gleichgewichte befand, die innere Wärme also den äußeren Schichten nicht durch Konvektionsströme, sondern nur durch Leitung mitgeteilt werden konnte; endlich wurde die Wärmeleitung, die schon an und für sich bei Gasen eine sehr geringe ist, noch dadurch erheblich verlangsamt, daß der Temperaturabfall im Innern ein sehr geringer war und sich auch im Laufe der Entwicklung nicht beträchtlich vergrößern konnte, da die fortgeleitete Wärme sogleich durch neue, bei der Zusammenziehung aus verschwindender potentieller Energie entstehende Wärme ersetzt wurde. Aus allen diesen Gründen mußte die Zeitdauer der Entwicklung der Sonne eine größere als die berechnete sein (siehe S. 175).

Lord Kelvins Berechnungen. Von anderen Anhaltspunkten ausgehend, gelangt Lord Kelvin zu ziemlich geringen Werten für die Zeitdauer der Entwicklung unseres Planetensystems. Er leitet eine obere Grenze für das Alter des an der Oberfläche erstarrten Erdkörpers aus seiner Abplattung her. Da sich die Umdrehungsgeschwindigkeit infolge des durch die Flutbewegung der Ozeane entstehenden Reibungswiderstandes verlangsame, so schließt er, daß sie früher größer, und zwar vor 7000 Millionen Jahren ungefähr das doppelte der heutigen gewesen sei. Wenn die Erde damals schon erstarrt gewesen wäre, so müßte ihre gegenwärtige Abplattung also bedeutend größer sein. Diese Argumentation steht auf sehr schwachen Füßen. Zunächst ist es noch keineswegs gewiß, daß die Erde infolge des Widerstandes der Flutbewegung eine Verlangsamung ihrer Rotation erfahren habe. Die Vergrößerung der Tageslänge, durch welche einige Astronomen die Akzeleration der Mondbewegung glaubten erklären zu müssen und die seit den Zeiten Hipparchs sich auf $^1/_{83}$ Sekunde belaufen soll, steht noch nicht mit Sicherheit fest, um so weniger, als man nicht einmal die Größe dieser Akzeleration auch nur mit angenäherter Genauigkeit angeben kann und mithin auch nicht weiß, ob nicht vielleicht die säkularen Veränderungen der Exzentrizität der Erdbahn für sich allein imstande sind, sie hervorzurufen. Wenn Kelvin ferner aus der Tatsache, daß die gegenwärtige Abplattung der Erde ihrer gegenwärtigen Rotationsgeschwindigkeit entspricht, schließt, daß die Erstarrung der Erde in einer Zeit erfolgt sein müsse, während welcher die Flutbewegung noch keine bemerkbaren Wirkungen hervorzubringen vermochte, so setzt er dabei voraus, daß die Abplattung der erstarrten Erde sich nicht mehr verändern könnte. Dieser Schluß würde dann richtig sein, wenn die Erde auch im Innern vollkommen starr wäre, was jedoch zweifellos nicht der Fall ist. Zwar können wir über den Zustand des Erdinnern nur Vermutungen aussprechen; aber da die Temperatur nach dem Mittelpunkte hin zunimmt und da schon bei einigen 1000 Graden sämtliche uns bekannten Stoffe in den flüssigen Zustand übergehen, so dürfen wir schließen, daß das Erdinnere nicht fest sei. Vielleicht ist die Temperatur so hoch, daß sie über der kritischen Temperatur vieler die

Erdmasse bildenden Stoffe liegt, und diese deshalb sogar nur als Gase existieren können. Einerlei nun, ob die Erde im Innern flüssig oder gasförmig sei, so fällt die Kelvinsche Folgerung auf jeden Fall, wenn feststeht, daß sie nicht starr ist. Denn wenn sich nur eine dünne Oberflächenschicht im festen Aggregatzustande befindet, so steht einer Veränderung der Abplattung nichts im Wege; sie kann sich sowohl vergrößern als verkleinern. Allerdings ist es wahrscheinlich, daß die feste Erdrinde dabei Risse bekommt. Aber dies ist ohne Zweifel auch der Fall gewesen; die spaltenförmige Anordnung der Vulkane deutet darauf hin, daß die Erdrinde mehrfach barst. Man hat geschlossen, daß die Erde im Innern deswegen nicht flüssig sein könne, weil die durch die Anziehung des Mondes und der Sonne entstehenden Fluten die feste Erdrinde sprengen müßten. Dieser Grund ist nicht stichhaltig. Denn so spröde auch die Gesteinsmasse, aus denen die Erdrinde besteht, sein mag, so kann sie doch als Ganzes genügend Elastizität besitzen, um den Schwankungen des flüssigen Erdinnern nachzugeben. Vielleicht sind aber die inneren Massen so zähflüssig und träge, daß die hydrodynamischen, die Flutbewegung bestimmenden Gesetze auf sie keine Anwendung mehr zulassen. Wenn Kelvin das Alter der erstarrten Erde auf nur 20—40 Millionen Jahre schätzt, so wird dieser Wert nach allem Gesagten keinen Anspruch auf große Wahrscheinlichkeit machen können. Zwar ist die Zeit, während welcher die Erde eine erstarrte Oberfläche besitzt, nur ein nicht näher bestimmbarer Teil ihrer ganzen Entwicklungszeit; aber trotzdem dürften die Kelvinschen Zahlenwerte als viel zu gering zurückzuweisen sein.[1])

Rotation. Die heftigen und zahlreichen Konvektionsströme, welche, nach unserer Auseinandersetzung, während der Zeit, wo der Urnebel zu der Kernmasse zusammensank, dieselbe in Aufruhr versetzten, mußten, da ihr Ursprungsort nahe beim Zentrum lag und die Eruptionsmassen daher nur eine geringe lineare Rotationsgeschwindigkeit besaßen, je mehr sie sich der Oberfläche näherten, um so mehr die hier befindlichen, mit größerer linearer Geschwindigkeit rotierenden Massen aufhalten und daher hemmend auf die Rotation der Kernmasse einwirken. Umgekehrt konnten auch die Massen, welche sich dem Zentrum näherten, nicht dem Flächensatze gemäß ihre lineare Geschwindigkeit vergrößern, da sie immer erst andere Massen aus ihrem Orte verdrängen und durch den Widerstand derselben einen großen Teil ihrer Bewegungsenergie einbüßen mußten. Die in beiden Fällen verloren gehende Energie verwandelte sich in Wärme. Die beschriebenen Vorgänge trugen mit dazu bei, die Rotationsenergie der Zentralmasse auf den kleinen Betrag zu beschränken, den sie gegenwärtig besitzt. Bei den Planeten trat die angegebene Wirkung der Konvektionsströme wahrschein-

---

1) Fast alle Geographen und Geologen stehen den Kelvinschen Angaben skeptisch oder ablehnend gegenüber. Man vergleiche Ratzels Erörterungen in „Raum und Zeit in der Geologie und Geographie“, herausgegeben von Barth.

lich deswegen nicht in demselben Grade in die Erscheinung, weil sie, infolge der Kleinheit der Planetenmassen, mit weit geringerer Heftigkeit auftraten als bei der Sonne. Diese Angaben dürften jedoch nicht als eine genügende Erklärung für die im Verhältnisse zur Revolutionsenergie der großen Planeten unbedeutende Rotationsenergie der Sonne gelten. Das Mißverhältnis der genannten Energien war das wesentlichste Argument, welches gegen die Laplacesche Theorie ins Feld geführt werden konnte, und das für sich allein schon genügte, sie zu stürzen. Wenn für unsere Theorie jenes Mißverhältnis auch nicht existiert, da die unserer Annahme gemäß stattfindende Annäherung der Planeten an die Zentralmasse ein bedeutendes Anwachsen ihrer Revolutionsenergie zur Folge hatte, so bleibt es doch immerhin auffällig, daß die Rotationsenergie der Zentralmasse keinen größeren Betrag erreichte. Um unsere Theorie nun nicht dem Vorwurf auszusetzen, daß sie einige, wenn auch minder wichtige Punkte, unerklärt lasse, soll die Entstehung der Rotationsenergie der Sonne noch eingehender, als es geschehen, erörtert werden.

Der Spiralnebel in den Jagdhunden läßt erkennen, daß die in seinem Zentrum vereinigte Masse erst eine unbedeutende Anziehung auf die übrige Nebelmaterie ausübt, da sich andernfalls der breite Zwischenraum zwischen den inneren Spiralwindungen und der große Winkel, in welchem sie auf die Zentralmasse treffen, nicht erklären würde. Da ferner eine Beschleunigung der Rotationsbewegung gemäß dem Flächensatze erst nach erfolgter Ausbildung der Gravitationskraft eintritt, so kann man hieraus schließen, daß auch die Rotationsgeschwindigkeit der Zentralmasse eine sehr geringe ist und folglich ihr Bewegungsmoment keinen großen Betrag erreicht. Unter der Bedingung, daß von außen her keine neuen Anstöße erfolgen, die das Bewegungsmoment der rotierenden Masse zu vergrößern vermöchten, wird daher die Rotationsbewegung, auch nachdem die Gravitationskraft in Wirksamkeit getreten ist, verhältnismäßig langsam vor sich gehen, da zwar, wenn der Flächensatz Gültigkeit erlangt, die Rotation sich beschleunigt, das Bewegungsmoment der rotierenden Masse aber konstant bleibt. Nun scheint es, daß eine Vergrößerung des Rotationsmomentes tatsächlich eintreten könnte, nämlich dadurch, daß die Massen der inneren Windungen durch die zur Ausbildung kommende Anziehungskraft der Zentralmasse gezwungen werden, sich ihr zu nähern und sich endlich, nachdem sie eine beträchtliche Umlaufsgeschwindigkeit angenommen haben, mit ihr zu vereinigen. Allein man bedenke, daß, wenn sich auch die Windungsteile dem Flächensatze gemäß der Zentralmasse nähern müssen, diese Annäherung noch keineswegs mit Notwendigkeit zu einer Verschmelzuug mit der Zentralmasse führt. Die Annäherung erfolgt nicht durch ein unmittelbares Sinken nach dem Abziehungsmittelpunkte, sondern durch sukzessive Verkleinerung des Bahnradius bei gleichzeitiger Vergrößerung der Umlaufsgeschwindigkeit. Die Windungsmassen müssen nicht in die Zentralmasse stürzen, weil sie sich infolge der vergrößerten Anziehungskraft derselben nicht mehr an ihrem Orte erhalten könnten, sondern die durch den Flächensatz ihnen zugewiesene Geschwindigkeit befähigt sie, sich an jedem Orte in einer Kreisbahn zu bewegen. Eine Vereinigung mit der Zentralmasse könnte nur dann eintreten, wenn der Bahnradius sich so sehr verkleinern würde, daß die Windungsmasse bei ihrem Laufe um die Zentralmasse diese streifte. Die Wahrscheinlichkeit für dies Ereignis ist aber nicht groß. Denn da die Gravitationskraft der Zentralmasse nur dadurch zur Ausbildung kommen konnte, daß diese sich verdichtete, so muß sie sich auf einen kleineren Raum zusammengezogen und dadurch für die sich nähernden selbständigen Windungsmassen Raum geschaffen haben. Wir dürfen annehmen, daß, sobald sich in der Zentralmasse die Gravitation zu regen begann, nur noch wenige Windungsteile mit ihr zur Vereinigung kamen und daher eine nennenswerte Vergrößerung ihres von Anfang an kleinen Rotationsmomentes nicht stattfinden konnte. Es ergibt sich ferner, daß es bei den Nebelmassen, welche sich zu der Zentralmasse aufrollten, anfangs weniger einer Annäherung an das Zentrum, als einer bloßen Ausgleichung der verschiedenen Winkelgeschwindigkeiten bedurfte, damit eine einheitliche Masse entstand. Diese begann sich im Innern zu verdichten; sie sank zusammen, brachte mehr und mehr die Anziehungskraft zur Ausbildung und vergrößerte gemäß dem Flächensatze ihre Rotationsgeschwindigkeit, hatte aber keine wesentliche Vergrößerung ihres Rotationsmomentes mehr zu verzeichnen.

Schiefe der Sonnenachse. Die Äquatorebene der Sonne ist um ungefähr 5—6° gegen die Bahnebene der meisten Planeten geneigt. Hieraus geht hervor, daß die Massen des Urnebels nicht vollkommen gleichmäßig auf beiden Seiten seiner Hauptebene verteilt gewesen sein können. Es genügte jedoch schon eine geringe Unsymmetrie der Massengruppierung, um die angegebene Verschiebung der Rotationsachse der Sonne aus der normalen Lage herbeizuführen. Die merkwürdig übereinstimmende Lage der Planetenbahnen und die unbedeutende Abweichung des Sonnenäquators von derselben lassen übrigens schließen, daß der Urnebel eine verhältnismäßig sehr regelmäßige Gestalt gehabt haben muß, was im Hinblicke auf die häufig äußerst unregelmäßige Form der beobachteten Nebel besonders hervorgehoben zu werden verdient.

Der gegenwärtige Zustand der Sonne. Wir bemerken noch einiges über den gegenwärtigen Zustand der Sonne. Die Oberflächentemperatur derselben beträgt 6000—8000° C. Die Zunahme der Sonnentemperatur nach dem Mittelpunkte hin wird gegenwärtig ebensowenig, wie es, nach unserer Darstellung, während der ganzen Entwicklungsdauer der Sonne, vielleicht abgesehen von der verhältnismäßig kurzen Zeit des Zusammensinkens des Urnebels zu der im Innern verdichteten Kernmasse, der Fall war, dem adiabatischen Gesetze entsprechen.

Man könnte sich leicht verleiten lassen, aus dem Vorkommen der gewaltigen Wasserstofferuptionen auf der Sonne zu schließen, daß die

Wärme nach dem Mittelpunkte hin schneller wachsen müsse als es das adiabatische Gesetz verlangt, da nur ein labiler Zustand zu Eruptionen führen könne. Dieser Schluß würde richtig sein, wenn die Materie der Sonne überall gleichartig wäre und außerdem das Verhalten eines idealen Gases zeigte. Da sich die Sonne aber aus sehr verschiedenen Stoffen zusammensetzt, die bei derselben Temperatur teils den flüssigen, teils den gasförmigen Aggregatzustand annehmen, so lassen sich die Eruptionen auch als Wirkung gewaltiger, im Innern stattfindender chemischer Veränderungen erklären, bei denen Wasserstoffgas frei wird. Wahrscheinlich steigt die Temperatur der Sonne in der Oberflächenschicht nach dem Innern hin etwas an, um dann mehr und mehr gleichförmig zu werden. Die beim Emporsteigen der Protuberanzen beobachteten ungeheuren Geschwindigkeiten scheinen allerdings auf eine hohe Innentemperatur der Sonne hinzuweisen. Wenn die großen Geschwindigkeiten nur eine Wirkung des Auftriebs wären, dem die Wasserstoffmassen der Protuberanzen im Innern der den Sonnenkörper bildenden dichteren Massen unterliegen, so müßten sie ihren Ursprung weit unter der Oberfläche, manchmal fast im Zentrum der Sonne haben. Stammen die Protuberanzen jedoch aus der Oberflächenschicht, so kann nur eine bedeutende Temperaturdifferenz zwischen der Oberfläche und den tieferen Schichten zu den beobachteten Geschwindigkeiten führen. Schätzungen der Differenz lauten auf 70—80000° C. Hiernach wäre es möglich, daß der von uns angenommene Wert der Maximaltemperatur beträchtlich zu klein gewählt und daß für ihn ein größeres Vielfaches zu substituieren sei. Von Seiten unserer Theorie steht dem nichts im Wege. Es würde im Gegenteile für die Theorie günstiger sein, wenn der Wert der Maximaltemperatur größer wäre als der von uns angenommene. Die Voraussetzung einer höheren Maximaltemperatur würde unserer Theorie nämlich bei der Darstellung der Entwicklung der Sonnenmasse entgegenkommen, da diese bei höherer Mittelpunktstemperatur sich schneller auf einen kleinen Raum zusammenziehen und dem ihr nachfolgenden Planeten Merkur Raum für seine Bewegung schaffen konnte. Bei einer Mittelpunktstemperatur von 100000° würde sich z. B. die aus dem Urnebel zusammengesunkene adiabatische Gaskugel, falls die spezifische Wärme der sie bildenden Gasart zu derjenigen des Wasserstoffs angenommen würde, nur mehr bis zur gegenwärtigen Marsbahn ausgedehnt haben. Die von uns unter Zugrundelegung des Wertes 30000° C. berechneten Werte lassen sich leicht in die für höhere Werte geltende überführen. — Bei der Erde sind uns die Temperaturverhältnisse der äußersten Oberflächenschicht bekannt. Unter der Voraussetzung einer dem adiabatischen Gesetze entsprechenden Wärmezunahme würde sich die Temperatur der äußeren Erdschichten, bei konstant angenommener Größe der Anziehung, nach der Formel:

$$A\, c_p\, d\,\vartheta = -\,d\,r$$

berechnen lassen. Aus ihr folgt:

$$A\,c_p\,(\vartheta - \vartheta_0) = r_0 - r.$$

Für 1° C. Temperaturdifferenz erhält man hieraus:

$$r_0 - r = A\,c_p = 430\,c_p \text{ m.}$$

Die spezifische Wärme der Gesteine, aus welchen die oberen Erdschichten bestehen, liegt zwischen 0,2 und 0,4. Wählt man den kleinsten Wert, so ergibt sich, daß bei ungefähr 100 m Tiefendifferenz die Temperatur um 1° C. zunehmen müßte. Durch Messung in Bergwerken ist jedoch festgestellt, daß schon bei 30 m Tiefendifferenz die Temperatur durchschnittlich um 1° C. wächst. Hieraus geht hervor, daß in der äußersten Schicht die Temperatur bedeutend schneller zunimmt, als es sich nach dem adiabatischen Gesetze berechnet. Wir dürfen aber annehmen, daß sich in einer gewissen Tiefe das Anwachsen der Temperatur verlangsamt, bis sie endlich fast gleichförmig wird.

Abplattung der Sonne. Infolge ihrer Rotationsbewegung besitzt die Sonne eine wenn auch geringe Abplattung. Die Größe der Abplattung einer rotierenden homogenen Masse ergibt sich, falls das entstehende Rotationsellipsoid eine Gleichgewichtsfigur der Flüssigkeit ist, aus der Gleichung:

$$p = \frac{5}{4}\,\frac{a^2}{b}\,\frac{\omega^2}{\gamma},$$

wo a und b die halben Achsen des Ellipsoids, ω seine Winkelgeschwindigkeit, γ die Größe der Anziehung an den Polen bedeutet (siehe Mécanique céleste, t. I, l. II, ch. III, 19, oder Kirchhoff, Analytische Mechanik, 12. Vorl.). Stellt man die entsprechende Gleichung für die Abplattung der Erde auf und dividiert sie durcheinander, so erhält man, wenn man beachtet, daß näherungsweise:

$$\gamma = \frac{k\,m}{b^2} \quad \text{und} \quad m = \frac{4\,\pi}{3}\,a^2\,b\,\delta$$

ist:

$$\frac{p}{p_e} = \frac{\delta_e}{\delta}\left(\frac{\omega}{\omega_e}\right)^2.$$

Da $\delta_e = 4\,\delta$, $\omega_e = 26^1/_4\,\omega$ und $p_e = {}^1/_{300}$ ist, so folgt:

$$p = \frac{1}{51\,600}.$$

Trotz dieser, unter der Voraussetzung der Homogenität der Sonnenmasse berechneten, geringen Abplattung ist die Gesamtmasse der Anschwellung am Sonnenäquator doch noch bedeutend genug (sie beträgt nach unserer Rechnung ungefähr 13 Erdmassen), um bemerkbare Wirkungen hervorzubringen. Auf sie ist vielleicht die früher der Einwirkung eines intramerkurialen Planeten zugeschriebene unerklärte Perihelbewegung Merkurs zurückzuführen.

§ 18. Die Planetoiden und die kleinen Planeten.

Ursprungsort. Die Planetoiden und die kleinen Planeten entstanden auf ähnliche Weise wie die großen Planeten. Sollte sich innerhalb der Zone der großen Planeten der Ring der Planetoiden bilden können, so durften sich an die Spiralwindungen, aus denen die großen Planeten hervorgingen, nach dem Zentrum des Nebels hin keine Windungen von größerer Masse anschließen; es mußte sich innerhalb jener Windungen ein größerer, nur mit fein verteilter Materie und zahlreichen, flockenartigen, kleinen Verdichtungen erfüllter Raum ausbreiten. Damit endlich innerhalb der Zone der Planetoiden die Gruppe der 4 kleinen Planeten ins Dasein treten konnte, mußten zwischen dem mit den flockenartigen Verdichtungen durchsetzten Nebelringe und der Kernmasse des Nebels weitere 4 verschieden große Massenverdichtungen, als Teile von Spiralwindungen, in verschiedenen Abständen vom Zentrum dasselbe umgeben. Nachdem die einzelnen Windungen und die sonstigen größeren und kleineren Verdichtungen sich zu selbständigen Körpern zusammengeballt hatten und gleichzeitig auch in der zusammengesunkenen Zentralmasse des Nebels die Gravitationskraft zur Ausbildung gekommen war, mußten die entstandenen Planeten ebenso wie die großen Planeten den Radius ihrer Bahn gemäß dem Flächensatze verkleinern. Nehmen wir an, daß die allmählich sich vergrößernde Gravitation der Zentralmasse fast allein die Annäherung an das Zentrum zur Folge hatte,[1]) der Widerstand des Äthers und der zerstreuten Materie also keinen großen Betrag erreichte, so läßt sich die Breite des Ringes, den die Massen der Planetoiden im Urnebel einnahmen, und der Abstand der zu den kleinen Planeten sich umbildenden Windungsteile vom Zentrum leicht berechnen (vergl. § 16). Bedeutet r den gegenwärtigen Radius der Bahn, ω die Winkelgeschwindigkeit eines Planeten, so ist $F = {}^1/_2\, r^2\, \omega$ der Flächenraum, den der Radiusvektor in der Zeiteinheit überstreicht. Bezeichnet man die auf Neptun sich beziehenden Werte mit dem Index n, so ist also:

$$\frac{F}{F_n} = \left(\frac{r}{r_n}\right)^2 \frac{\omega}{\omega_n} = \left(\frac{r}{r_n}\right)^2 \frac{t_n}{t},$$

wo t die Umlaufszeit des Planeten bedeutet. Aus dieser Formel berechnen sich für die Planeten Jupiter, Mars und Merkur folgende Werte:

$$F_\gamma = 0{,}42\, F_n;\ F_{ma} = 0{,}22\, F_n;\ F_{me} = 0{,}11\, F_n.$$

[1]) In diesem Falle durfte die Gravitation der Zentralmasse erst dann ihren vollen Wert erreichen, als sie sich bis zur gegenwärtigen Merkursbahn zusammengezogen hatte, da andernfalls Merkur keinen Raum für seine Bewegung gefunden haben würde. Die mittlere Dichte der Sonne betrug damals nur ungefähr den 100. Teil der Dichte der atmosphärischen Luft bei 760 mm Druck.

Bei der Annäherung der Planeten an das Zentrum ist, unter der obigen Voraussetzung, der Flächensatz gültig. Da sich, gleiche lineare Geschwindigkeit der einzelnen Massen des Urnebels vorausgesetzt, die Größen F wie die Entfernungen vom Zentrum verhalten, so würden hiernach die Abstände der Windungsteile, aus denen die betr. Planeten hervorgingen, wenn mit R der Radius des Urnebels bezeichnet wird, gleich 0,42 R, 0,22 R und 0,11 R sein. Bei gleicher Winkelgeschwindigkeit der Urnebelmassen verhalten sich jedoch die Größen F wie die Quadrate der Abstände vom Zentrum; in diesem Falle würde sich also die Größe R mit der Quadratwurzel aus den angegebenen Zahlen multiplizieren, und man erhielte 0,64 R, 0,47 R und 0,34 R. Die beiden Annahmen gleicher linearer und gleicher Winkelgeschwindigkeit der Urnebelmassen sind als die Extreme zu bezeichnen, innerhalb deren die wirkliche Art der Bewegung der Massen gesucht werden muß. Teilt man den Radius des Urnebels in Teile ein und beachtet, daß die Jupiters- und die Marsbahn als die Grenzen der Planetoidenzone betrachtet werden können, so ergibt sich aus den angeführten Zahlenwerten, daß, unter der Annahme gleicher linearer Geschwindigkeit der Nebelmassen, der ganze äußere Ring des Nebels von der Breite $^3/_5\,R$ den großen Planeten, das folgende Fünftel den Planetoiden und das folgende Zehntel den 4 kleinen Planeten zuzuweisen sei; bei gleicher Winkelgeschwindigkeit würden sich die großen Planeten im äußeren Drittel, die Planetoiden im folgenden Sechstel und die kleinen Planeten im folgenden Achtel bewegt haben. Im ersten Falle würde für den Radius der eigentlichen Kernmasse des Nebels ungefähr $^1/_9$, im zweiten Falle $^1/_3$ des Urnebelradius übrig bleiben.[1]) — Natürlich werden diese Resultate durch die Berücksichtigung des Widerstandes, den der Äther und die zerstreute Materie auf die Bewegung der Planetenmassen, solange diese noch einen geringen Grad der Verdichtung besaßen, ausübte, nicht unerheblich modifiziert; aber im großen und ganzen mögen sie doch ein richtiges Bild von der Verteilung der Planetenmassen im Urnebel geben.

Widerstand des Äthers. Wenn der Widerstand des Äthers und der zerstreuten Materie bei den Planetenmassen eine bemerkbare Wirkung hervorzubringen vermochte, so konnte sie nur in einer Verkleinerung der Größe F bestehen. In diesem Falle würde sich der den Planeten im Urnebel zukommende Raum verkleinern, der für die Zentralmasse übrig bleibende Raum also vergrößern. Da wir über die Größe dieses Widerstandes ganz im unklaren sind, besonders deswegen, weil wir nicht wissen, wie lange die Planeten ihren gasförmigen Zustand beibehielten, so lassen sich über den Betrag, um den sich die Größen F verminderten, keine Angaben machen. Die Tatsache, daß die an Größe so verschiedenen Planetoidenmassen auf einen verhältnismäßig

[1]) Beim Spiralnebel in den Jagdhunden ist der Radius der Kernmasse größer als $\frac{1}{9}R$ und kleiner als $\frac{1}{3}R$.

engen Raum beschränkt sind, läßt zwar darauf schließen, daß der Widerstand des Äthers nicht imstande war, die anfangs bestehenden Lagen- und Größenverhältnisse der Planetenbahnen von Grund aus umzuändern; da aber die geringen gegenseitigen Bahnneigungen der meisten Planeten sich um so leichter erklären, je mehr die Planetenmassen im Urnebel einander genähert waren, je weniger sich also die Größen F ihrem Werte nach unterschieden, so wollen wir nicht versäumen, darauf hinzuweisen, daß einige der inneren Planeten, besonders Merkur, vielleicht noch auf andere Weise in ihrer Bewegung gehindert und dadurch veranlaßt wurden, sich dem Zentrum zu nähern. Es wurde schon bemerkt, daß, wenn nach dem Zusammensinken des Urnebels zu der Sonne diese bereits ihre gesamte gegenwärtige Anziehungskraft erlangt hatte, ihr Radius nicht weiter als bis zur Merkursbahn reichen durfte, da andernfalls Merkur keinen Raum für seine Bewegung vorgefunden hätte. Wenn wir dies auch zugestehen müssen, so konnte die Kernmasse immerhin doch noch eine dünne Atmosphäre mit sich herumführen, in deren obere Schichten der Planet hineingeriet und dadurch eine Zeitlang in seiner Bewegung nicht unwesentlich aufgehalten wurde. Setzt man in den Gleichungen (1) und (3) des § 6 r gleich dem Radius der Merkursbahn, $h = r$ und $\vartheta = 20000^0$, so nimmt der Exponent den Wert 14 an. Die Dichte der Atmosphärenschichten in der Entfernung $h = r$ von der Oberfläche der Kernmasse würde also ungefähr 10^{-6} der Dichte der untersten Atmosphärenschichten betragen. Da die mittlere Dichte der Kernmasse bei der angenommenen Größe derselben gleich dem $2 \,.\, 10^{-6}$fachen der Dichte des Wassers ist, die Dichte ihrer äußersten Schichten also, und mithin auch die Dichte der untersten Schichten der sie umlagernden Atmosphäre, einige hundertmal kleiner sein dürfte als dieser mittlere Wert, so würde der für $h = r$ berechnete Wert der Atmosphärendichte über dem der Ätherdichte liegen und könnte als annehmbar bezeichnet werden. Dann würde der Radius der ganzen Zentralmasse, die Atmosphäre mitgerechnet, gleich $2\,r = 0{,}79\, r_e$, also ungefähr gleich dem Radius der Venusbahn, gewesen sein. Da die Winkelgeschwindigkeit ihrer Rotation bedeutend langsamer war als die Winkelgeschwindigkeit der ihr nahen Planeten (siehe die Kritik der Laplaceschen Theorie, § 6), so mußte ein in die Atmosphäre eindringender Planet durch dieselbe einen Widerstand erfahren und infolge davon die ihm zukommende Größe F verkleinern. In diesem Falle war es jedoch erforderlich, daß sich die Atmosphäre der Sonne ziemlich schnell zurückzog, da sonst der Widerstand der Atmosphäre bald so beträchtlich geworden sein würde, daß der Planet in die Sonne gestürzt wäre. — Es ist ferner nicht ausgeschlossen, daß die der Sonne nahen Planeten infolge der großen Wärmeausstrahlung der Sonne sich nicht so schnell verdichten konnten wie die weiter entfernten Planeten und deswegen dem Widerstande des Äthers längere Zeit in bemerkbarer Weise ausgesetzt waren als jene.

Bahnneigungen. Da, abgesehen von mehreren Planetoidenbahnen und der Merkursbahn, die Planetenbahnen nur geringe Neigungen gegeneinander aufweisen, so müssen wir annehmen, daß die Windungsteile, aus denen die Planeten hervorgingen, im Urnebel ziemlich genau in einer und derselben Ebene lagen, daß der Nebel also, von der Seite gesehen, die Form einer fast regelmäßigen, flachen Linse besaß. Die ziemlich beträchtlichen Neigungen einiger Planetoidenbahnen (bis 35°) und die etwas größere der Merkursbahn (7°) scheinen allerdings anzudeuten, daß vereinzelte Massen auch größere seitliche Abweichungen von der allgemeinen Symmetrieebene aufgewiesen haben; aber diese größeren Neigungen lassen sich auch auf andere Weise erklären. Bei den kleinen Planetoiden z. B. brauchen sie nicht schon ursprüngliche gewesen zu sein, sondern es ist möglich, daß sie erst durch die störenden Einwirkungen der nahen Jupitersmasse hervorgerufen worden sind. Die Größe der säkularen Schwankungen, denen die Neigungen der Planetenbahnen unterliegen, hat die Astronomie noch nicht mit Genauigkeit feststellen können, weil die Kräfte der Mathematik dazu nicht ausreichen; es läßt sich nur sagen, daß sie eine gewisse Grenze nicht übersteigen. Die verhältnismäßig große Neigung der Merkursbahn gegen die Ekliptik, die merkwürdigerweise mit der Neigung des Sonnenäquators ungefähr übereinstimmt, könnte auch dadurch erklärt werden, daß der Planet, wie schon bemerkt wurde, vielleicht in die äußersten Schichten der Sonnenatmosphäre hineingeriet und, durch ihren Widerstand gezwungen, seine Bahnebene der Ebene des Sonnenäquators zu nähern suchte. Gegenwärtig fällt zwar, trotz der ungefähr gleichen Neigung, die Bahnebene Merkurs mit der Äquatorebene der Sonne nicht zusammen; aber die Verschiebung erklärt sich aus der durch die Anziehung der übrigen Planeten bewirkten Drehung der Knotenlinie.

Exzentrizitäten. Wieder abgesehen von vielen Planetoidenbahnen und der Merkursbahn, ist auch die Exzentrizität der Planetenbahnen sehr gering. Aus unseren Voraussetzungen ergibt sich die Erklärung dieser Tatsache von selbst. Besaß der Urnebel eine regelmäßige Rotationsbewegung, beschrieben also seine einzelnen Teilmassen Kreise um das Zentrum, so mußten die Planeten bei der durch die wachsende Gravitationskraft der Zentralmasse bewirkten Annäherung an dieselbe regelmäßige, sich nicht selbst schneidende Spiralen durchlaufen, die einzelnen Windungen der Spiralen also einem Kreise ähnlich bleiben. Die großen Exzentrizitäten einiger Planetoidenbahnen erklären wir wieder als eine Folge der störenden Einwirkungen der großen Planeten. Wie die Bahnneigungen sind auch die Exzentrizitäten säkularen Schwankungen unterworfen, deren genaue Größe wegen der Vielheit der störenden Einflüsse nicht genau bestimmt werden kann. Bei den kleinsten Planeten, den Planetoiden, die von allen anderen Planeten dem größten derselben am nächsten kommen, müssen diese Schwankungen innerhalb ziemlich weiter Grenzen liegen; jedenfalls ist kein Grund vorhanden zu bestreiten, daß

Exzentrizitäten bis zu dem Werte 0,45 durch die störenden Einwirkungen Jupiters entstehen konnten.

Alter des Planetensystems. Die Tatsache, daß die Planetoiden trotz der bedeutenden Größenunterschiede, die zwischen ihren Massen bestehen, das Gebiet, in welchem sie sich bewegen, noch nicht beträchtlich erweitert haben, und daß innerhalb desselben die größeren und kleineren Massen bunt durcheinander gemischt sind, berechtigt uns zu dem Schlusse, daß der Widerstand des Äthers oder der im Nebel zerstreuten Materie keinen sehr großen Anteil an der Verkürzung ihres Bahnradius gehabt habe. Der Widerstand ist bei gleichen mittleren Dichten der den Widerstand erleidenden Gaskugeln ihrem Radius umgekehrt proportional. Die Abkühlungsgeschwindigkeit ist nach den Gesetzen der Wärmestrahlung bei kleinen Körpern der Oberfläche direkt, dem Produkte aus der Masse und der spezifischen Wärme umgekehrt proportional, bei gleichen mittleren Dichten und gleichen spezifischen Wärmen also auch dem Radius der Kugeln umgekehrt proportional. Hiernach müßte die resultierende Wirkung des Ätherwiderstandes, gleiche Dichten vorausgesetzt, bei einer großen Masse ungefähr dieselbe sein wie bei einer kleinen. Da aber bei großen Massen die Geschwindigkeit der Wärmeleitung im Innern, des geringeren Temperaturabfalls[1]) wegen, kleiner ist als bei kleinen Massen, und daher das Strahlungsgesetz die Geschwindigkeit der Abkühlung einer höheren Potenz des Radius als der ersten umgekehrt proportional festsetzen wird, so erfahren große Massen nicht die gleiche, sondern eine verhältnismäßig größere Einwirkung durch den Widerstand des Äthers als kleine und müssen infolgedessen weiter zur Sonne sinken als diese. Wenn der Widerstand des Äthers bei der Verkürzung des Bahnradius der Planeten als wichtiger Faktor beteiligt gewesen wäre, so hätte sich also eine gewisse Regelmäßigkeit der Massenverteilung innerhalb des Ringes der Planetoiden einstellen müssen, und zwar in der Weise, daß sich die größeren Massen dem inneren, die kleineren dem äußeren Rande des Ringes zuwendeten. Zwar läßt sich nicht verkennen, daß eine solche Regelmäßigkeit im allgemeinen besteht; doch sind auch am inneren Rande des Ringes die größeren Massen noch so sehr mit kleineren und kleinsten gemischt, daß es fraglich erscheint, ob die genannte Regelmäßigkeit auf die angegebene Weise entstanden sei. Wenn deswegen unsere Annahme, daß der Widerstand des Äthers noch keine die Konstitution des Planetoidenringes beträchtlich verändernde Wirkungen in demselben hervorgebracht habe, richtig ist, so bietet sich uns Gelegenheit, mit Hülfe einer leichten Rechnung einen Schluß auf das Alter des Planetensystems zu ziehen. Wir gehen

[1]) Wenn die Mittelpunktstemperatur der gasförmigen Weltkörper nicht größer als eine bestimmte Maximaltemperatur ist und in den meisten Fällen annähernd diesen Wert besitzt, so muß der Temperaturabfall nach der Oberfläche hin bei den größeren Massen, ihres größeren Radius wegen, geringer sein als bei den kleineren.

dabei von der Voraussetzung aus, daß auch die kleinsten beobachteten Planetoiden den Radius ihrer Bahn, nachdem sie sich bereits ungefähr bis zu ihrer gegenwärtigen Größe zusammengezogen hatten, infolge des Ätherwiderstandes nicht mehr als um eine Erdweite verkleinert hätten. Da der Ring der Planetoiden eine Breite von ungefähr $3^1/_2$ Erdweiten besitzt, so dürfte der angenommene Wert eine obere Grenze sein, unter der die wirklich stattgefundenen Verkleinerungen der Bahnradien liegen. Der Durchmesser der kleinsten Planetoiden beträgt ungefähr 10 km. Nimmt man für ihre Dichte das Dreifache der Dichte des Wassers an, so folgt aus der am Schlusse des § 15 abgeleiteten Gleichung:

$$\Sigma \tau = \frac{a_0 - a}{r_e}\, 2{,}35 \,.\, 10^{11}\, \delta' \left[\frac{\varrho}{\text{km}}\right] \text{Jahre}$$

$\Sigma \tau = 3^1/_2$ Billionen Jahre. Hiernach wären seit der Zeit der Entstehung der kleinen Planeten höchstens $3^1/_2$ Billionen Jahre verflossen. Da der genaue Wert der Ätherdichte nicht feststeht und $\frac{\alpha}{n}$ (siehe § 12) wahrscheinlich zu klein gewählt ist, so kann die berechnete Zahl nur als grober Näherungswert gelten. Die Zeit, während welcher die Erde eine feste Oberflächenkruste besitzt, wird von verschiedenen Forschern (Rudzki, Ekholm, Dubois, Reade, Geikie, Sederholm u. a., siehe Ratzel, „Raum und Zeit" oder Arrhenius, „Kosmische Physik"), indem sie von verschiedenen Anhaltspunkten ausgehen, allerdings nur auf ungefähr 50 bis 2000 Millionen Jahre geschätzt; aber da die Erde auch schon als Gasball und als Stern eine lange Entwicklungszeit hinter sich hat, so ist ihr Alter ein höheres. Ähnliche die Sonne betr. Schätzungen führen auch zu einem Werte, der dem oben berechneten bedeutend näher liegt; Arrhenius nimmt z. B. für die Sonne eine Entwicklungszeit von mehreren hundert Milliarden Jahren an (l. c. S. 163).[1])

---

[1]) Es ist nicht unwahrscheinlich, daß einige Planetoiden noch auf andere Weise, als es in diesem Paragraph ausgeführt wurde, entstanden sind. Die radialen Konvektionsströme, welche durch die Zusammenziehung der Sonne und die Differenzierung ihrer Materie in eine Vielheit chemischer Stoffe hervorgerufen wurden (siehe § 17), besaßen vielleicht eine solche Gewalt, daß ihre Massen, bis zur Sonnenoberfläche gelangt, noch über dieselbe hinausgeschleudert wurden. Die meisten dieser emporgeschleuderten Massen mußten zwar auf die Sonne zurückstürzen; einige von ihnen aber, die in die Nähe eines der großen Planeten gelangten, konnten durch die Anziehung desselben in eine Bahn gewiesen werden, welche sie fortan um die Zentralmasse herumführte und sie zu selbständigen Planeten machte. Ein dem beschriebenen ganz ähnlicher Vorgang spielt sich wahrscheinlich bei dem planetarischen Nebel in der Leyer ab (Abbildung in Kleins „Handbuch der allgemeinen Himmelsbeschreibung" 1901). Er läßt eine ganze Anzahl fadenartiger Auswüchse erkennen, die sich ohne Zwang als protuberanzenartige Eruptionen erklären lassen. Auch der planetarische Nebel im Wassermann besitzt eine große Anzahl fransenartiger Anhängsel (Abbildung in

Rotation. In Verbindung mit der Anziehungskraft der Zentralmasse versetzte der Widerstand des Äthers die kleinen Planeten auf ähnliche Weise in Rotation, wie die Planeten Saturn und Jupiter. Durch den Widerstand des Äthers aufgehalten, suchten die Teilchen der Vorderseite des Planeten sich der Zentralmasse zu nähern. Da die Anziehung des Planeten sie aber daran hinderte, so mußte ihr Bestreben, nach der Zentralmasse zu sinken, zu einer rechtsinnigen Rotation des Planeten führen. Die Schiefe der Achsen, die beim Mars 28°, bei der Erde $23^1/_2{}^0$ beträgt, erklärt sich ebenso wie bei den großen Planeten dadurch, daß örtliche Unregelmäßigkeiten der Nebelmassen, aus denen sie hervorgingen, eine Verschiebung der Achse aus der Senkrechten der Bahn veranlaßten. Ebenso wie Mars und Erde wurden auch die Planetoiden in Rotation versetzt. Wenigstens lassen Helligkeitsänderungen, die beim Planetoiden Eros beobachtet worden sind, auf eine Rotation desselben schließen. Da aber der die Rotation veranlassende Widerstand des Äthers nur bei großen Massen auf der Vorderseite wirkt, während kleinere sogleich als Ganzes eine Verzögerung erleiden; so bleibt die äquatoreale Rotationsgeschwindigkeit kleiner Massen hinter derjenigen größerer bedeutend zurück. Bei Jupiter beträgt sie 12 km, bei Saturn 10 km, bei der Erde 464 m, bei Mars 230 m. Die Winkelgeschwindigkeiten weisen nicht so große Unterschiede auf. Ob die Venus eine Rotationsbewegung hat, ist noch nicht mit Gewißheit entschieden. Rotiert sie, so ist ihretwegen nichts besonderes zu erinnern. Rotiert sie nicht, so kann dafür die formverändernde Anziehung der Sonne als Ursache betrachtet werden und ferner der Umstand, daß vielleicht der die Rotation bewirkende Widerstand des Äthers bei der Venus größtenteils fortfiel, da ihre Bahn innerhalb der Zone des Zodiakallichtes, dessen Materie die Sonne ebenfalls umkreist, liegt. Dieselbe Ursache, welche die Monde zwang, dem Planeten immer dieselbe Seite zuzukehren, bewirkte beim Merkur, daß er außer der jährlichen keine Rotationsbewegung besitzt.

§ 19. Die Monde und die Ringe Saturns.

Die irregulären Monde. Bei der Kritik der Laplaceschen Theorie wurde bemerkt, daß sich keine große Schwierigkeit ergebe, wenn man versuche, die Entstehung der Monde nach derselben zu erklären.

Lockyer: „Das Spektroskop"). Wenn wirklich die Entstehung gewisser Planetoiden auf Eruptionen zurückzuführen ist, so würde sogar eine rückläufige Bahn ihre Erklärung finden; denn unter ganz besonderen Umständen können offenbar die von dem Planeten auf die Eruptionsmasse ausgeübten störenden Einwirkungen diese zu einer Bewegung zwingen, welche sie der allgemeinen Bewegungsrichtung entgegengesetzt um die Sonne herumführt. Es ist auch denkbar, daß die irregulären Monde Saturns und Jupiters solche Eruptionsmassen wären, welche von den Planeten zurückgehalten worden sind.

Doch müßten dabei der Erdmond, die Jupitersmonde VI und VII, die Saturnsmonde Themis, Japetus, Phöbe, der Neptunsmond, der 1. Marsmond und die inneren Teile der Saturnsringe ausgenommen werden. Da sich die Entstehung sämtlicher übrigen Monde nach keiner anderen Theorie so leicht und einfach ergibt, wie nach der Laplaceschen, so akzeptieren wir sie; doch werden wir uns nicht mit der bloßen Hinweisung auf Laplace begnügen, sondern die physikalischen Verhältnisse der Planeten zur Zeit der Abtrennung der Monde ausführlich diskutieren und dabei nachweisen, daß die Laplacesche Theorie erst einer aus unseren Grundhypothesen resultierenden Modifikation bedarf, bevor sie sich eignet, die Entstehung der Monde zu erklären. Vorher aber empfiehlt es sich, noch einmal kurz die Gründe anzugeben, die uns zwingen, die oben aufgezählten Monde als anormale den andern gegenüberzustellen und sie für sich zu behandeln.

1. Für die Erklärung der Entstehung des Erdmondes genügt die Laplacesche Theorie aus einem zweifachen Grunde nicht. War bei der Zusammenziehung der Erdmasse der Flächensatz gültig, so betrug nach unserer früheren Rechnung (S. 59) die lebendige Kraft der Mondmasse zu der Zeit, als sich die Atmosphäre der Erde bis zur Mondbahn erstreckte, das vierfache der Rotationsenergie der Erde. Der Mond kann sich also nicht von der Atmosphäre abgetrennt haben. Auch wenn man annehmen wollte, die Erde habe ihre Rotationsenergie nicht vergrößert, ergibt sich, daß der Mond nicht aus der Atmosphäre entstanden sein kann, da seine kinetische Energie der Umlaufsbewegung um die Erde ungefähr den 7. Teil der Rotationsenergie der Erde ausmacht und es unwahrscheinlich ist, daß ein so bedeutender Bruchteil der Rotationsenergie in den äußersten Schichten der Atmosphäre vorhanden war. Würde man endlich das Mißverhältnis der genannten Energien durch eine Verlangsamung der Erdrotation zu erklären versuchen, so müßte man hierfür wieder eine neue Erklärung aufstellen und würde, falls man sie auf die der Rotation entgegenwirkende Flutbewegung zurückführen wollte, auf keinen glücklichen Ausweg verfallen sein, da man die Wirkung der Flutwelle bedeutend überschätzt hätte.[1]) Für die Entstehung des Erdmondes muß zweitens deshalb nach einer besonderen Erklärung gesucht werden, weil die Neigung seiner Bahn gegen die Ekliptik bedeutend geringer ist als diejenige des Erdäquators. Da auch ein widerstehendes Mittel keinen Einfluß auf die Neigung der Bahnebene hat und die Anziehung der Sonne und der übrigen Planeten, abgesehen von geringen Schwankungen der Neigung, nur zu einer Drehung der Knotenlinie führt, so müßte die mittlere Neigung der Mondbahn ungefähr dieselbe sein, wie diejenige des Erdäquators. Die letzte beträgt $23^1/_2{}^0$, die Neigung der Mondbahn aber nur 5^0. Folglich ist es nicht mög-

[1]) Man vergleiche, was über die Acceleration der Mondbewegung im § 17 gesagt wurde (S. 164).

lich, die Entstehung des Mondes durch Abtrennung einer Teilmasse am Äquator zu erklären.

2. Auch die Neigung der Bahn des 8. Saturnsmondes und vielleicht diejenige der Bahn des Neptunsmondes gegen die betr. Planetenbahn ist kleiner als die Neigung des Planetenäquators. Die Bahnebene des Neptunsmondes bildet mit der Ekliptik einen Winkel von 35°, während Tisserand für die Neigung des Äquators einen Winkel von 50° berechnet hat.

3. Die Bahnen der neu entdeckten Jupitersmonde VI und VII und des Saturnsmondes Themis bilden mit den Bahnebenen ihres Planeten einen bedeutend größeren Winkel als die Äquatorebene desselben.

4. Daß sich die Entstehung des rückläufigen 9. Saturnsmondes nicht nach der Laplaceschen Theorie erklärt, hat Moulton nachgewiesen (siehe § 6).

5. Der innere Marsmond und die innersten Teile der Saturnsringe haben eine größere Winkelgeschwindigkeit als der Planet; sie können sich also nicht von der Atmosphäre abgetrennt haben. Die Annahme einer Verlangsamung der Rotationsbewegung des Planeten infolge der Flutbewegung seiner Meere,[1]) die bei dem alternden Planeten Mars vielleicht nicht ohne weiteres als unstatthaft zu bezeichnen wäre, ist bei Saturn von vornherein zurückzuweisen, da dieser Planet wegen seiner geringen mittleren Dichte (0,13 der Erddichte, d. i. 0,7 der Dichte des Wassers) wahrscheinlich noch gar keine Meere ausgebildet hat und außerdem, aus demselben Grunde, noch längst nicht am Ende seiner Kontraktionsfähigkeit angelangt ist, bei der stetig fortdauernden Zusammenziehung seine Rotationsgeschwindigkeit also vergrößern muß.

Bei unserer Theorie fallen der innere Marsmond und die innersten Teile der Saturnsringe als Ausnahmen fort, da bei Berücksichtigung des Ätherwiderstandes und der Vergrößerung, welche die Gravitation des Planeten erfährt, ihre große Winkelgeschwindigkeit der Laplaceschen Erklärung nicht mehr entgegensteht. Von den übrigen Ausnahmen sehen wir vorläufig ab und beschränken uns auf die Erklärung der Entstehung der regulären Monde.

Die regulären Monde. Annahme des adiabatischen Gleichgewichts. Nachdem der Planet durch den Widerstand des Äthers in Rotation versetzt worden war, mußte sich dieselbe, dem Flächensatze gemäß, beschleunigen, je mehr sich der Radius verkürzte. Wir nehmen nun wie Laplace an, daß die Massen der Monde sich von der Planetenmasse abtrennten, als die Rotationsgeschwindigkeit sich so weit gesteigert hatte,

[1]) Was die Flutbewegung betrifft, so kommt bei Mars, wegen der Kleinheit der Monde, nur die Anziehung der Sonne in Frage, bei Saturn, wegen der großen Entfernung der Sonne, nur die Anziehung seiner Monde. Die Höhe der Flutwelle ist der Masse des anziehenden Körpers direkt, der 3. Potenz seiner Entfernung umgekehrt proportional.

daß am Äquator Gleichgewicht der Schwere und der Zentrifugalkraft herrschte. Zuerst stellen wir fest, ob die Annahme zulässig sei, daß sich die Planetenmasse, was als das wahrscheinlichste gelten könnte, zur angegebenen Zeit im adiabatischen Gleichgewichte befunden habe. Die Gleichung (23) des § 15 lautet:

$$R\,\vartheta_0 = \frac{M}{\mu}\,\frac{\alpha\,\varrho^2}{A\,c_p}\,.$$

wo R den Radius der adiabatischen Kugel, ϑ_0 ihre Mittelpunktstemperatur, M ihre Masse, μ die Masse der Erde, ϱ den Erdradius, α die Zahl 2,4, A den Wert 424 m und c_p die spezifische Wärme der Gasart der Kugel bedeutet. Wir berechnen den Wert $R\,\vartheta_0$ für alle Planeten, welche von regulären Monden begleitet sind. Für Neptun ist $M = 16{,}5\,\mu$; der Radius r beträgt das 4fache des Erdradius; folglich erhält man $R\,\vartheta_0 = 33000\,r$. Für Uranus ist $M = 15\,\mu$, $r = 4\,\varrho$, also $R\,\vartheta_0 = 28800\,r$; für Saturn ist $M = 93\,\mu$, $r = 9{,}35\,\varrho$, also $R\,\vartheta_0 = 80000\,r$; für Jupiter ist $M = 310\,\mu$, $r = 11{,}2\,\varrho$, also $R\,\vartheta_0 = 225000\,r$; endlich ist für Mars $M = {}^1/_{10}\,\mu$, $r = {}^1/_2\,\varrho$, also $R\,\vartheta_0 = 1690\,r$. Die Entfernung des Neptunsmondes vom Zentrum des Planeten beträgt $14{,}5\,r$, die des äußersten Uranusmondes $25{,}2\,r$, die des Mondes Hyperion bei Saturn (Japetus und der rückläufige Mond kommen nicht in Frage) $24{,}3\,r$, die des Mondes IV Jupiters $27\,r$ und die des 2. Marsmondes $7\,r$. Die Mittelpunktstemperaturen der einzelnen Planeten zur Zeit der Abtrennung des äußersten Mondes berechnen sich hiernach der Reihe nach zu 2300^0, 1150^0, 3300^0, 8400^0, 240^0. Diese Temperaturen sind, da sie bedeutend unter der von uns angenommenen Maximaltemperatur von 30000^0 liegen, als zulässig zu bezeichnen. Bei Uranus, Saturn und Mars liegen auch die Mittelpunktstemperaturen zur Zeit der Abtrennung des innersten Mondes unter der Maximaltemperatur. Die Entfernung des ersten Mondes vom Planeten beträgt bei Uranus $8\,r$, bei Saturn $3{,}1\,r$, bei Mars $2{,}8\,r$; die entsprechenden Temperaturen sind 3600^0, 26000^0 und 600^0. Der Entfernung des ersten Jupitersmondes $2{,}3\,r$ vom Planeten entspricht jedoch eine Temperatur von 96000^0. Wenn man bedenkt, daß sich die Entfernung der Monde vom Planeten aus denselben Gründen wie die Entfernung der Planeten von der Sonne verkleinern mußte, so erkennt man zwar, daß die zur Zeit der Abtrennung der Monde wirklich vorhandenen Mittelpunktstemperaturen geringer waren als die berechneten Werte, daß also zu hohe Mittelpunktstemperaturen der Annahme des adiabatischen Gleichgewichts vielleicht auch bei Jupiter nicht im Wege stehen würden; allein wenn sie auch sämtlich unter der Maximaltemperatur lägen, so würde sich die Annahme doch aus anderen Gründen verbieten. Wenn bei der Zusammenziehung der Planetenmasse das adiabatische Gleichgewicht längere Zeit bestehen blieb, so müßte, nachdem es einmal zur Abtrennung einer Mondmasse gekommen war, in der folgenden Zeit am Äquator eine beständige Abschleuderung von Massen stattfinden. Da nämlich die Zusammenziehung der Planetenmasse dem Flächensatze gemäß erfolgte, so wuchs ihre äquatoreale Geschwindigkeit umgekehrt proportional mit dem Radius, also viel schneller als nötig wäre, damit am Äquator das Gleichgewicht zwischen der Schwere und der Zentrifugalkraft bestehen blieb; denn im letzten Falle braucht die äquatoreale Geschwindigkeit nur der Wurzel aus dem Radius umgekehrt proportional zu sein. Hiernach hätten am Äquator unaufhörlich bedeutende Massen zur Abtrennung kommen und infolge davon eine scheibenförmige Ansammlung derselben in der Äquatorebene entstehen müssen; dann aber würde es niemals zur Bildung kleiner, durch weite Zwischenräume voneinander getrennter Monde gekommen sein. Die Nachprüfung durch die Rechnung läßt ferner erkennen, daß, ganz ähnlich wie es bei der Sonne gezeigt wurde, die Rotationsenergie mehrerer Planeten nicht groß genug ist, um zu gestatten, daß in einem früheren Stadium der Entwicklung unter der Voraussetzung des adiabatischen Gleichgewichtszustandes am Äquator des Planeten Teilmassen zur Abtrennung gelangten. Die Zahlenwerte der Tabelle (16) und (18) des § 15 lassen erkennen, daß als Atmosphäre des Planeten höchstens eine Schicht von der Dicke $^1/_2\,R$ in Frage kommen kann, da bei größerer Dicke die Masse der Atmosphäre mehr als $^1/_4$ der Gesamtmasse des Planeten betragen würde. Selbst wenn man die Höhe der Atmosphäre zu $^2/_3\,R$ annehmen[1]) und den bedeutenden Bruchteil der Rotationsenergie, um welchen die Masse dieser Atmosphäre bei der später erfolgenden Vereinigung ihres größten Teiles mit der Kernmasse die Rotationsenergie derselben vergrößern mußte, vernachlässigen, also die gesamte heutige Rotationsenergie des Planeten, natürlich in dem Verhältnisse, wie es der Flächensatz verlangt, verkleinert, der früheren Kernmasse von $^1/_3\,R$ Radius beilegen wollte, so würden sich noch längst nicht die für eine Abtrennung von Teilmassen notwendigen Höhen der Atmosphäre ergeben. Der Neptunsmond ist z. B. $R = 14{,}5\,r$ vom Zentrum des Planeten entfernt. Nach unserer sehr weit gehenden Annahme mußte der Radius der Kernmasse des Planeten zur Zeit der Abtrennung des Mondes, wenn sich die Planetenmasse im adiabatischen Gleichgewichte befand, mindestens $^1/_3\,R = 4{,}8\,r$ betragen. Da auch jetzt noch der Planetenkern im Innern ein ähnliches Dichteverhältnis aufweisen wird, wie es in dem Kerne von $^1/_3\,R$ Radius bestand,[2]) so mußte bei ihrer

[1]) In diesem Falle würde nach der Tabelle (16) des § 15 die Dichte an der Oberfläche der Kernmasse ungefähr $^1/_3$ der Mittelpunktsdichte und nach der Tabelle (18) die Masse der Atmosphäre ungefähr $^3/_5$ der gesamten Planetenmasse betragen.

[2]) Hiernach würde die Mittelpunktsdichte ungefähr dreimal so groß als die Dichte an der Oberfläche sein Bei der Erde besteht ungefähr dieses Verhältnis. Die mittlere Dichte der Erde beträgt 5,5, ihre Oberflächendichte 2,5 bis 3. Legt man das Laplacesche Dichtigkeitsgesetz:

$$\frac{y}{y_0} = \frac{\sin \alpha\varrho}{\alpha\varrho}$$

zugrunde, so berechnet sich die Mittelpunktsdichte y_0 ungefähr zu dem dreifachen der Oberflächendichte.

Zusammenziehung der Flächensatz gültig sein, die Winkelgeschwindigkeit also umgekehrt mit dem Quadrate des Radius zunehmen. Hieraus würde folgen, daß, wenn ω_0 die Winkelgeschwindigkeit des Mondes bedeutet, die gegenwärtige Winkelgeschwindigkeit der Rotation des Planeten, da die ganz bedeutende Rotationsenergie, welche die Hauptmasse der Atmosphäre bei ihrer Vereinigung mit dem Kerne diesem noch zuführen mußte, unberücksichtigt bleiben soll, größer als $4{,}8^2\,\omega_0 = 23\,\omega_0$ sei. Die Umlaufszeit des Mondes beträgt 5 Tage 21 Stunden; Neptun müßte also in weniger als $6^1/_2$ Stunden seine Rotation vollenden. Dies ist jedoch gänzlich ausgeschlossen, da seine geringe Abplattung auf eine bedeutend größere Rotationsdauer schließen läßt. Zu ähnlichen Resultaten gelangt man bei den übrigen Planeten. Führt man die Rechnung in entsprechender Weise, wie für den Neptunsmond, für die äußersten Monde der Planeten Uranus, Saturn (Mond Hyperion), Jupiter (Mond IV) und Mars aus, so erhält man für Uranus $\omega > 70\,\omega_0$, für Saturn $\omega > 66\,\omega_0$, für Jupiter $\omega > 81\,\omega_0$, für Mars $\omega > 5{,}5\,\omega_0$. Die aus diesen Werten sich ergebenden Umdrehungszeiten der genannten Planeten würden kleiner sein als $4^1/_2$, $7^3/_4$, 5 und 6 Stunden; die wirklichen Rotationszeiten sind jedoch sämtlich größer. Wenn man von dem ohne Zweifel passenderen Werte $^1/_2\,R$ als Radius der Kernmasse ausginge, so würden sich die berechneten Werte mit $^4/_9$ multiplizieren, also um mehr als die Hälfte kleiner werden. Noch ungünstiger erscheinen die Werte, wenn man berücksichtigt, daß die Monde ihre Entfernung vom Planeten verkleinern mußten. Befanden sich die Monde nämlich ursprünglich weiter vom Zentrum entfernt als jetzt, so mußte auch der Radius der Kernmasse des Planeten zur Zeit ihrer Abtrennung größer sein als angenommen wurde. Da die Umlaufszeiten der Monde nach dem 3. Keplerschen Gesetze mit $R^{3/2}$ direkt, die Winkelgeschwindigkeiten der Rotation der Planeten aber, nach dem Flächensatze, mit R^2 umgekehrt proportional sind, so vergrößern sich die berechneten Werte mit der Wurzel aus dem Radius der ursprünglichen Mondbahn. Wenn man endlich noch, wie es früher bei der modifizierten Laplaceschen Theorie geschah, die Rotationsenergie der Planeten bei ihrer Zusammenziehung als konstant betrachten wollte, so würde sich doch immer noch, wenigstens bei den dem Planeten nächsten Monden Saturns und Jupiters, eine so bedeutende Höhe der Atmosphäre berechnen, daß man die Atmosphäre nicht mehr als die äußere dünne Schicht einer adiabatischen Gaskugel betrachten dürfte.

Beschaffenheit der Planetenmassen. Aus allem Gesagten folgt, daß sich die Planetenmassen zur Zeit der Abtrennung der Monde nicht im adiabatischen Gleichgewichtszustande befunden haben können. Bestand die Planetenmasse aus einem einzigen Gase, so ist jedoch, nach unseren früheren Untersuchungen, der adiabatische Gleichgewichtszustand der gegebene natürliche Zustand, den die Gasmasse anzunehmen sich bestreben mußte. Auch bei ihrer Zusammenziehung mußte sie diesen Zustand beibehalten, bis die inneren Massen, sobald sie die Maximaltemperatur angenommen hatten, sich einer Erhöhung der Temperatur widersetzten. Unsere Rechnung am Anfange dieses Paragraphen zeigt, daß die Mittelpunktstemperaturen zur Zeit der Abtrennung der Monde, falls Wasserstoff als Bestandteil der Planetenmassen vorausgesetzt wurde, sämtlich unter der von uns angenommenen Maximaltemperatur liegen; eine Wasserstoffkugel hätte also den adiabatischen Gleichgewichtszustand annehmen müssen. Wenn die Voraussetzung des adiabatischen Gleichgewichts aber aus anderen Gründen nicht zulässig ist, so müssen wir schließen, daß die Planetenmassen der Hauptsache nach nicht aus Wasserstoff, sondern aus einem Gase mit größerer Dichte und geringerer spezifischer Wärme, oder, was noch wahrscheinlicher ist, aus verschieden schweren Gasen bestanden, von denen die schwereren zum Zentrum sanken, um den dichteren Kern zu bilden, während sich die leichteren als Atmosphäre um den Kern herumlagerten. Wenn der Urnebel schon eine Vielheit chemischer Stoffe in sich enthielt, so war, wie bereits gelegentlich der Untersuchung des Entwicklungsganges der Sonne (§ 17) bemerkt wurde, die angegebene Trennung der schweren und leichten Gase eine bloße Folge der in Wirksamkeit tretenden Gravitation; war jedoch die Urnebelmaterie einheitlich, so muß angenommen werden, daß die beim Zusammensinken entstehenden hohen Temperaturen eine Differenzierung derselben in verschiedene chemische Stoffe herbeiführte.

Entstehung der Monde. Die dem Flächensatze gemäß erfolgende Rotationsbeschleunigung der Kernmasse teilte sich allmählich der Atmosphäre mit; die Massen der Atmosphäre wurden so lange in ihrer Bewegung beschleunigt, bis sie dieselbe Winkelgeschwindigkeit angenommen hatten wie die Kernmasse. War die Höhe der Atmosphäre groß genug, so trat über dem Äquator Gleichgewicht der Schwere und der Zentrifugalkraft ein. Aus den sich abtrennenden Massen entstanden die Monde. Die große Unregelmäßigkeit der Dichten und der Verteilung der Mondmassen im Systeme Jupiters und Saturns läßt vermuten, daß die Monde nicht einer einzigen Abschleuderung ihr Dasein verdanken; denn in diesem Falle hätte sich eine regelmäßige Abstufung ihrer Entfernungen vom Planeten nach dem Verhältnisse ihrer Massen herausbilden müssen. Wir dürfen schließen, daß zwischen ihren Entstehungszeiten längere Zeitperioden liegen. Die inneren physikalischen und chemischen Verhältnisse des Planeten waren schuld daran, daß sich zu gewissen Zeiten die Atmosphäre bis zu der Höhe erstreckte, wo über dem Äquator Gleichgewicht der Schwere und der Zentrifugalkraft herrschte, und daß zu andern Zeiten diese Grenze nicht erreicht wurde. Es ist auch leicht denkbar, daß bei einer bestimmten, durch die Verdichtung erreichten Temperatur neue chemische Kräfte zur Wirksamkeit kamen, daß plötzlich größere Massen sich zu neuen Stoffen vereinigten und daß die dadurch frei werdende Verbrennungswärme zu einer schnellen Temperatursteigerung der ganzen Planetenmasse führte.

Dann mußte sich die Atmosphäre plötzlich ausdehnen und konnte sich sehr leicht wieder bis zu der Höhe erheben, in welcher sich über dem Äquator Teilmassen ablösen mußten.

Oberflächentemperaturen. Wenn wir noch imstande sind, zu zeigen, daß die Temperaturen, welche den Planetenatmosphären zur Zeit ihrer Erstreckung bis zu den ursprünglichen Mondbahnen beigelegt werden müssen, angemessene sind, so stehen unserer Erklärung der Entstehung der Monde keine Schwierigkeiten mehr entgegen. Bedeutet in der Gleichung (2) des § 6 M die Masse eines Planeten, r seinen gegenwärtigen Radius, $\delta = 0{,}0693$ die Dichte des Wasserstoffs, so wird:

$$\lambda \gamma r^2 = \frac{273 \,.\, 0{,}0693 \,.\, 6375}{7{,}6} \frac{\varrho}{r} \frac{M}{m} \frac{r}{\vartheta} = 16000 \frac{\varrho}{r} \frac{M}{m} \frac{r}{\vartheta}.$$

Schreibt man:

$$\alpha = 16000 \frac{\varrho}{r} \frac{M}{m},$$

und bezeichnet mit r' den veränderlichen Radius der Kernmasse des Planeten, so erhält man:

$$\log \frac{y_0}{y} = \frac{\alpha}{\vartheta} \left[\frac{r}{r'} - \frac{r}{r+h}\right].$$

Mit Hülfe der am Anfange dieses Paragraphen angegebenen Werte von $\frac{\varrho}{r}$ und $\frac{M}{m}$ berechnet sich für α bei Neptun der Wert 66000, bei Uranus 60000, bei Saturn 160000, bei Jupiter 445000, bei Mars 3200. Die Rotationszeiten der Planeten Neptun und Uranus sind nicht bekannt; für sie läßt sich daher der Wert von r' nicht bestimmen. Da aber r' auf jeden Fall größer als r ist, so nimmt für diese Planeten die Größe $\log \frac{y_0}{y}$, wenn für ϑ der Wert der höchsten bei Fixsternen beobachteten Oberflächentemperaturen, 20000°, gewählt wird, höchstens den Wert 3 an. Die Dichte der äußersten Atmosphärenschichten wird dann nur ungefähr 20mal so klein als die der untersten Schichten; es können also bedeutende Massen zur Abtrennung kommen. Bei Saturn würde für $r' = r$ die Höhe der Atmosphäre bis zur Cassinischen Trennung der Ringe reichen. Da der Radius derselben ungefähr gleich $2r$ ist, so würde $h = r$ sein. Für $\vartheta = 20000°$ erhält man dann $\log \frac{y_0}{y_1} = 4$, also $y_0 = 55 y_1$; auch bei Saturn ist demnach die Dichte y_1 der äußersten Atmosphärenschichten recht bedeutend. Bei dem Planeten Mars war eine 20000° warme Atmosphäre fast gleichmäßig dicht. Bei Jupiter ergibt sich endlich für den innersten Mond V, da dieser ungefähr dieselbe Winkelgeschwindigkeit wie der Planet besitzt und seine Entfernung vom Zentrum des Planeten $2^1/_3\, r$ beträgt, also $r' = r$ und $h = 1^1/_3\, r$ ist, $\log \frac{y_0}{y_1} = 12$ oder $y_0 = 166000\, y_1$. Obgleich die Dichte y_1 der äußersten Atmosphärenschichten hiernach nur einen kleinen Bruchteil der Dichte der unteren Schichten beträgt, ist der berechnete Wert doch noch als angemessen zu bezeichnen, da die Rechnung zeigt, daß, wenn die Dichte am Grunde der Atmosphäre auch nur gleich der Dichte der unteren Schichten der Erdatmosphäre gewesen wäre, die Masse einer Kugelschale von nur 1 km[1]) Dicke sich abzutrennen brauchte, damit der Mond V sich bilden konnte. Für den Mond I, dessen Umlaufszeit $42^1/_2$ Stunden beträgt, erhält man, da die Rotationszeit Jupiters gleich 10 Stunden, also $r' = \sqrt{42^1/_2 : 10} = 2{,}05$ und ferner $r' + h = 6\,r$ ist, $log\,\frac{y_0}{y_1} = 7{,}2$ oder $y_0 = 1300\,y_1$. Die Dicke der Kugelschale, deren Masse sich abtrennen mußte, um den Mond I zu bilden, berechnet sich hieraus unter derselben, die Dichte der unteren Atmosphärenschichten betreffenden Voraussetzung, zu ungefähr $^1/_4\,r$.[1]) Dieser Wert ist allerdings ziemlich beträchtlich, braucht deswegen aber noch nicht als unwahrscheinlich zu gelten. — Aus dem Gesagten geht hervor, daß bei allen Planeten eine Oberflächentemperatur von 20000° ausreichen würde, um die Atmosphären bis zu den Mondbahnen auszudehnen. Allein unsere Angaben beziehen sich nur auf eine Wasserstoffatmosphäre. Aus einer reinen Wasserstoffatmosphäre können sich jedoch keine Monde zusammenballen. Auch wenn man annehmen wollte, daß Wasserstoff von 20000° imstande wäre, sich in Stoffe umzuformen, welche die Chemie wegen ihrer beschränkten Mittel nicht als Verbindungen des Wasserstoffs nachzuweisen vermöchte, so bleibt doch noch zu bedenken, daß die zur Abtrennung kommenden Grenzschichten der Atmosphäre nicht mehr 20000° warm sind, sondern ungefähr die Temperatur des Weltraumes besitzen, und daß Wasserstoffmassen mit einer Temperatur von ungefähr 130° abs. niemals zu festen Körpern kristallisieren können. Da nun andere Gase bedeutend schwerer sind als Wasserstoff, also auch einer viel höheren Oberflächentemperatur bedürfen, um sich bis zu der erforderlichen Höhe zu erheben, einer Wasserstoffatmosphäre aber schon, wenigstens bei Jupiter, die höchsten beobachteten Oberflächentemperaturen beigelegt werden müssen, so scheint es, als sei unsere Annahme, die meisten Mondmassen seien, gemäß der Laplaceschen Erklärungsweise, vom Planeten abgeschleudert worden, zurückzuweisen und als müsse für die Entstehung der Monde nach einer neuen

---

[1]) Nimmt man an, es hätte sich, damit ein bestimmter Mond entstehen konnte, die Masse einer Kugelschale (siehe die Kritik der Laplaceschen Theorie) von der Dicke h, der Dichte y_1 und dem Radius R ablösen müssen, so besteht, wenn ε das Teilverhältnis der Mondmasse zu der Planetenmasse und δ die mittlere Dichte des Planeten bezeichnet, die Gleichung:

$$\varepsilon\,\frac{4\,\pi}{3}\,r^3\,\delta = \frac{4\,\pi\,y_1}{3}\,[(R+h)^3 - R^3] \text{ oder } y_1 = \frac{\varepsilon\,\delta}{3}\,\frac{r}{h}\left(\frac{r}{R}\right)^2.$$

Aus dieser Gleichung findet man in Verbindung mit den für $log\,\frac{y_0}{y_1}$ angegebenen die obigen Werte.

Erklärung gesucht werden. Allein es bietet sich uns leicht ein Ausweg aus dieser Schwierigkeit. Unsere Rechnung ging von der Voraussetzung aus, daß die Abtrennung der Monde an dem Orte stattgefunden habe, wo sie sich jetzt bewegen. Diese Annahme ist nicht richtig. Ebensowenig, wie die Planeten sich gegenwärtig noch an ihrem Ursprungsorte befinden, ebensowenig ist dies bei den Monden der Fall.

Ursprungsort der Monde. Wie uns unsere beiden, die Vergrößerung der Gravitationskraft der Zentralmasse und den Widerstand des Äthers betreffenden Grundhypothesen leicht und zwanglos zu einer Erklärung der bedeutenden Revolutionsenergien der Planeten führten, so erweisen sie sich auch an dieser Stelle als nützlich, ja als unentbehrlich, wenn wir die, von uns als die einfachste und natürlichste akzeptierte, Laplacesche Erklärung mit den physikalischen und astronomischen Tatsachen in Einklang bringen wollen. Im § 15 wurde gezeigt, daß der Radius des Urnebels mindestens 340 Erdweiten betragen habe. Der am Rande desselben sich bildende Planet Neptun, dessen gegenwärtiger Bahnradius 30 Erdweiten beträgt, verkleinerte also seine Entfernung von der Sonne auf mehr als den 11. Teil des ursprünglichen Wertes. Verhältnismäßig noch beträchtlicher war die Verkürzung des Bahnradius bei den inneren Planeten. Die wahrscheinlichste Annahme für den Ort, wo Merkur sich bildete, führt zu dem Werte $^1/_3\,R$, d. s. mindestens $\frac{340}{3}$ Erdweiten, vom Zentrum. Seine gegenwärtige Entfernung beträgt 0,39 Erdweiten, d. i. ungefähr $^1/_{300}$ des ursprünglichen Wertes. Auch die Monde erfuhren durch die beiden genannten Ursachen eine bedeutende Verkürzung ihres Bahnradius. Bei den Planeten war die Vergrößerung der Gravitationskraft der Zentralmasse ohne Zweifel die Hauptursache der Verkürzung des Bahnradius. Daß aber bei den kleinen Monden auch der Widerstand des Äthers eine beträchtliche Wirkung auszuüben vermochte,[1]) geht daraus hervor, daß bei Saturn sich ein irregulärer Mond, Themis, inmitten regulärer Monde bewegt. Wenn nur die sich vergrößernde Anziehungskraft des Planeten die Verkürzung bewirkt hätte, so müßten die Monde ihre ursprüngliche Reihenfolge beibehalten haben. Da aber die irregulären Monde die ältesten sind (siehe den Schluß dieses Paragraphen), so müßten sie die äußersten sein, wenn nicht der Widerstand des Äthers, der auf die kleineren Monde verhältnismäßig stärker als auf die größeren einwirken konnte, ihre Reihenfolge zu ändern vermocht hätte.

Im § 16 wurde untersucht, welchen Einfluß ein widerstehendes Mittel auf die Bewegung eines Körpers ausübt, wenn sich das Anziehungszentrum in Beziehung auf das Mittel in Ruhe befindet. Die dort gefundenen Re-

[1]) Will man diese Schlußfolgerung nicht gelten lassen, so müßte man die Entstehung des Mondes Themis darauf zurückführen, daß eine von der Sonne ausgeworfene Eruptionsmasse in den Anziehungsbereich Saturns geriet und von dem Planeten festgehalten wurde (siehe die Anmerkung auf S. 175).

sultate lassen sich auf die Monde nicht anwenden, da die Anziehungszentren, die Planeten, dem Äther gegenüber nicht in Ruhe verharren. Bei den rechtläufigen Monden verhält es sich in den meisten Fällen so, daß sie zur Zeit ihrer Opposition (siehe die Anmerkung auf S. 8) den Widerstand auf ihrer Vorderseite, zur Zeit der Konjunktion aber, da sie sich langsamer um den Planeten bewegen als dieser um die Sonne, auf der Rückseite auszuhalten haben. Bei den rückläufigen Monden ist es umgekehrt. Wir beschränken uns im folgenden auf die rechtläufigen Monde, da die Erweiterung der Resultate auf die rückläufigen Monde keine Schwierigkeiten bietet. Bei den rechtläufigen Monden vermindert der Widerstand des Äthers während der Zeit, in welcher der Mond die der Oppositionsstellung zugekehrte Bahnhälfte durchläuft, die Tangentialkraft desselben, nähert ihn also dem Planeten; durchläuft der Mond die andere Bahnhälfte, so verstärkt er in den meisten Fällen[1]) seine Tangentialkraft, sucht ihn also vom Planeten zu entfernen. Da sich in der Oppositionsstellung die Umlaufsgeschwindigkeit des Mondes zu der Umlaufsgeschwindigkeit des Planeten addiert, in der Konjunktionsstellung aber von ihr subtrahiert, so heben sich die angegebenen entgegengesetzten Wirkungen des Ätherwiderstandes nicht vollständig auf, sondern es bleibt in der ersten Bahnhälfte ein Überschuß der Wirkung. Bei geringer Geschwindigkeit des Planeten ist die resultierende Wirkung des Ätherwiderstandes nicht beträchtlich von derjenigen verschieden, welche er bei ruhendem Anziehungszentrum auf den Mond ausüben würde; je schneller sich aber der Planet bewegt, um so mehr übersteigt die Wirkung des Ätherwiderstandes, da dieser der zweiten bis dritten Potenz der Geschwindigkeit proportional ist, die bei ruhendem Anziehungszentrum auf den Mond ausgeübte Wirkung. Der Planet ist zwar auch dem Ätherwiderstande ausgesetzt; aber da seine Masse ein großes Vielfaches der Mondmasse beträgt, so ist die Strecke, um welche er nach der Sonne sinkt, unbedeutend gegenüber der Strecke, um welche sich der Mond während der Opposition der Sonne nähert. Die Mondmasse muß also ihren Abstand von der Planetenmasse ziemlich schnell verkleinern, und zwar um so schneller, je größer die Umlaufsgeschwindigkeit des Mondes ist und je näher sich der Planet der Sonne befindet. Den größten Widerstand erleiden gegenwärtig die inneren Jupiters- und Saturnsmonde, da bei ihnen infolge ihrer beträchtlichen Revolutionsgeschwindigkeit der Ätherdruck immer auf der Vorderseite ruht. Wie groß der Widerstand gewesen ist und noch ist, läßt sich daraus schließen, daß er die eigentümliche Kommensurabilität der Umlaufszeiten zur Entstehung brachte, die von Laplace und Humboldt in den Systemen der Jupiters- und der Saturnsmonde nachgewiesen und von Laplace aus dem Einflusse eines

[1]) Ausnahmen bilden die Monde V, I und II Jupiters und die 4 innersten Monde Saturns. Diese Monde haben eine größere Revolutionsgeschwindigkeit um ihren Planeten als der Planet um die Sonne; bei ihnen wirkt also auch in der Konjunktionsstellung der Ätherwiderstand auf der Vorderseite.

widerstehenden Mittels erklärt worden ist (siehe § 23). Leider fehlt uns jeder Maßstab, nach welchem wir die Weite des Sinkens der Monde zum Planeten beurteilen könnten. Da der Radius aller Planetenbahnen sich nach einer früheren Rechnung auf mehr als $^1/_{10}$ des ursprünglichen Wertes verkürzte, so wollen wir einmal annehmen, der Radius der gegenwärtigen Bahn des Jupitermondes V betrage auch nur $^1/_{10}$ des anfänglichen Wertes. Die Entfernung des Mondes vom Zentrum des Planeten ist gleich $2^1/_3\,r$. Nach dem 3. Keplerschen Gesetze berechnet sich die Umlaufszeit des Mondes in dem 10fachen Abstande zu 320 Stunden. Da die Rotationsdauer Jupiters gleich 10 Stunden ist, so ergibt sich sein Radius zur Zeit der Abtrennung des Mondes nach dem Flächensatze zu $r\sqrt{\frac{320}{10}} = 5{,}66\,r$. Betrug die spezifische Dichte der Atmosphäre das εfache der Dichte der atmosphärischen Luft bei 760 mm Druck, so erhält man:

$$log\frac{y_0}{y_1} = \frac{445000\,.\,14{,}4\,\varepsilon}{\vartheta}\left[\frac{1}{5{,}66} - \frac{3}{70}\right].$$

Für $\vartheta = 20000^0$ folgt hieraus $log\frac{y_0}{y_1} = 43\,\varepsilon$. Aus dieser Gleichung würde sich ein annehmbarer Wert für y_1 berechnen, wenn $\varepsilon \leqq {}^1/_3$, die spezifische Dichte der die Atmosphäre bildenden Gasart also kleiner als $^1/_3$ der Dichte der atmosphärischen Luft gewesen wäre. Da es erlaubt ist, Wasserstoff als einen Hauptbestandteil der Atmosphäre zu betrachten, so kann der berechnete Wert nicht befremden.

Entstehung der irregulären Monde. Mit diesen Auseinandersetzungen hat das Problem der Entstehung der regulären Monde seine Lösung gefunden. Es bleibt uns nur noch übrig, etwas über die irregulären Monde zu sagen. Für die Entstehung dieser Monde bietet sich leicht eine Erklärung, wenn man bis in die früheste Entwicklungszeit der Planeten zurückgeht. Die Planeten rollten sich aus mehr oder weniger lang gestreckten Teilen einer Spiralwindung zusammen; jedenfalls darf angenommen werden, daß die Nebelmassen, aus denen sie entstanden, nicht schon anfangs genau kugelförmig, sondern etwas in die Länge gestreckt waren. Als die Hauptmasse zu einer Kugel zusammensank, war es nun leicht möglich, daß sich die vorauseilende oder nachfolgende Spitze von der Hauptmasse trennte, aber in ihrem Anziehungsgebiete blieb und fortan als Mond sie umkreiste. Trennte sich die vorauseilende Spitze von der Hauptmasse, so mußte, da ihre kleine Masse sich dem Anziehungszentrum der Sonne infolge des Ätherwiderstandes schneller nähern mußte als die folgende größere Planetenmasse, auf dieselbe Weise, wie der Planet durch den Ätherwiderstand in eine rechtsinnige Rotation versetzt wurde, ein Mond mit rechtläufiger Bewegung

[1]) Bei der Erde bildete z. B. der im Wasser der Ozeane enthaltene Wasserstoff einen Bestandteil ihrer ursprünglichen Atmosphäre.

entstehen. Folgte jedoch die zur Ablösung kommende Teilmasse der eigentlichen Hauptmasse des Planeten, so mußte sie, da sie infolge ihrer Kleinheit schneller zur Sonne sank als die Planetenmasse, wenn sie in ihrer Anziehungssphäre blieb, dieselbe rückläufig umkreisen. Die Entstehung des Erdmondes, der Jupitersmonde VI und VII und der Saturnsmonde Themis und Japetus erklärt sich hiernach aus der Voraussetzung, daß die Massen dieser Monde als kleinere Massen der Hauptmasse des Planeten während seines ursprünglichen Nebelzustandes voraneilten, die Entstehung des rückläufigen Saturnsmondes Phöbe und vielleicht auch des Neptunsmondes aber dadurch, daß die Massen dieser Monde ein der Planetenmasse folgendes Anhängsel bildeten. — Für die Entstehung des rückläufigen Mondes Saturns, des Saturnsmondes Themis und der Jupitersmonde VI und VII ließe sich noch eine andere Erklärung anführen (vergl. S. 175, Anmerkung). Es ist möglich, daß die Massen, aus denen diese Monde entstanden, von außen her in die Anziehungssphäre der großen Planeten eindrangen und von ihnen festgehalten wurden. Eine ähnliche Vermutung hatte schon Pickering ausgesprochen. Sie wurde aber, wenigstens soweit sie den rückläufigen Saturnsmond betraf, von Moulton deswegen zurückgewiesen (s. S. 60), weil sich für die aus den Bahnelementen des Mondes berechnete Konstante des Jacobischen Integrals ein theoretisch zu großer Wert ergab. Dadurch, daß wir Pickerings Erklärung als möglich einräumen, wollen wir nun keineswegs die Moultonsche Rechnung umstoßen. Die bei Moulton unberücksichtigt bleibende Vergrößerung der Anziehungskraft des Planeten und der Widerstand des Äthers befreit die Erklärung von seinen Einwänden. Nun sind zwei Fälle denkbar. Entweder wurden die Massen der Monde durch die Gewalt einer Eruption der Sonne den großen Planeten unmittelbar zugeführt, oder sie beschrieben schon als fertige Planetoiden Ellipsen um die Zentralmasse und wurden von dem in ihre Nähe kommenden großen Planeten aus ihrer Bahn gerissen. Im zweiten Falle ergibt sich, wenn man bei Planet und Planetoid ungefähr kreisförmige Bahnen voraussetzt, die Rückläufigkeit der Mondbewegung ohne weiteres. Da eine Masse, die sich der Sonne näher befindet als eine andere, sich schneller in einer Kreisbahn als diese bewegt, so wurde der Planetoid, einerlei, ob seine Bahn einen größeren oder einen kleineren Radius als die Planetenbahn besaß, von dem Planeten überholt oder ihn überholend, gezwungen, sich in rückläufiger Bahn um ihn herum zu bewegen. Sollte im ersten Falle eine rückläufige Bewegung entstehen, so mußte die Eruptionsmasse, wenn sie sich von der Sonne entfernte, dicht vor dem Planeten, wenn sie auf die Sonne zurücksank, dicht hinter ihm seine Bahn kreuzen. Wenn die Eruptionsmasse, sich von der Sonne entfernend, dicht hinter dem Planeten, oder sich der Sonne nähernd, dicht vor ihm seine Bahn überschritt, so mußte die Bewegung des Mondes rechtläufig werden. — Auf den Erdmond, den Saturnsmond Japetus und den Neptunsmond ist die letzte Erklärung nicht anwendbar, da die Massen dieser Monde die Masse irgend eines Planetoiden um ein Bedeutendes übertreffen und deswegen nicht mit ihnen einerlei Ursprungs sein können.

Durch den Widerstand des Äthers wurden auch die irregulären Monde gezwungen, sich ihrem Planeten zu nähern. Bei dem zuletzt entdeckten Saturnsmonde Themis ging infolge seiner Kleinheit die Annäherung so schnell vor sich, daß er nicht imstande war, in demselben Maße wie die meisten anderen irregulären Monde die anfangs stark elliptische Bahn der Kreisform anzupassen. Die Exzentrizität beträgt 0,215. In der Saturnsnähe kommt der Mond dem Planeten um 100000 km näher als der Mond Titan, in der Saturnsferne befindet er sich weit jenseits der Bahn des Mondes Hyperion. Die Neigung seiner Bahnebene gegen die Ekliptik beträgt 39°, gegen den Saturnsäquator 12°. Der rückläufige Mond Phöbe ist ungefähr 8 mal soweit vom Planeten entfernt als Themis. Dafür, daß er bei seiner Annäherung an den Planeten hinter Themis zurückblieb, lassen sich zwei Gründe angeben. Erstens dürften die Dimensionen der ursprünglichen Bahn bei Phöbe größer als bei Themis gewesen sein, und zweitens wirkte auf die rechtläufige Themis der Widerstend des Äthers kräftiger bahnverkürzend ein als auf die rückläufige Phöbe. Die rechtläufigen Monde sind nämlich dem Widerstande des Äthers am meisten in ihrer Oppositionsstellung ausgesetzt, wo die Anziehungskräfte der Sonne und des Planeten sich addieren, um den Radius der Mondbahn zu verkürzen, während ein rückläufiger Mond den größten Widerstand in seiner Konjunktionsstellung erfährt, wo die Anziehungskraft der Sonne und des Planeten bei der Verkürzung des Bahnradius einander entgegenwirken. — Wie der Mond Themis, zeichnen sich auch die beiden Jupitersmonde VI und VII durch ihre großen Bahnneigungen (26° und 31°) aus. Bemerkenswert ist noch, daß beide fast dieselbe Umlaufszeit besitzen. Der mittlere Abstand des Mondes VI vom Planeten beträgt 11,56 Millionen Kilometer, die Exzentrizität seiner Bahn 0,16.

Wie die höchst merkwürdigen, anormalen Verhältnisse der 4 neu entdeckten Saturns- und Jupitersmonde mit der Laplaceschen Theorie unvereinbar sind, so liefert wenigstens einer derselben, Themis, der sich inmitten völlig normaler anderer Monde in einer um 12° aus der Äquatorebene des Planeten verschobenen Bahn bewegt, ein schwerwiegendes Argument auch gegen die Moultonsche Theorie. Für unsere Theorie aber bieten jene Monde nicht die geringste Schwierigkeit. Sie bilden im Gegenteil gleichsam die Probe auf das Exempel. Wir wagen sogar zu behaupten, daß, je mehr Monde mit anormalen Verhältnissen bekannt werden, desto einleuchtender unsere Theorie erscheint.

Die Saturnsringe. Die Entstehung der Saturnsringe ist auf dieselbe Weise zu erklären, wie die der Monde. Die Materie der Ringe stammt aus der Atmosphäre des Planeten. Aus der bedeutenden Masse der Ringe ergibt sich, daß sie nicht mehr gasartig sein können. Nimmt man ihre Dicke zu 150 km an, so berechnet sich die Dichte ihrer Masse, wenn diese den ganzen Raum gleichmäßig ausfüllen würde, zu 0,1 der Dichte des Wassers. Nach den Angaben Deichmüllers beträgt die Dichte allerdings nur 0,0025 der Dichte des Wassers. Aber selbst dieser bei weitem kleinere Wert läßt noch als wahrscheinlich erscheinen, daß die Ringe aus diskreten festen Körpern bestehen. Nehmen wir ihre Dichte zu 2—3 an, so würde ihr mittlerer Abstand doch nur gleich dem zehnfachen ihres Durchmessers sein.

Es ist nicht wahrscheinlich, daß die Ringe Saturns, ebenso wie die Monde, aus einer Atmosphäre entstanden sind, welche ungefähr dieselbe einfache Zusammensetzung aufwies wie die gegenwärtige Erdatmosphäre. Aus abgetrennten Teilen der Erdatmosphäre würden niemals feste Körper entstehen; denn da der Weltraum wahrscheinlich nicht eine Temperatur von 0°, sondern von ungefähr 130° abs. besitzt, so würde die in ihm herrschende Kälte nicht imstande sein, die Luft flüssig zu machen, noch weniger sie in den festen Aggregatzustand überzuführen. Es sind nur wenige Stoffe bekannt, die unter den normalen Verhältnissen der Erdatmosphäre gasförmig sind, bei größerer Kälte aber fest werden, z. B. Wasserdampf, Quecksilberdampf. Wenn wir nicht annehmen wollen, daß die Ringe Saturns aus Eis, gefrorenem Quecksilber oder ähnlichen Stoffen bestehen, sondern daß sie sich im wesentlichen aus denselben Elementen zusammensetzen wie die Erdmasse, so können sie also nicht aus einer Atmosphäre hervorgegangen sein, die eine ähnliche Zusammensetzung zeigte, wie die gegenwärtige Erdatmosphäre. Wir müssen vielmehr voraussetzen, daß die Atmosphäre des Planeten zur Zeit der Entstehung der Ringe alle die Stoffe in gasförmigem Zustande enthielt, aus denen er sich selbst aufbaute. Dies war aber nur so lange möglich, als zwischen Kern und Atmosphäre noch keine scharfe Trennung bestand. Als die Abkühlung so weit fortgeschritten war, daß sich um den Kern eine Erstarrungskruste herumzulegen begann, mußten sich aus der Atmosphäre alle Stoffe niederschlagen, die eine Abkühlung im gasförmigen Zustande nicht ertrugen. Dieser Stoffe beraubt, konnte die Atmosphäre fernerhin aus sich allein feste Körper nicht mehr erzeugen. Die Entstehung der Monde fiel nach unserer Erklärung in eine Zeit, wo zwischen Kern und Atmosphäre noch keine feste Grenze bestand. Wegen ihrer geringen Entfernung von der Oberfläche des Planeten könnte man aber geneigt sein, die Entstehung der Saturnsringe in eine Zeit zu verlegen, wo den Planetenkern schon eine feste Kruste umlagerte. Will man diese Annahme beibehalten, so ist man gezwungen, die Entstehung der Ringe einer plötzlichen Katastrophe zuzuschreiben, ähnlich derjenigen, welche noch jetzt im Weltraume von Zeit zu Zeit neue Sterne aufleuchten läßt. Als die Erstarrungskruste noch dünn war, konnte es nicht ausbleiben, daß sie öfters wieder zersprengt wurde und die inneren feurigen Massen sich über sie ergossen. Bei dieser Gelegenheit mußte sich die schnell bis zu einem hohen Grade erhitzte Atmosphäre um ein bedeutendes ausdehnen und zu gleicher Zeit eine große Menge derjenigen Gase wieder aufnehmen, die sich aus ihr nach der Bildung der Erstarrungskruste niedergeschlagen hatten. Sehr leicht konnte sie sich nun bis zu dem Punkte erheben, wo über dem Äquator Gleichgewicht der Schwere und der Zentrifugalkraft herrschte, so daß Teile von ihr abgeschleudert wurden. Daß bei der letzten Abtrennung von Teilen der Saturnsatmosphäre anstatt eines großen viele kleine Körper entstanden, hat vielleicht darin seinen Grund, daß nach dem Durchbrechen der Erstarrungskruste keine vollkommene Vermischung der Atmosphäre mit den aus dem Innern stammenden glühenden Gasen stattfand, sondern daß diese, in kleineren und größeren Mengen bis zur Grenze der Atmosphäre gelangend und sich loslösend, infolge der schnellen Abkühlung in kurzer Zeit kristallisierten. Da auch die Abkühlung der neu durchgebrochenen flüssigen Massen ziemlich schnell erfolgte (neue Sterne leuchten gewöhnlich nur einige Jahre), so zog sich die Atmosphäre schnell wieder zurück und die abgeschleuderten Massen besaßen einen genügend großen Raum, um sich, trotz der durch den Widerstand des Äthers bewirkten Annäherung an den Planeten, frei um ihn herum zu bewegen, ohne wieder in seine Atmosphäre hineinzusinken. Daß mehrere Ringe mit verschiedenen Durchmessern entstanden, erklärt sich entweder daraus, daß sich der erwähnte Vorgang mehrere Male wiederholte, oder daraus, daß die kleineren der abgeschleuderten Massen durch den Widerstand des Äthers gezwungen wurden, sich schneller dem Planeten zu nähern als die größeren (siehe § 23).

Rotation der Monde. Ebenso wie die Planeten mußten auch die Monde eine Rotationsbewegung annehmen und diese allmählich beschleunigen. Aus verschiedenen Gründen konnte sie aber nicht in demselben Grade zur Ausbildung kommen wie die der Planeten. Daran war einmal die Kleinheit ihrer Masse schuld, die es mit sich brachte, daß der Widerstand des Äthers sich nicht nur in einer Oberflächenschicht bemerkbar machte, sondern sich sogleich der ganzen Masse mitteilte, ferner der Umstand, daß er abwechselnd auf verschiedenen Seiten des Mondes wirkte und dadurch die geleistete Arbeit immer teilweise wieder aufhob, besonders aber, und hierin wird die Hauptursache zu suchen sein, die Anziehung des nahen Planeten, die dem Monde eine längliche Form zu geben sich bestrebte und ihn dadurch zwang, dem Planeten immer dieselbe Seite zuzukehren. Gesteht man in gewissen Fällen den zuerst genannten Ursachen ein Übergewicht über die letzte zu, so läßt sich sogar eine widersinnige Rotationsrichtung der Monde erklären. Die Rotationsrichtung mußte der Revolutionsrichtung entgegengesetzt werden, wenn die Beschleunigung der Rotation nicht mit dem Sinken des Mondes zum Planeten gleichen Schritt hielt, sondern hinter ihm zurückblieb. Wenn ein Mond seine Entfernung vom Planeten z. B. auf die Hälfte verkürzt, so ist seine Umlaufszeit nur noch ungefähr der 3. Teil der früheren. Soll er auch jetzt noch dem Planeten mmer dieselbe Seite zukehren, so muß sich die Winkelgeschwindigkeit seiner Rotation verdreifacht haben. Ist sie kleiner, so wird die Rotationsrichtung des Mondes widersinnig erscheinen.[1])

§ 20. Die Kometen.

Ursprung. Über den Ursprung der Kometen lassen sich nur Vermutungen aufstellen. Da sie fast alle in parabolischer Bahn um die Sonne laufen, so muß geschlossen werden, daß sie ziemlich genau mit derselben Geschwindigkeit wie die Sonne im Raume fortschreiten. Zur Erklärung dieser Tatsache können zwei Annahmen gemacht werden:

1. Die in unserem Sternhaufen vorhandenen Kometen bewegen sich ebenso wie die ihm angehörenden Sterne in ungefähr kreisförmigen Bahnen um einen gemeinsamen Schwerpunkt.[2]) Aber da ein Komet, der einmal eine Bahn um einen Stern beschrieben hat und durch denselben aus seiner ursprünglichen Kreisbahn herausgerissen worden ist, nach dem Verlassen der Anziehungssphäre des störenden Körpers weder die Bewegungsrichtung noch die Geschwindigkeit besitzt, welche einem an der Stelle des Kometen befindlichen, kreisförmig im Sternhaufen fortschreitenden Körper zukommt, so müßte er, falls er noch einmal in die Nähe eines andern Sternes gelangt, diesen in hyperbolischer Bahn umkreisen. Da jedoch eine stark hyperbolische Bahn noch bei keinem Kometen unseres Sonnensystems beobachtet worden ist, so dürfte hiernach die Lebensdauer eines Kometen nur so kurz bemessen sein, daß er nicht imstande wäre, von einem Sterne nach einem andern, als Komet, hinüberzuwandern. Allein nun ist zu bedenken, daß, wenn die Kometen wirklich so schnell vergängliche Weltkörper sind, da immer andere erscheinen, eine Neubildung derselben postuliert werden muß. Wo will man ihre Geburtsstätte suchen? Welche Kraft weist sie innerhalb des Sternhaufens in ihre gesetzliche, kreisförmige Bahn? Da eine befriedigende Beantwortung dieser Frage nicht gefunden werden dürfte, so scheint die erste Annahme zu keinem Ergebnisse zu führen.

---

[1]) Auf ähnliche Weise die umgekehrte Rotationsrichtung der Planeten Neptun und Uranus zu erklären, ist nicht möglich. Ein rückwärts rotierender Mond würde immer noch ein positives Rotationsmoment besitzen, was bei Neptun und Uranus gewiß nicht der Fall ist (s. S. 142).

[2]) Dieser Annahme steht die Tatsache, daß bei den einzelnen Sternen sehr verschiedene Geschwindigkeiten beobachtet worden sind, nicht entgegen, wenn noch ferner vorausgesetzt wird, daß der Sternhaufen im Innern verdichtet sei, was bei dem Sternhaufen, zu welchem unsere Sonne gehört, nach Kapteins Untersuchungen wirklich der Fall ist. Die dem Zentrum des Sternhaufens nahe stehenden Sterne besitzen dann eine größere Winkelgeschwindigkeit als die weiter entfernten (siehe § 4 „Freie Beweglichkeit der Teilchen"), und eine leichte Überlegung läßt erkennen, welcher Gesetzmäßigkeit die auf einen bestimmten Stern bezogene scheinbare Bewegung eines beliebigen anderen je nach der Lage desselben zum Zentrum des Sternhaufens und zu dem als Standpunkt gewählten Sterne unterliegt.

2. Die Lebensdauer eines Kometen ist größer, als soeben angegeben wurde; es ist also möglich, daß er, von einem Sterne aus seiner Bahn gerissen, als Komet das Anziehungsgebiet eines anderen Sternes, der mit größerer oder kleinerer Geschwindigkeit im Raume fortschreitet, erreicht. Soll er sich um diesen in parabolischer Bahn bewegen, so müssen zwei neue Bedingungen erfüllt sein:

a) Der Komet verliert in großer Entfernung von einem Sterne durch den Widerstand des Äthers alle eigene Bewegung.

b) Der Äther besitzt in der Umgebung eines Sternes ungefähr dieselbe fortschreitende Bewegung wie der Stern.

Beide Bedingungen sind schon im § 14 ausführlich diskutiert; auf ihren hypothetischen Charakter haben wir dabei zur Genüge hingewiesen. Trotzdem stellt sich die zweite Annahme günstiger als die erste dar; sie besitzt vor ihr auch den Vorzug, daß sie eine Beantwortung der Frage nach der Entstehung der Kometen zuläßt. Zwei Entstehungsmöglichkeiten wären denkbar: Vielleicht sind sie Massenansammlungen im Äther ähnlicher Art, wie die großen Nebelmassen, aus welchen Sonnensysteme hervorgehen, nur bedeutend kleiner; vielleicht entstehen sie aus Eruptionen gasförmiger Weltkörper, die kurz vorher aus einem Nebel zusammengesunken sind (siehe § 17). Im ersten Falle wird, da eine kleine Masse sich bei ihrer Zusammenziehung nur unbedeutend zu erhitzen und aus diesem Grunde nicht, wie die großen Sonnen und Planeten, die Vielheit der chemischen Elemente hervorzubringen vermag, die bei der Abkühlung zu festen Körpern kristallisieren, die ganze Kometenmasse gasförmig sein. Im zweiten Falle aber wird wenigstens ein Teil der Kometenmasse aus diskreten, festen Körpern bestehen, da die chemische Natur der sich abkühlenden Eruptionsmassen ihnen nur teilweise erlaubt, den gasförmigen Zustand beizubehalten. In beiden Fällen jedoch werden die Kometen in dem umgebenden Äther ruhen, im ersten deshalb, weil keine Ursache erkennbar ist, welche die Kometenmasse in Bewegung versetzen könnte, und im zweiten deshalb, weil der Widerstand des Äthers den Eruptionsmassen, sobald sie die Anziehungssphäre des sie erzeugenden Weltkörpers verlassen haben, während sie noch gasförmig sind, in nicht zu langer Zeit jede eigene Bewegung raubt. Werden sie von einem großen Weltkörper, zu welchem sie sich in der Ferne nach dem Gesagten in relativer Ruhe befinden, angezogen, so müssen sie ihn also in parabolischer Bahn umkreisen.

Neue Erklärung. Unsere Auseinandersetzung läßt zur Genüge erkennen, daß man gezwungen ist, sehr hypothetische Annahmen zu machen, wenn man die Kometen als unserem Sonnensysteme fremde Weltkörper erklärt. Da sie ihm aus mehreren Gründen (siehe § 14) auch nicht von Anfang an eigen gewesen sein können, so scheint es, als ob wir auf eine völlig befriedigende Erklärung verzichten müßten. Aber wir vermuten, daß die gegebenen Erklärungen, eben weil allen beiden große Bedenken entgegenstehen, nicht, wie man bis jetzt allgemein annahm, die ganze Sphäre der Erklärungsmöglichkeiten ausfüllen, sondern daß noch eine dritte Erklärung möglich sei. Es wäre denkbar, daß die Kometen einem besonderen Ereignisse, das weder mit der Entwicklung der übrigen Mitglieder unseres Planetensystems, noch mit den in unserem Sternhaufen vorliegenden physikalischen Verhältnissen in einem gesetzmäßigen Zusammenhange stünde, ihre Entstehung verdanken. Die Himmelsphotographie hat gezeigt, daß äußerst feine, diffuse Nebelmassen sich über große Gebiete des Himmels erstrecken. Da die Sterne im Raume fortschreiten, so ist die Möglichkeit vorhanden, daß sie in solche auf ihrem Wege liegende Nebelmassen eindringen und kleine, in denselben befindliche Kondensationen von Nebelmaterie an sich heranziehen. Diese Kondensationen müssen um den Stern eine hyperbolische Bahn beschreiben; da die feine Nebelmaterie aber als widerstehendes Mittel wirkt, so wird ihre Tangentialkraft geschwächt. Ist der Widerstand so groß, daß er die Exzentrizität der Bahn bis auf 1 oder einen noch geringeren Wert verkleinert, so wird die Nebelmasse dem Sterne als Komet auf seinem Wege durch den Weltraum folgen. Vielleicht sind die Kometen unseres Planetensystems nichts anderes als Teile eines Nebels, den die Sonne durchschritten hat. Die Regellosigkeit der Neigungen, der Exzentrizitäten und der Periheldistanzen der Kometenbahnen erklärt sich dann sehr leicht. Im § 25 werden wir zeigen, daß noch eine andere, bis jetzt nicht genügend erklärte Erscheinung wahrscheinlich demselben, in der Kausalkette der Entwicklung unseres Planetensystems nicht vorherbestimmten Ereignisse seine Entstehung verdankt.

Verhalten der Kometengase. Die Gase, welche bei der Annäherung eines Kometen an die Sonne ein Bandenspektrum geben (Kohlenwasserstoff, Kohlenoxyd und Cyangase), können sich nicht erst, wie Arrhenius annimmt, in der Nähe der Sonne durch Verdampfung entwickeln; sie müssen schon vorher als Gase vorhanden sein, bleiben uns aber wegen ihres geringen Lichtreflexions- und Lichtemissionsvermögens in größerer Entfernung von der Sonne unsichtbar. Daß nicht erst die Sonnenwärme ihre Entstehung veranlassen kann, folgt aus zwei Gründen:

1. Kohlenoxyd verflüssigt sich bei Temperaturen über 0^0 absolut nicht allein durch Herabminderung der Temperatur, sondern nur durch gleichzeitige Vergrößerung des Druckes; im Weltraum herrscht aber der Druck 0.

2. Ein Wiederauffangen von bemerkbaren Mengen des Gases ist, da es nur in ungemeiner Feinheit im Weltraum verteilt sein kann, so gut wie ausgeschlossen.

Wenn unser Schluß mit den Anschauungen der kinetischen Theorie der Gase nicht übereinstimmt, so tut man gut, seine Ansichten über die innere Natur der Gase zu ändern und den problematischen Charakter der kinetischen Theorie zu betonen, als den Tatsachen unrecht zu geben.

§ 21. Die Sternschnuppen und die Meteore.

Die periodischen Sternschnuppen sind höchst wahrscheinlich die Zersetzungsprodukte von Kometen. Die Meteore, welche hyperbolische Bahnen beschreiben, ohne daß sie durch planetarische Störungen in sie hineingezwungen worden wären, sind den Sternschnuppen ähnliche kleine Weltkörper, welche außerhalb unseres Sonnensystems ihren Ursprung haben. Wenn sie aus einem relativ zum Äther ruhenden Kometen hervorgegangen sind und einen Weltkörper in parabolischer Bahn umkreist haben, so ist es möglich, daß sie, weil der Widerstand des Äthers ihrer verhältnismäßig großen und dichten Masse auf dem zurückgelegten Wege nicht die ganze eigene Bewegung zu rauben vermag, mit einer gewissen kosmischen Geschwindigkeit in die Sphäre eines anderen Weltkörpers eindringen und um ihn dann eine hyperbolische Bahn beschreiben (§ 12).

§ 22. Das Zodiakallicht.

Das Zodiakallicht ist vielleicht der letzte Rest der zwischen den Windungen des Urnebels zerstreuten, nicht zur Verdichtung gelangten Materie (siehe Humboldt, Kosmos). Auch die von den Kometen zur Zeit ihrer Sonnennähe ausgestoßene Schweifmaterie, die mit dem Kometen später nicht wieder zur Vereinigung kommt, mag dazu beitragen, die stoffliche Grundlage des Zodiakallichtes zu vermehren. Da aber der Widerstand des Äthers kräftig genug ist, eine so feine gasartige Materie, wie sie dem Zodiakallichte ohne Zweifel eigen ist, schon während einiger Umläufe dem Zentrum um eine bemerkbare Strecke näher zu bringen, so hätte sie sich schon längst mit der Sonne vereinigen müssen, wenn nicht, wie bei der gasartigen Materie der Kometenschweife, uns fast noch unbekannte, abstoßende elektrische Kräfte tätig wären, die Teilchen um die Sonne herum schwebend zu erhalten.

Vielleicht ist die neue Erklärung, die wir für die Entstehung der Kometen im § 20 angeführt haben, auch auf das Zodiakallicht anwendbar. Es wäre möglich, daß seine Materie aus einem Nebel stammt, den unser Planetensystem durchschritten hat.

D. Kurze Übersicht über die Theorie.

§ 23.

Die Theorie. Nachdem wir in den vorhergehenden Paragraphen auf Grund der gegenwärtigen Verhältnisse des Planetensystems die Entstehungsmöglichkeiten der einzelnen Glieder desselben ausführlich erörtert und ihren Entwicklungsgang nach physikalischen Prinzipien rekonstruiert haben, wird es nunmehr von Nutzen sein, eine kurze, die wesentlichsten Punkte hervorhebende Übersicht über die Theorie zu geben, da sonst über der Fülle des Einzelnen leicht der Überblick über das Ganze verloren gehen könnte.

Wir nehmen an, daß unser Sonnensystem aus einem linsenförmigen Spiralnebel entstanden sei. Die wirbelnde Bewegung der Teilchen des Urnebels war mehr eine Folge äußerer Ursachen als eine Wirkung der zwischen den Teilchen des Nebels herrschenden Gravitation. Die Nebelmaterie war in dem von ihr erfüllten Raume nicht gleichmäßig verbreitet; der bei weitem größte Teil derselben befand sich in der Umgebung des Nebelzentrums und füllte dort einen Raum aus, dessen Radius ungefähr den dritten Teil des Urnebelradius betrug. Diese Kernmasse war von einem breiten Ringe fein verteilter Materie eingehüllt, in welcher einzelne größere oder kleinere, in die Länge gestreckte Massenverdichtungen als Teile von Spiralwindungen eingebettet lagen. Am weitesten nach außen befanden sich einige streifenförmige Windungsteile, die eine im Verhältnisse zu den übrigen Windungsteilen große, im Verhältnisse zur Hauptmasse aber nur geringe Masse besaßen; sie ballten sich zu den 4 großen Planeten zusammen. Auf die genannten äußeren Windungen des Nebels folgte ein nur mit kleinen flockenartigen Verdichtungen erfüllter Raum, und zwischen diesem und der eigentlichen Kernmasse des Nebels befanden sich noch wieder, in verschiedenen Abständen vom Zentrum, 4 etwas größere Massenanhäufungen. Diese bildeten sich zu den 4 inneren Planeten um, während aus den flockenartigen Verdichtungen die Planetoiden[1]) hervorgingen. Durch molekulare Kräfte und den Widerstand des

---

[1]) Wir verkennen keineswegs, daß die Erklärung der Entstehung der Planeten, worin die alten Theorien eine ihrer Hauptaufgaben erblickten, bei uns eigentlich kein Problem mehr ist, da nach unserer Theorie schon der Urnebel die einzelnen Planetenmassen, wenn auch nicht in völliger Selbständigkeit, aber doch gleichsam in embryonalem Zustande enthielt. Wer uns deswegen den Vorwurf machen will, wir hätten postuliert, wo es unsere Pflicht gewesen wäre zu erklären, dem müssen wir, soweit der Vorwurf die Frage der Entstehung der Planeten betrifft, Recht geben. Doch wir entgegnen ihm, daß gewiß wenig Aussicht vorhanden sei, die vorliegende Frage in deduktiver Weise zu beantworten, nachdem alle Versuche dieser Art als verfehlt nachgewiesen werden konnten. Daß unsere, den im Planetensysteme herrschenden Verhältnissen angepaßte, induktive Erklärung unwahrscheinlich sei, wird übrigens niemand behaupten wollen, der die Vielgestaltigkeit der beobachteten Spiralnebel bedenkt, und wer die vorhergehenden Paragraphen aufmerksam gelesen hat, wird auch einräumen, daß uns, außer dem Problem der Entstehung der Planeten, noch so viele andere, nicht weniger wichtige Probleme zur Lösung übrig blieben, daß der genannte, nur scheinbare Mangel dadurch ausgeglichen wird. Daß der Mangel wirklich nur ein scheinbarer ist, läßt besonders deutlich eine Bemerkung Moultons erkennen. Er schreibt: „Der Nebel befand sich niemals in einem Zustande hydrodynamischen Gleichgewichts“ (Astrophysical Journal XXII, No. 3, S. 166). Hieraus geht hervor, daß auch der scharfsinnige Kritiker der Laplaceschen Theorie die Unmöglichkeit eingesehen hat, die Entstehung der Planeten aus einem einfachen

Äthers zueinander getrieben, näherten sich die um das Zentrum lagernden Nebelmassen einander mehr und mehr und sanken endlich zu einer an Inhalt bedeutend kleineren, langsam rotierenden Gaskugel, der späteren Sonne zusammen. Da zugleich mit der Verdichtung der Zentralmasse ihre Gravitationskräfte zur Ausbildung kamen, mußten sich die Planeten, dem Flächensatze gemäß, dem Mittelpunkte nähern. Die Weite ihres Sinkens zum Mittelpunkte wurde ihnen durch die Lage ihres Ursprungsortes, der ihre ursprüngliche Geschwindigkeit, und durch die Schnelligkeit ihrer Verdichtung, welche den Einfluß des Ätherwiderstandes bestimmte, zugewiesen. Außerdem versetzte der Widerstand des Äthers die Planetenmassen in eine rechtsinnige Rotationsbewegung, deren Achse im allgemeinen senkrecht auf der Bahnebene stand; denn da er immer nur auf der bei der Bewegung vorauseilenden Seite des Planeten wirken konnte, so verzögerte er die Geschwindigkeit der hier befindlichen Teilchen mehr als die Geschwindigkeit der ihnen folgenden Teilchen und zwang sie zum Falle nach der Zentralmasse, woraus die genannte Rotationsbewegung hervorgehen mußte. Die rückwärts gerichtete Rotationsbewegung der beiden äußeren Planeten entstand, da die Anziehung der Nebelmassen anfangs noch nicht wirkte, durch das Aufrollen der Nebelmaterie an dem ruhenden, den Nebel umgebenden Äther. Die Beschleunigung der Rotationsbewegung erfolgte auf Grund des Flächensatzes. Bei Merkur und Venus (?) fehlt die Rotation aus demselben Grunde wie bei den Monden; die Anziehung der nahen Sonne ließ sie nicht zu einem Rotationskörper werden.

Die Entstehung der meisten Monde (ausgenommen sind die irregulären Monde: der Erdmond, die Jupitersmonde VI und VII und die Saturnsmonde Themis, Japetus, Phöbe) ergibt sich wie bei Laplace durch Abschleuderung von den ihre Rotation beschleunigenden Planetenmassen. Die irregulären Monde haben sich nicht am Äquator des Planeten losgetrennt, sondern sind im Anziehungsbereiche des Planeten gebliebene, unsymmetrische Anhängsel der Nebelmasse, aus denen sich der Planet zusammenballte.

Annahmen der Theorie. Im folgenden geben wir eine Übersicht über die Annahmen, auf welchen unsere Theorie sich aufbaut. Die Tatsachen, zu deren Erklärung sie dienen, sind dabei kurz angedeutet.

Anfangszustande mit Hülfe der elementaren mechanischen Gesetze herzuleiten; Regellosigkeit und Zufälligkeit charakterisieren nach ihm den Anfangszustand des Sonnensystems. In seiner eigenen Theorie unterliegen Masse und Entfernung der Planeten vom Zentrum nur der ganz unbestimmbaren Gesetzlichkeit, welche die Gewalt und Größe der Eruptionen regelt und die störenden Einwirkungen des fremden Weltkörpers abgrenzt. Auch wir räumen dem Zufall eine wichtige Rolle bei der Entstehung der Planeten ein, verlegen ihn aber nicht in die Verschiedenartigkeit der Eruptionen, sondern in die Mannigfaltigkeit der Massenverteilung im Innern des Urnebels. Siehe § 24.

a) Wesentliche Annahmen.

1. Der Urnebel unseres Sonnensystems hatte elliptisch-spiralige Struktur, § 11. Hieraus erklärt sich
   a) die gleichsinnige Revolutionsrichtung aller Planeten, §§ 16, 18,
   b) die geringe Exzentrizität ihrer Bahnen, § 18,
   c) die geringe gegenseitige Neigung ihrer Bahnebenen, §§ 16, 18,
   d) die geringe Neigung der Äquatorebene der Sonne gegen die Planetenbahnen, §§ 16, 18.
2. Im Innern der feinen Urnebelmaterie herrschte nicht das Newtonsche Gesetz der Massenanziehung, sondern ein anderes, welches dem Gesetze der molekularen Anziehung nahesteht, § 12. Hieraus erklärt sich
   a) die spiralige Anordnung der Urnebelmaterie, § 12,
   b) die, verglichen mit der Rotationsenergie der Sonne, bedeutende Revolutionsenergie der Planeten (ihre Entstehung war eine Folge der durch die allmählich zur Ausbildung kommende Anziehung der Zentralmasse bewirkten Verkürzung der Bahnachsen), §§ 6 und 16,
   c) die, verglichen mit der Rotationsenergie des Planeten, bedeutende Revolutionsenergie des Erdmondes, § 6,
   d) die hinter der Revolutionsdauer des 1. Marsmondes zurückbleibende Rotationszeit des Planeten, § 19,
   e) die verhältnismäßig geringe Rotationsenergie der Sonne, § 17.
3. Der Weltäther und die zwischen den Windungen des Nebels zerstreute feine Materie[1]) übte auf die zu Planeten und

[1]) Als wesentlich ist eigentlich nur die Annahme zu betrachten, daß ein widerstehendes Mittel auf Planeten und Monde eingewirkt habe. Unwesentlich ist, was als das widerstehende Mittel anzusehen sei. Im § 12 haben wir wahrscheinlich zu machen gesucht, daß der Äther als solches aufgefaßt werden dürfe. Aber da wir nicht gewiß sein können, daß unsere Begründung der Annahme eines widerstehenden Einflusses des Äthers jeden Leser völlig überzeuge, so hätten wir vielleicht vorsichtiger nur von einem Widerstande des Mittels reden sollen. Schon mehrfach wurde darauf aufmerksam gemacht, daß auch die zerstreute Nebelmaterie als widerstehendes Mittel in Frage kommen könne. Die wichtigste Erscheinung, welche allein auf die Wirkung des Widerstandes und nicht zugleich auch auf die sich vergrößernde Anziehungskraft der Zentralmasse zurückzuführen ist, ist die Rotationsbewegung der Planeten (siehe oben). Die rechtsinnige Rotation der meisten Planeten erklärt sich nun bei der Annahme, daß die zerstreute Nebelmaterie den Widerstand ausgeübt habe, genau in derselben Weise, wie es bei der Annahme des Ätherwiderstandes auseinandergesetzt worden ist. Die umgekehrte Rotationsrichtung der beiden äußersten Planeten aber, die nach unserer früheren Annahme dadurch entstand, daß die äußersten bewegten Nebelmassen sich an dem sie umgebenden ruhenden Äther aufrollten, läßt sich auch bei der zweiten Annahme ohne Zwang herleiten, wenn man sich

Monden sich zusammenballende Nebelmaterie einen widerstehenden Einfluß aus, § 12. Auch aus dieser Annahme erklären sich die unter 2 a bis e angeführten Erscheinungen, außerdem

f) die Verkürzung der Umlaufszeit der inneren Teile der Saturnsringe, § 19,
g) die widersinnige Rotationsrichtung der beiden äußersten Planeten, § 16,
h) die rechtsinnige Rotationsrichtung der andern Planeten, §§ 16, 18,
i) die Schiefe der Achsen, §§ 16, 18,
k) die Elliptizität der meisten Kometenbahnen, §§ 13, 20,
l) die Kommensurabilität der Umlaufszeiten der Saturns- und der Jupitersmonde, § 19.

b) Unwesentliche Annahmen.

1. Die Sonne befand sich kurze Zeit nach dem Zusammensinken aus dem Urnebel im adiabatischen Gleichgewichtszustande, § 15.
2. Der Äther kann, trotz der fortschreitenden Bewegung unseres Sonnensystems, in Beziehung auf die Sonne als ruhend betrachtet werden; er schreitet also mit der Sonne fort, § 13. Auf dieser Annahme beruhen die den Einfluß des Ätherwiderstandes auf die Bewegung der Planetenmassen betreffenden analytischen Untersuchungen, § 16.
3. Die Temperatur im Innern der Weltkörper ist keiner unbegrenzten Steigerung fähig, sondern nimmt nur bis zu einer gewissen Grenze zu, § 15. Hieraus erklärt sich, daß die Nebelmaterie überhaupt eine geordnete Entwicklung durchmacht und nicht mit katastrophenartiger Gewalt in sich zusammenstürzt.
4. Die Temperatur des Weltraums liegt über dem absoluten Nullpunkt, § 14. Hieraus erklärt sich, daß die Höhe der Erdatmosphäre größer ist, als sich aus der Annahme eines adiabatischen Gleichgewichtszustandes derselben ergeben würde.

---

vorstellt, daß die äußersten Windungsteile eine geringere Winkelgeschwindigkeit besaßen als die dem Zentrum näheren Teile, daß diese sie an der inneren Seite in ihrer Bewegung etwas beschleunigten und sie dadurch zwangen, sich rückwärts aufzurollen. Als dasjenige widerstehende Mittel, welches die Verkürzung der Umlaufszeit der Saturnsringe, die Kommensurabilität der Umlaufszeiten der Jupiters- und der Saturnsmonde und die Elliptizität der Kometenbahnen bewirkte, können endlich die Nebelmassen gelten, welche unserer Vermutung nach in jüngerer Vergangenheit von der Sonne durchschritten wurden (siehe §§ 20 u. 25). Hieraus erkennt man, daß wir keineswegs genötigt sind, einen widerstehenden Einfluß des Äthers zu behaupten. Wir können dieser Hypothese sehr gut entbehren und brauchen nur die Annahme eines oder verschiedener widerstehender Mittel als für unsere Theorie wesentlich zu betrachten.

E. Rückblick.

§ 24.

Allgemeine Betrachtung. Die Entwicklung eines Sonnensystems ist in den meisten Fällen nicht ein so einfacher Vorgang, wie man lange Zeit geglaubt hat. Deswegen läßt sich auch eine so schlichte Erklärung, wie die Laplacesche, die eigentlich nur der Ausdruck eines einzigen Prinzips ist, ohne Zweifel nur auf wenige Sonnensysteme anwenden. Die dabei vorausgesetzte Regelmäßigkeit des Urnebels ist nur selten anzutreffen. Meistens ist der Urnebel ein so kompliziertes Gebilde, daß sein Entwicklungsprodukt, das Sonnensystem, dem Zusammenwirken sehr verschiedener Faktoren seine Eigenschaften verdankt. Man denke z. B. an den Orionnebel! Wie verschlungen mögen die Bahnen der Weltkörper sein, die durch Zerfallen des Nebels entstehen werden! Auch die in unserem Planetensystem vorliegenden Verhältnisse sind der Art, daß sie eine Erklärung ihrer Entstehung weder nach der Laplaceschen, noch nach einer andern, ein einziges Prinzip zugrunde legenden Theorie zulassen. Daraus geht hervor, daß der Urnebel unseres Sonnensystems nicht so einfache Verhältnisse aufgewiesen haben kann, wie es angenommen wurde. Wir versuchten nun, aus den bestehenden Verhältnissen seine Eigenschaften zu rekonstruieren und seinen Entwicklungsgang stufenweise zu verfolgen. Dabei geben wir uns der Hoffnung hin, daß unsere Darstellung diejenige Überzeugungskraft besitzen möge, welche dem Wahren stets anhaftet. Wenn es uns erlaubt ist, unsere eigene Meinung auszusprechen, so will es uns scheinen, daß kein wesentlicher Punkt mehr vorhanden sei, der noch einer Aufklärung bedürfe. Wollte man jedoch annehmen, unsere Ansicht sei, nachgewiesen zu haben, daß unser Planetensystem mit allen den Eigenschaften, die es besitzt, aus dem postulierten Anfangszustande mit Notwendigkeit habe hervorgehen müssen, so würde man uns mißverstehen. Wir haben nur versucht, klar zu machen, wie es auf naturgemäße Weise entstehen konnte. Wer hieran Anstoß nehmen sollte, dem ist zu erwidern, daß wir auch sonst überall in der Naturwissenschaft uns damit begnügen müssen, einzusehen, wie etwas entstehen kann; zu erkennen, daß ein Ding so und nicht anders sich entwickeln müsse, sind wir nicht imstande. Wer würde es wohl wagen zu erklären, warum eine am Himmel sich bildende Wolke gerade diejenige Form besitze, die sie besitzt, warum ein Wirbelwind gerade den Weg einschlage, den er einschlägt, warum eine Pflanze gerade an dieser Stelle ein Blatt hervortreibt und nicht an einer andern, warum sie nicht eine Blüte mehr oder weniger ansetzt? Wir wissen, daß in allen diesen Fällen Ursachen vorhanden sind, welche die Erscheinungen gerade so bestimmen, wie sie sich uns zeigen; aber wir sind nicht in der Lage, sie uns einzeln zu vergegenwärtigen. Obgleich die Erscheinungen sich vollkommen gesetzmäßig herausbilden, bleiben sie für uns doch zufällig, weil wir die wirkenden Ursachen niemals in ihrer Gesamtheit und in ihrer gegenseitigen Verknüpfung überschauen können. Wir sehen wohl überall die Vielgestaltigkeit der Naturerscheinungen auf natürliche Weise ins Dasein treten, können aber nicht die Ursachen aufzählen, welche zur Entstehung dieser Vielgestaltigkeit den Anstoß geben. — Es verdient hier eine Bemerkung Alexander von Humboldts in die Erinnerung gebracht zu werden, welche den soeben ausgesprochenen Gedanken recht klar zum Ausdrucke bringt, wenn sie auch, weil sie sich auf die Laplacesche Theorie bezieht, inhaltlich nicht mehr vollkommen auf unsern Fall anwendbar ist. Er sagt im 1. Bande des „Kosmos“: „Das Planetensystem in seinen Verhältnissen von absoluter Größe und relativer Achsenstellung, von Dichtigkeit, Rotationszeit und verschiedenen Graden der Exzentrizität der Bahnen hat für uns nicht mehr Naturnotwendiges als das Maß der Verteilung von Wasser und Land auf unserm Erdkörper, als der Umriß der Kontinente oder die Höhe der Bergketten. Kein allgemeines Gesetz ist in dieser Hinsicht in den Himmelsräumen oder in den Unebenheiten der Erdrinde aufzufinden. Es sind Tatsachen der Natur, hervorgegangen aus dem Konflikt vielfacher, einst unter unbekannten Bedingungen wirkender Kräfte. Zufällig aber erscheint dem Menschen in der Planetenbildung, was er nicht genetisch zu erklären vermag. . . . . Aus der gegenwärtigen Form der Dinge ist nicht auf die ganze Reihe der Zustände zu schließen, welche sie bis zu ihrer Entstehung durchlaufen haben.“

Aufgabe der Wissenschaft. Mit der Einsicht, daß die Wissenschaft nur eine Erklärung, keine Konstruktion der Erscheinungen liefern könne, mußte das Bestreben entspringen, aus der Naturwissenschaft die reine Deduktion zu verbannen. Man sucht nicht mehr die Mannigfaltigkeit der Naturerscheinungen aus gewissen ersten Prinzipien herzuleiten, sondern sie rückwärts bis zu ihren ersten Anfängen zu verfolgen. Die Aufgabe der Wissenschaft ist nicht, die Vielheit der wirkenden Ursachen vielleicht auf eine einzige zurückzuführen (denn dies ist unmöglich), sondern nur den Entwicklungsgang, den ein Einzelnes unter dem Einflusse einer Vielheit von Ursachen nahm, aufzusuchen, Verschiedenes und scheinbar Fremdes durch ein Band verschiedener Ursachen miteinander in Zusammenhang zu bringen und dadurch in der Vielheit die Einheit herzustellen. In ähnlicher Weise haben wir verfahren. Wir schlossen aus den besonderen heute bestehenden Verhältnissen auf Besonderheiten des früheren Zustandes und versuchten es, die Eigentümlichkeiten und Merkmale aufzufinden, welche er haben mußte, damit aus ihm das heutige Planetensystem sich naturgemäß entwickeln konnte. Ist es möglich, eine Theorie aufzustellen, welche dies leistet, so ist alles geschehen, was von ihr gefordert werden kann; denn auf die Frage, warum der vorausgesetzte Urzustand gerade so beschaffen war, wie er es war, vermag die Wissenschaft ebensowenig eine Antwort zu geben, wie auf die Frage, warum der Schwefel gelb, und nicht vielmehr blau oder schwarz aussehe. Hierin zeigt sich die unendliche innere Mannigfaltigkeit der Natur, welche wir als etwas Gegebenes hinnehmen müssen. Zwar sind auch Ursachen vorhanden gewesen, welche dem Urnebel gerade die besonderen Eigenschaften erteilten, welche wir voraussetzen; aber diese Ursachen uns im einzelnen zu vergegenwärtigen, sind wir nicht imstande, da uns hierzu alle Anhaltspunkte fehlen.

F. Anhang.

§ 25.

Entstehung von Weltsystemen. Zum Schlusse möge noch ein kurzer, wenn auch problematischer Versuch, auf Grund der vorgetragenen Theorie einen Einblick in die Entstehungsgeschichte ganzer Weltsysteme zu gewinnen, seinen Platz finden.

Wenn ungeheure Nebelmassen, Keime späterer Weltsysteme, anfangen sich zu zersetzen, gleichsam zu gerinnen, indem sich in ihrem Innern kleinere Anziehungszentra bilden, so werden unter diesen, nachdem vorher wahrscheinlich bloße Molekularkräfte wirksam gewesen sind, die Gesetze der gegenseitigen Anziehung in Tätigkeit treten. Die unregelmäßige äußere Form des ursprünglichen Nebels, der anfangs als bloße kosmische Wolke zu bezeichnen wäre, wird dann zu einer Bewegung der Masse als eines Ganzen, zu einer Art Rotation derselben den Anstoß geben. Da die Nebelmassen anfangs kontinuierlich den ganzen Raum erfüllen, oder doch als inniges Gemisch den Äther durchdringen, so reißt die entstehende Bewegung auch den Äther mit sich fort; er wird also in eine kreisende Bewegung versetzt. Dieser Ätherwirbel bleibt erhalten, wenn die Anziehungszentra fast die ganzen im Raume verteilten Nebelmassen zu sich herangezogen haben. Da dies aber nur sehr langsam und allmählich geschieht, so findet zwischen der Bewegung der Nebelmassen und der des Äthers ein Wechselspiel statt. Die hemmende Wirkung des Äthers wird die Bewegung der einzelnen Massen so lange einschränken, bis eines dem andern so wenig wie möglich hinderlich ist. Die Bahnen werden allmählich in Kreise umgeformt; denn der Widerstand verkleinert die Exzentrizitäten. Da die ursprüngliche Nebelmasse niemals genau kugelförmig ist, so wird sich auch eine bestimmte Ebene, ähnlich dem Kantischen „Plane der Beziehung“, herausbilden, um welche herum die einzelnen Massen sich gruppieren, und in welche sie durch den Widerstand des Äthers mehr und mehr hineingezogen werden. Auf diese Weise erklärt sich sehr einfach und leicht die Linsenform der meisten ausgebildeten Sternhaufen, auch die Ringform unserer Milchstraße.

Bestand der Sternhaufen. Nach dem Gesagten ist es daher im Grunde dem Äther zuzuschreiben, daß das Fortbestehen der Sternhaufen gesichert ist. Denn wenn die Sterne nicht nahe kreisförmige, sondern beliebige exzentrische Bahnen beschrieben, was ohne Zweifel der Fall sein müßte, wenn sie aus einer beliebig geformten Nebelmasse, ohne Mitwirkung des hemmenden Einflusses des Äthers,[1]) hervorgegangen wären, so würde die Gefahr des Zusammenstoßens zunehmen und der Bestand des Sternhaufens unsicher werden. Auch neu innerhalb eines Sternhaufens entstehende Sterne können dem Ganzen keine Gefahr bringen: während der Zeit, wo der neue Weltkörper noch nebelförmig ist, wirkt der Äther in dem Grade auf ihn ein, daß er gezwungen wird, seine vielleicht anfangs sehr exzentrische Bahn in eine Kreisbahn umzuformen. Solange der Körper noch gasförmig ist, schadet er jedoch den übrigen Sternen nicht; diese können, ohne beschädigt zu werden, durch ihn hindurchgehen.

Die Eiszeiten der Erde. Spuren könnte ein solcher Hindurchgang aber doch hinterlassen. Es ist z. B. mehr als wahrscheinlich, daß die Eiszeiten der Erde auf ein Hindurchgehen unseres Sonnensystems durch Nebelmassen zurückzuführen sind. Bis jetzt hat man noch keine allen Anforderungen genügende Erklärung für die Eiszeiten auffinden können. Hier bietet sich eine Erklärung, welche sogar die Entstehung der Interglazialzeiten auf die ungezwungenste Weise uns vor die Augen führt. Geht die Sonne durch einen Nebel hindurch, so wird ein Teil ihrer Wärmestrahlung absorbiert; auf der Erde muß also eine Abkühlung eintreten. Da die Form des Nebels sehr unregelmäßig sein kann, so ist es möglich, daß die Sonne mehrere Male nacheinander aus dem Nebel heraus- und wieder in ihn eintritt. Geschieht dies, so entstehen Interglazialzeiten.

---

[1]) Auch für die Nebel ist durch die spektralanalytischen Untersuchungen Keelers festgestellt worden, daß sie sich im Raume mit verschiedenen Geschwindigkeiten fortbewegen. Hierdurch wird jedoch unsere frühere Vermutung (§ 16), daß die Nebel im Äther eingebettet seien, nicht umgestoßen. Denn wenn sie zugleich mit dem Äther eine rotierende Bewegung um den Mittelpunkt des Sternhaufens, zu dem sie gehören, ausführen, so müssen sie, von einem Sterne aus betrachtet, mit verschiedenen Geschwindigkeiten fortzuschreiten scheinen, wenn der Sternhaufen im Innern verdichtet ist, die Umlaufszeit der Sterne und der Nebel also mit der Entfernung von seinem Schwerpunkte zunimmt.

Der im Innern des Sternhaufens kreisende Ätherwirbel wird sich allerdings, da der Sternhaufen als Ganzes im Raume fortschreitet, allmählich aus demselben verlieren; in seinem Innern neu entstehende Teilnebel können dann also nicht mehr im Äther eingebettet sein. Aber sobald bei ihnen die Gravitationskräfte zur Ausbildung gelangen, werden sie gezwungen, wie die schon ausgebildeten Sterne des Sternhaufens im Innern desselben Bahnen zu beschreiben, und diese Bahnen müssen sich auch dann zu Kreisen abrunden, wenn der Sternhaufen als Ganzes im Äther fortschreitet (das Gesagte gilt wenigstens, wenn der Sternhaufen die Form einer Linse oder eines Ringes, also eine gesetzmäßige konzentrische Anordnung der Sterne zeigt, was fast immer der Fall ist). Denn ein widerstehendes Mittel verkleinert die Exzentrizität nicht nur, wenn es ruht, sondern auch, wenn es eine fortschreitende Bewegung besitzt.

Die Dauer einer Eiszeit kann viele tausend Jahre betragen. Unter der Voraussetzung einer Geschwindigkeit von 20 km sec^{-1} würde unsere Sonne 500 Jahre brauchen, um einen Nebel von z. B. 1000 Erdweiten Radius zu durchschreiten. Wäre vielleicht die relative Geschwindigkeit 1 km sec^{-1}, so hätte sie den Nebel erst in 10000 Jahren durchschritten. Während einer solchen Zeitperiode kann die Eiszeit mit allen ihren Verwüstungen über die Erde hereingebrochen sein. Besonders für die paläozoische Eiszeit ergibt sich auf die genannte Weise die einfachste Erklärung. Denn wenn man nicht unsere Anschauung zugrunde legt, so ist es schwer einzusehen, wie auf der Erde eine Eiszeit entstehen konnte, als die Sonne wahrscheinlich noch zu den weißglühenden Fixsternen gehörte.

Unsere Erklärung der Eiszeiten der Erde ist mehr als eine bloße Vermutung. Nach oftmals wiederholten Bestimmungen schreitet die Sonne im Weltraume nach einem Punkte fort, dessen Rektaszension zwischen 260^{0} und 290^{0} und dessen Deklination zwischen -1^{0} und 45^{0} liegt. Das dieser Fläche im Rücken der Sonne entsprechende Gebiet schließt außer vielen kleineren Nebeln den großen Orionnebel ein, der mit seinen Verzweigungen nach Secchi über 30 Quadratgrade, d. s. 120 Vollmondsbreiten, ausfüllt. Nach den Untersuchungen Keelers entfernt sich die Sonne vom Orionnebel mit einer sekundlichen Geschwindigkeit von ungefähr 18 km. Wenn wir mit mehreren Geologen annehmen, daß die letzte Eiszeit 50000—100000 Jahre zurückliegt, so würde sich die gegenwärtige Entfernung des Nebels von der Sonne zu 190000—380000 Erdweiten berechnen. Diese Entfernung läßt sich mit derjenigen des Sternes α Centauri von der Sonne vergleichen, welche 250000 Erdweiten beträgt. Da die Dauer der Eiszeit auf ungefähr 25000 Jahre geschätzt wird, so erhielte man für die Dicke des Nebels an der durchschrittenen Stelle den Wert 100000 Erdweiten. Wenn unsere Vermutung der Wirklichkeit entspricht, so müßte sich hiernach für den Orionnebel eine Parallaxe von 1,05″ bis 0,4″ (die letzte Angabe bezieht sich auf die inneren und wahrscheinlich dichtesten Teile des Nebels) bestimmen lassen. Daß der Orionnebel nicht sehr weit von uns entfernt sein kann, darf noch aus zwei anderen Tatsachen geschlossen werden: Erstens ist er die bei weitem größte und glänzendeste Erscheinung unter den Nebeln, und zweitens läßt sich deutlich erkennen, daß hinter ihm stehende Sterne uns durch seine Nebelmassen hindurch ihr Licht zusenden und dadurch eine teilweise Absorption desselben erleiden (siehe Arrhenius, Kosm. Phys. S. 38). Sollte es in der Zukunft gelingen, die Parallaxe diffuser Nebelmassen, was allerdings mit großen Schwierigkeiten verbunden ist, zu bestimmen, und ergäbe sich dabei für den Orionnebel ein dem angegebenen nahe kommender Wert, so würde unsere Vermutung fast zur Gewißheit erhoben sein.

Natürlich läßt sich nur dann, wenn die Dichte und die chemische Zusammensetzung der Nebelmassen bekannt ist, die Größe ihrer Absorption bestimmen. Als Maßstab derselben könnte vielleicht die absorbierende

Kraft der Erdatmosphäre dienen. Wenn diese sich gleichförmig dicht bis zur Sonne erstreckte, so würde sich ihre Dichte zu $4 \,.\, 10^{-19}$ der Dichte des Wassers berechnen. Ein geringerer Wert braucht für die Dichte der Nebelmassen nicht angenommen zu werden. Mit der angegebenen Dichte würde z. B. die Sonne als homogene Kugel einen Radius von 7000 Erdweiten, d. s. 230 Neptunsweiten, besitzen, und die Dichte des Äthers würde nur ungefähr 1000 mal kleiner sein. Die von der Erdatmosphäre auf die Licht- und Wärmestrahlung der Sonne ausgeübte Absorption ist nun so beträchtlich, daß nur ungefähr die Hälfte der Strahlung die Erdoberfläche erreicht (Arrhenius, Kosm. Phys. S. 491 ff). Den Hauptanteil an der Absorption haben allerdings nicht die eigentlichen Gase der Atmosphäre selbst, sondern die ihr beigemengten Bestandteile, Staub, Wasserdampf und Kohlensäure. Nach den Versuchen Tyndalls sind die einfachen Gase Wasserstoff, Sauerstoff und Stickstoff für Wärmestrahlen fast vollkommen durchlässig; aber in größerer Dicke werden auch sie eine merkliche Absorption auszuüben imstande sein. Beim Sauerstoff steht dies fest, da im Absorptionsspektrum breite Streifen von ihm herrühren. Wenn nun auch Wasserstoff und Stickstoff nur in sehr geringem Grade adiatherman sind, so darf doch angenommen werden, daß die in den Nebeln ihnen beigemischten anderen Gase, an deren Existenz sich nicht zweifeln läßt, da sie sich im Spektrum der Nebel verraten (Eisen- und Magnesiumdämpfe und besonders die noch gänzlich unbekannte Gasart, welcher die sogen. Nebulosalinie 495,9 angehört), einen bemerkbaren Teil der Wärmestrahlung absorbieren können. Die Annahme völliger Diathermanität der Nebelmassen ist auch deswegen nicht gerechtfertigt, weil sich eine Absorption der Lichtstrahlen z. B. beim Orionnebel direkt nachweisen läßt und bei fast allen Gasen die Durchlässigkeit für Lichtstrahlen größer ist als die für Wärmestrahlen (Arrhenius, l. c. S. 503).

Noch aus einem anderen Grunde könnten Zweifel an der Richtigkeit unserer Erklärung der Eiszeiten auftauchen. Vielleicht wird mancher der Meinung sein, daß das Eindringen der Sonne in Nebelmassen keine Erniedrigung, sondern eine Erhöhung der Oberflächentemperatur der Erde zur Folge haben müsse, da die der Sonne nahen Nebelmassen von derselben angezogen würden, beim Eindringen in die Sonnenatmosphäre ähnlich wie die Sternschnuppen in der Erdatmosphäre zum Erglühen kämen und dadurch die Strahlungsintensität der Sonne vergrößerten. Hat man doch auch das Aufleuchten neuer Sterne, z. B. der Nova Aurigae, durch ein Eindringen derselben in kosmische Nebelmassen zu erklären versucht! Allein zwei Gründe stehen dieser Annahme entgegen:

1. Jedes aus unendlicher Entfernung auf die Sonnenoberfläche stürzende Kilogramm Masse erzeugt eine Wärmemenge von $4{,}5 \,.\, 10^7$ Grammkalorien (siehe z. B. Moulton, Cel. Mech. S. 56). Wenn sich die ganze Nebelmasse von der oben angenommenen Dichte $4 \,.\, 10^{-19}$, welche sich kugelförmig z. B. bis zur Saturnsbahn erstreckte, mit der Sonne vereinigte,

so würden, was sich leicht berechnen läßt, auf jedes Quadratzentimeter der Sonnenoberfläche 0,08 kg Masse fallen. Für die von einem Quadratzentimeter der Sonnenoberfläche in einer Minute ausgestrahlte Wärmemenge findet man, wenn 2,5 als Wert der Solarkonstante an der Grenze der Erdatmosphäre angenommen wird, $1,15 \,.\, 10^5$ Grammkalorien (vergl. Arrhenius, Kosm. Phys. S. 93); die in einem Tage von 1 qcm abgegebene Wärmemenge beträgt also $1,66 \,.\, 10^8$ Grammkalorien. Hiernach müßte die Sonne an jedem Tage die ganze bis zur Saturnsbahn reichende und täglich sich erneuernde Nebelmasse mit sich vereinigen, wenn ihre Wärmeausstrahlung auch nur um

$$\frac{0,08 \,.\, 4,5 \,.\, 10^7}{1,66 \,.\, 10^8} = \frac{1}{45},$$

d. s. $2,2\,^0/_0$ des ursprünglichen Wertes, zunehmen sollte. Aber selbst dieser geringe Wert ist noch viel zu groß, da eine tägliche Erneuerung aller bis zur Saturnsbahn sich erstreckenden Nebelmassen nicht stattfinden kann. Nur die Nebelmassen, welche nicht mehr als $\frac{1}{9}$ Erdweiten von der Sonne entfernt sind, vermag diese in einem Tage zu sich heranzuziehen; nach den für die Sonne geltenden Gesetzen des freien Falles ist nämlich ein größerer Weg ausgeschlossen. Eine Nebelmasse in der Nähe der Saturnsbahn würde sich der Sonne an einem Tage nur um 840000 km, d. i. nicht mehr als $\frac{1}{1700}$ ihrer Entfernung von derselben, nähern.

2. Soeben ist angenommen worden, daß der Nebel relativ zur Sonne ruhe. Weit ungünstiger gestalten sich jedoch noch die Verhältnisse, wenn auf die relative Geschwindigkeit der Sonne und des Nebels Rücksicht genommen wird. Bewegt sich die Sonne mit merklicher Geschwindigkeit im Nebel vorwärts, so können sich nur diejenigen Nebelmassen, welche unmittelbar auf ihrem Wege liegen, mit ihr vereinigen. Alle seitlich liegenden Massen werden, von der Sonne angezogen, hyperbolische Bahnen um dieselbe beschreiben und können sich daher nicht mit ihr vereinigen.

Nach allem Gesagten ist die Wahrscheinlichkeit, daß beim Eindringen der Sonne in Nebelmassen eine Erhöhung ihrer Temperatur eintritt, äußerst gering. Unsere Erklärung der Entstehung der Eiszeiten erweist sich also als eine wohlgegründete Hypothese.

Unser Sternhaufen. Der spiralige Urnebel, welcher für unser Sonnensystem vorausgesetzt wurde, kann als einer der kleinen Nebel angesehen werden, in welche das große Nebelgebilde, aus dem unser Sternhaufen entstand, zerfiel. Vielleicht hat er sich auch erst später entwickelt, als der Sternhaufen schon im großen und ganzen zur Ausbildung gekommen war. Jedem neu entstehenden Teilnebel wird, wie schon gesagt, in dem Sternensysteme allmählich die Stelle angewiesen, wo er sich, ohne den Bestand des Ganzen zu gefährden, bewegen kann. Auch wenn sich außerhalb des Sternhaufens, doch noch in verhältmäßiger Nähe desselben, ein neuer Nebel bildet, so zwingt ihn der Widerstand des Äthers, sich dem Sternhaufen von außen zu nähern.[1]) Er sinkt dann so weit zum Zentrum, bis seine Bahn eine Kreisbahn geworden und er als neues Glied dem Sternsysteme eingereiht ist. Damit ist keineswegs gesagt, daß jeder einzelne Stern sich in einer Kreisbahn bewegen müßte. Gewisse Sterne können, wenn sie sämtlich aus demselben Teilnebel entstanden sind, noch wieder ein sekundäres System bilden; dann aber gilt von diesem Systeme, daß es sich als Ganzes in einer kreisähnlichen Bahn bewegt. War doch einstmals auch unser Sonnensystem, als noch die Planeten und die Planetoiden leuchteten, ein solcher sekundärer Sternhaufen, der, aus größerer Nähe betrachtet, einen beträchtlichen Reichtum an Sternen aufwies.[2]) — Der Orionnebel ist wahrscheinlich im Begriffe, sich zu zersetzen. Der Andromedanebel scheint nicht zu unserem Sternhaufen zu gehören. Er hat in seinem Äußern bereits die charakteristische Form der ausgebildeten Sternhaufen angenommen; doch sind wahrscheinlich auch noch große Nebelmengen übrig geblieben, welche der weiteren Entwicklung harren; denn im Fernrohre zeigt sich neben den Sternen ein diffuser Nebelschimmer.

Die Zukunft unseres Planetensystems. Nachdem die ganze vorhergehende Betrachtung unseres Buches den vom Nebelzustande bis auf die Gegenwart durchlaufenen Entwicklungsgang unseres Planetensystems rekonstruiert hat, bleibt uns nun noch übrig, etwas über seine zukünftige Entwicklung zu sagen. Es unterliegt keinem Zweifel, daß, wenn

---

[1]) Hiermit stimmt sehr gut überein, daß nach den Untersuchungen Bauschingers über die Verteilung der Nebel und Sternhaufen die Nebel, außer den planetarischen, sich um die Pole der Milchstraße herum gruppieren, während die Sternhaufen und die planetarischen Nebel in der Nähe der Milchstraße liegen. Die planetarischen Nebel sind als spätere Entwicklungsprodukte der eigentlichen unregelmäßigen Nebelmassen schon in die Ebene der Milchstraße, welche näherungsweise auch die Symmetrieebene unseres Sternhaufens ist, hineingezogen worden; die soeben erst entstandenen Nebelmassen aber besitzen noch ihre ursprüngliche Lage.

[2]) Unserer Darstellung liegt die Annahme zugrunde, daß die meisten sichtbaren echten Gasnebel zu unserem Sternhaufen gehören, also uns verhältnismäßig nahe sind. Wir schließen dies daraus, daß sie bei dem schwachen Lichte, welches sie aussenden, uns unsichtbar bleiben würden, wenn sie, wie die meisten Sterne der Milchstraße, hunderte und tausende von Lichtjahren von uns entfernt wären. Daß eine Parallaxenbestimmung bei den Nebeln bis jetzt nicht ausgeführt werden konnte (für einen planetarischen Nebel hat man allerdings einen Wert zwischen 0,2″ und 0,4″ gefunden), berechtigt nicht, für sie eine sehr große Entfernung anzunehmen; denn erstens war selbst bei den Sternen eine Parallaxe nur in verhältnismäßig sehr wenigen (ungefähr 20) Fällen mit einiger Sicherheit zu bestimmen, und zweitens kann auch bei Nebeln, die zu unserem Sternhaufen gehören, wegen der großen Ausdehnung desselben die Parallaxe so klein sein, daß sie für unsere Instrumente innerhalb der Fehlergrenze fällt.

nicht durch fremde Einflüsse eine außergewöhnliche Störung in den Verhältnissen unseres Planetensystems hervorgerufen werden sollte, während unfaßbar langer Zeitperioden innerhalb desselben, da nachgewiesen worden ist, daß es Stabilität besitze, nur unbedeutende Veränderungen eintreten können. Solange die Sonne fortfährt, Licht und Wärme auszusenden, was noch hunderte Millionen von Jahren geschehen wird, kann also auch organisches Leben auf den Planeten bestehen. Was aber wird eintreten, wenn sich die Sonnenoberfläche mit einer Erstarrungskruste überzogen hat? Da die innere Wärme der Planeten nicht bedeutend genug ist, auf ihrer Oberfläche organisches Leben zu unterhalten, so muß es erlöschen; das Gefüge des Planetensystems bleibt jedoch bestehen; nur ist alles kalt, öde und tot. Für verhältnismäßig kurze Zeiten könnte das Leben auf einem erstorbenen Planeten später noch wieder aufflackern, dann nämlich, wenn, immer nach sehr langen Zeitperioden, der der Sonne nächste Planet, durch den Ätherwiderstand zur Annäherung an dieselbe gezwungen, ihre Oberfläche streift, sich mit ihr vereinigt und durch Umwandlung des größten Teiles seiner kinetischen Energie in Wärme die Sonnenoberfläche von neuem zum Aufleuchten bringt. Aber nach dem Einsturze des äußersten Planeten wird auch diese Wärmequelle versiegen und die ganze Masse unseres Sonnensystems, zu einem toten Körper vereinigt, ihre Bahn durch den Weltraum fortsetzen.

Dieser Ausblick in die Zukunft befriedigt uns sehr wenig. Wir sind gewohnt, auf unserem Planeten alles in fortwährender Entwicklung, Totes aus Lebendem und Lebendes aus Totem entstehen zu sehen und übertragen daher gern unsere uns lieb gewordenen Anschauungen auch auf andere Verhältnisse, auf welche sie vielleicht nicht anwendbar sind. Wir suchen nach Ursachen, welche im Himmelsraume den Anstoß zu neuen Entwicklungsmöglichkeiten der toten Weltkörper geben könnten. Moulton, Meyer („Weltschöpfung", Kosmos-Verlag), Arrhenius u. a. glauben, daß der Zusammenstoß zweier erloschener Weltkörper zu einer explosionsartigen Ausbreitung der fein zerstäubenden Materie in der Form eines Nebels führe und dadurch die Entwicklung einer neuen Sonnen- und Planetenwelt einleite. Sie berufen sich dabei auf die Tatsache, daß von Zeit zu Zeit neue Sterne aufleuchten, und daß mehrere Sterne, z. B. Arktur und Groombridge 1830, mit sehr großer Geschwindigkeit (mehr als 200 $\mathrm{km\,sec^{-1}}$) und scheinbar ganz regellos durch den Weltraum eilen. Was die erste Tatsache betrifft, so haben wir jedoch schon darauf aufmerksam gemacht (§ 7), daß das Aufleuchten neuer Sterne keineswegs durch einen Zusammenstoß mit einem andern Weltkörper erklärt zu werden braucht,[1]) sondern auch auf ein Durchbrechen der eben erst er-

[1]) Die Wahrscheinlichkeit, daß sich zwei Himmelskörper, die zu demselben System gehören, infolge des Ätherwiderstandes miteinander vereinigen und sich gegenseitig zu neuer Glut entfachen können, müssen wir allerdings zugeben und haben es oben auch bereits getan.

starrten Oberfläche des Sternes und ein Hervorquellen der inneren feurigen Massen zurückgeführt werden kann. Was die zweite Tatsache betrifft, so ist zu bedenken, daß unsere Kenntnis von den Eigenbewegungen der Sterne noch sehr beschränkt ist. Es wäre möglich, daß sich die scheinbar regellosen Bewegungen der Sterne, ähnlich wie die im Altertum und Mittelalter unverstandene Epizykelnbewegung der Planeten später auf die einfachste Weise gedeutet werden konnte, als Folge einer einfachen großen Gesetzmäßigkeit ergäben, welche die Sterne zu nicht minder abgemessenen Bahnen zwänge, wie die Planeten im Innern eines Planetensystems. Wie oben schon bemerkt wurde, hat sich auch bereits als wahrscheinlich herausgestellt, daß die meisten Sterne unseres Sternhaufens eine Art übereinstimmender Revolutionsbewegung besitzen. Die große Geschwindigkeit, welche für Arktur und andere Sterne im Visionsradius (nach dem Dopplerschen Prinzip), und senkrecht zu demselben (durch Beobachtung der Ortsveränderung und Bestimmung der Parallaxe des Sternes) berechnet worden sind, könnte immer noch eine solche sein, welche ihnen in einem sekundären System zukommt, dessen übrige Glieder uns noch unbekannt sind. Unser Sonnensystem bewegt sich z. B. mit 17 km sec^{-1} Geschwindigkeit fort; für einen fremden Beobachter würde aber der Planet Merkur als Stern innerhalb desselben eine Geschwindigkeit von 48 km sec^{-1} besitzen. Sind hiernach schon die von der Erklärung herangezogenen Tatsachen kaum geeignet, ihr als Anhaltspunkte zu dienen, so erscheint sie noch viel weniger glaubwürdig, wenn man sie einer exakten Prüfung unterwirft. Es läßt sich zeigen, daß durch den Zusammenstoß zweier Weltkörper niemals ein ausgedehnter Nebel nach Art der Spiral- oder der unregelmäßigen wolkenartigen Nebel entstehen kann (man vergleiche hierzu im § 7 den Abschnitt „Die einleitende Katastrophe“).

Fast in allen Fällen wird der Stoß kein zentraler sein. Wir untersuchen daher zunächst diesen Fall. Da die Weltkörper keine elastische Masse bilden, sondern als fast unelastisch zu bezeichnen sind, so werden sie sich beim Zusammentreffen ähnlich verhalten, wie zwei mit großer Kraft gegeneinander geworfene Lehmklumpen. Die aufeinander treffenden Teile der Klumpen halten sich gegenseitig in ihrer Bewegung auf, erwärmen und zertrümmern sich, der ganze übrige Teil aber wird, infolge der Trägheit seiner Masse, während der kurzen Zeit des Zusammentreffens nur wenig beeinflußt. Ehe sich die zerstörende Wirkung von den unmittelbar beim Stoße getroffenen Teilen durch die übrige Masse verbreitet, hat die Berührung schon wieder aufgehört. Die nicht aufeinander treffenden Teile werden also ihren Weg, vielleicht mit etwas verringerter Geschwindigkeit, fortsetzen. Wenn zwei Weltkörper von der Größe unserer Sonne aufeinanderstoßen, so besitzen sie im Augenblicke der Berührung mehr als 850 km sec^{-1} relative Geschwindigkeit. Da der Durchmesser der Sonne rund 1400000 km mißt, so werden beide Weltkörper höchstens 3300 Sekunden oder 55 Minuten miteinander in unmittelbarer Verbindung stehen. Während dieser kurzen Zeit vermag sich die Stoßwirkung nur eine verhältnismäßig kleine Strecke durch die vom Stoße nicht getroffenen Massen fortzupflanzen;[1]) diese werden also aneinander vorbeifahren und ihren Weg fortsetzen, sich aber nicht miteinander vereinigen. Die vom Stoße getroffenen Massen zermalmen sich gegenseitig, geraten in Glut und verflüchtigen sich teilweise. Wenn die Weltkörper im Innern noch nicht vollkommen erstarrt gewesen sind, so wird wahrscheinlich ihre ganze Oberfläche glühend, da ihre deformierten Massen sich wieder zu Kugeln umzubilden streben; in diesem Falle müssen sich die feurig flüssigen oder gasförmigen inneren Massen, welche, nachdem sie vorher unter einem Druck von vielen tausenden Atmosphären gestanden haben, plötzlich frei gelegt werden, durch ihre Entspannung, zusammen mit den zersprengten und verflüchtigten Teilen der erstarrten Oberfläche, zu bedeutenden Höhen erheben. Ist ihre Geschwindigkeit groß genug, so werden sie sich aus der Anziehungssphäre der beiden Weltkörper entfernen und als Kometen oder Meteore den Weltraum durcheilen. Bei geringeren Geschwindigkeiten werden sie sich als Nebel um die verwundeten Weltkörper herumlagern, auf dieselben zurückfallen, oder sich endlich in elliptischen Bahnen um sie herumbewegen (siehe Moultons dies Problem behandelnde Untersuchungen). Dann ist aber kein Nebel mit diffuser Nebelmaterie nach Art des Orionnebels, sondern es sind zwei Nebelsterne entstanden, d. s. Nebel, in deren Zentrum sich ein glühender fester oder flüssiger Kern befindet. Wenn die Geschwindigkeit der beiden Weltkörper durch den Stoß eine Einbuße erlitten hat, so brauchen sie sich nicht in allen Fällen[2]) wieder unendlich weit voneinander zu entfernen, sondern müssen sich nach einer gewissen Zeit wieder nähern, und da sie als unelastische Massen durch den ersten Zusammenstoß nur unbedeutend aus ihrer geradlinigen Bahn abgelenkt werden konnten, von neuem kollidieren. Durch den zweiten Zusammenstoß werden neue Teile der Oberfläche verflüchtigt und neue Teile des Inneren frei gelegt. Die sie umhüllenden Nebelmassen vergrößern sich also. Wenn sich dasselbe Spiel in der folgenden Zeit noch mehrfach wiederholt, so ist es möglich, daß beide

---

[1]) Erdbebenwellen pflanzen sich, wie viele Beobachtungen gezeigt haben, am schnellsten im Granit fort. Die Geschwindigkeit beträgt aber nur 3 km sec^{-1}; in 55 Minuten legt die Welle also 9900 km, d. i. noch nicht $\frac{1}{140}$ des Sonnendurchmessers, zurück. Auch dann würden sich immer noch sehr kleine Werte berechnen, wenn die mittlere Dichte der zusammenstoßenden Weltkörper bedeutend größer als die Dichte des Granits wäre. Setzte man sie z. B. der Dichte des Goldes gleich, so würden die Erschütterungswellen in einer Stunde noch nicht $\frac{1}{20}$ des Sonnendurchmessers durchlaufen.

[2]) Nur dann, wenn die durch das „Problem der 2 Körper" bestimmten, auf den Schwerpunkt der Massen bezogenen Bahnen nach dem Zusammenstoße hyperbolisch sein sollten, werden sie nicht zueinander zurückkehren.

Weltkörper, immer neue Teile als Nebel von sich stoßend und dadurch die kinetische Energie ihrer Zusammenstöße schwächend, endlich sich gegenseitig gleichsam aufzehren und zu einem einzigen Nebel verschmelzen. — Ein ähnlicher Endzustand dürfte auch dann entstehen, wenn beide Weltkörper mit zentralem Stoße aufeinander treffen. In diesem Falle werden die Weltkörper, wenigstens wenn sie ungefähr dieselbe Masse besitzen, gänzlich auseinander gesprengt, gehen jedoch dabei nicht vollkommen in den Nebelzustand über. Die Heftigkeit des Stoßes ist so groß und die Dauer desselben so kurz, daß der kinetischen Energie keine Zeit bleibt, sich vollständig in Wärme zu verwandeln. Sie bleibt teilweise als kinetische Energie erhalten, geht als solche in die Trümmermassen über und treibt diese nun nach allen Richtungen auseinander. Die zersprengten Massen kehren jedoch, wenn ihre Anfangsgeschwindigkeit nicht übermäßig groß war, zurück. Da der Ausgangspunkt ihrer Bahn dem Schwerpunkte des Systems sehr nahe liegt, so stürzen sie nach dem Schwerpunkte. Dabei kann es nicht ausbleiben, daß sie teilweise wieder aufeinander treffen; ein Teil der noch übrig gebliebenen kinetischen Energie verwandelt sich in Wärme; der andere Teil treibt die neu zersprengten Massen in den Weltraum zurück. Da sie aber durch die wiederholten Zusammenstöße immer mehr von ihrer kinetischen Energie verlieren und durch die in der Nähe des Schwerpunktes lagernden, sich mehr und mehr vergrößernden Nebelmassen eine immer stärkere Verzögerung erleiden, so wird die Energie des Stoßes immer schwächer, und man darf annehmen, daß sich die ganze kinetische Energie des ursprünglichen Stoßes (abzüglich derjenigen, welche von den nicht wiederkehrenden Massen dem System entzogen und derjenigen, welche als Wärme in den Weltraum ausgestrahlt wird) endlich in Wärme verwandelt habe. — Soweit ist die Erklärung nicht anfechtbar. Aber nun handelt es sich darum, festzustellen, welche physikalischen Eigenschaften der Nebel haben wird. Ist die kinetische Energie des Stoßes groß genug, beide Weltkörper in Nebelmaterie aufzulösen, oder bleibt im Innern derselben ein glühender flüssiger oder fester Kern zurück? Wie weit wird sich der Nebel ausdehnen? Mit Hülfe einer kleinen Rechnung wird es uns möglich sein, diese Fragen zu beantworten. Wir setzen dabei voraus, daß beide Weltkörper mit parabolischer Geschwindigkeit aufeinander treffen und nehmen der Einfachheit halber an, daß ihre Massen gleich groß und von gleicher Beschaffenheit seien. Außerdem machen wir die der fraglichen Hypothese sehr günstigen und weit entgegenkommenden Annahmen, erstens, daß von der kinetischen Energie des Stoßes nichts verloren gehe, und zweitens, daß die Weltkörper noch gasförmig seien und sich im adiabatischen Wärmegleichgewichte befinden. Unter dieser Voraussetzung schließen nämlich beide Massen ganz beträchtliche Wärmemengen ein; denn nach den Ritterschen Untersuchungen ist in einer adiabatischen Gaskugel mehr als $^4/_5$ der ganzen bei der Zusammenziehung der Gasmasse verloren gegangenen potentiellen Energie als Wärme aufgespeichert. Der Radius der beiden zusammenstoßenden Weltkörper sei r, ihre Masse m. Dann hat jeder bei der Zusammenziehung seiner Materie an potentieller Energie

$$1{,}99\,E = 1{,}99\,\frac{3\,k\,m^2}{5\,r}$$

eingebüßt (siehe S. 130). Von dieser Größe sind aber nur 18,7 $^0/_0$ wirklich verloren, da der übrige Teil als Wärme in der Masse aufgespeichert ist. Wenn von der kinetischen Energie des Zusammenstoßes nichts verschwinden soll, so muß die verloren gegangene potentielle Energie der beiden Weltkörper zusammen ebensogroß sein, wie diejenige, welche ihre vereinigte Masse eingebüßt haben würde, falls sich diese, anstatt erst zu 2 Weltkörpern zusammenzufließen, sogleich um ein einziges Zentrum konzentriert hätte. Wenn der Radius des entstehenden Nebels mit R bezeichnet und ferner angenommen wird, daß sich auch bei ihm der adiabatische Gleichgewichtszustand ausbilde, so besteht nach dem Gesagten die Gleichung:

$$2\,.\,0{,}187\,.\,1{,}99\,\frac{3\,k\,m^2}{r} = 0{,}187\,.\,1{,}99\,\frac{3\,k\,(2\,m)^2}{R}\,.$$

Aus ihr folgt $R = 2\,r$. Die Formel (23) des § 15:

$$\vartheta_0 = \frac{M\,\alpha\,\varrho^2}{R\,\mu\,A\,c_p}$$

bestimmt, daß die Mittelpunktstemperatur ϑ_0 einer adiabatischen Kugel ihrer Masse direkt, ihrem Radius umgekehrt proportional sei. Hiernach bleibt die Mittelpunktstemperatur des entstehenden Nebels ebenso groß wie die der beiden zusammenstoßenden Weltkörper, d. h. es tritt weder ein Gewinn, noch ein Verlust an Wärmeenergie ein. Die ganze kinetische Energie des Stoßes verwandelt sich, indem sie die Nebelmassen auseinander treibt, in potentielle Energie. Trotz des Gewinnes an potentieller Energie bleibt der entstehende Nebel jedoch sehr klein. Sein Radius beträgt nach unserer Rechnung nur das Doppelte des Radius der zusammenstoßenden Weltkörper. Wenn wir nun, was nach unseren früheren Auseinandersetzungen erforderlich ist, die Annahme des adiabatischen Gleichgewichtszustandes für die ausgebildeten Weltkörper fallen lassen, so wird das Resultat doch ganz ähnlich lauten, da auch in dem Falle, wo eine Maximaltemperatur besteht und diese von den Mittelpunktstemperaturen der zusammenstoßenden Körper erreicht wird, nach dem Zusammenstoße ein Gewinn an Wärmeenergie nicht eintreten kann. Die ganze kinetische Energie des Stoßes muß sich also in potentielle Energie verwandeln. Auch unter der Voraussetzung einer Maximaltemperatur dürften die Dimensionen des entstehenden Nebels daher kaum mehr als das Doppelte der Dimensionen der aufeinander stoßenden Weltkörper betragen. Diese Werte sind aber so klein, daß die entstehenden Nebel auf keine Weise mit den beobachteten, ausgedehnten diffusen Nebelmassen in Vergleichung gebracht werden können. Sie dürfen daher auch nicht als neue Nebel, bei denen das Spiel der Weltenbildung von neuem seinen Anfang nehmen könnte, ausgegeben werden.

Es ist noch eine Möglichkeit vorhanden, welche einen toten Weltkörper zu neuem Leben erwecken und auch ein neues Planetensystem ins Dasein rufen könnte (siehe jedoch weiter oben den Abschnitt „Die Eiszeiten" usw.). Es ist denkbar, daß ein Weltkörper in einen Nebel eintritt, den größten Teil der Nebelmaterie um sich herum konzentriert und die weiter entfernten Massen in Planeten verwandelt. Bei mehreren neuen Sternen, z. B. bei Nova Aurigae, nimmt man als Ursache ihres Aufleuchtens ein solches Eindringen in Nebelmassen an. Aber das Dasein des Nebels wird bei dieser Erklärung als Faktum hingenommen; seine Entstehung bleibt unerklärt. Durch die Erklärung ist daher im Grunde nur wenig gewonnen; denn ebensogut, wie der Nebel durch den in ihn eindringenden Weltkörper zur Entwicklung gezwungen wird, ebensogut würde er sich auch ohne ihn entwickeln, nur bedeutend langsamer. Einen kleinen Vorteil bietet diese Erklärung nur demjenigen, der mit Befriedigung wahrnimmt, daß ein toter Weltkörper wieder zu neuem Leben erweckt werden könne.[1])

---

[1]) Man könnte sich zu dem Versuche verleiten lassen, auf die angedeutete Weise für die Entstehung unseres Planetensystems eine Erklärung zu konstruieren, indem man folgende Annahmen machte: „Unsere Sonne drang, vielleicht als er- „starrter Weltkörper, in einen Nebel ein, zwang die ihr nahen Nebelmassen zum „Falle nach ihrem Zentrum und erhitzte sich dadurch so sehr, daß sie von „neuem glühend wurde. Die weiter entfernten Nebelmassen brachte sie nicht „mit sich zur Vereinigung, zog dieselben aber, da sie im Nebel eine nur geringe „Geschwindigkeit besaßen, in stark elliptischen Bahnen an sich heran. Die „große Exzentrizität wurde durch den Widerstand der der Sonne näheren Nebel- „massen oder auch durch den Widerstand des Äthers allmählich aufgehoben. „Der gegenwärtige Bahnradius der Planeten ist hiernach nur ein kleiner Bruch- „teil der ursprünglichen Entfernung ihrer Massen vom Nebelzentrum." Dieser Theorie, welche sich, wie gesagt, auf die Tatsache des Aufflammens neuer Sterne im Innern von Nebelmassen berufen darf, und die sich außerdem durch ihre Einfachheit empfiehlt, steht folgendes entgegen:

1. Die wenig voneinander abweichende Lage der Planetenbahnen erklärt sich nur durch 2 Annahmen:
   a) der Nebel hatte die Form einer sehr flachen Scheibe, war also ein Spiralnebel;
   b) die Sonne näherte sich dem Nebel genau in der Ebene der Scheibe.

   Gegen die erste Annahme ist nichts einzuwenden; die zweite ist sehr hypothetisch.
2. Auch die übereinstimmende Revolutionsrichtung der Planeten erklärt sich nur durch 2 Annahmen:

Daß man das Aufleuchten neuer Sterne nicht als den Anfang einer neuen Weltentwicklung ansehen dürfe, lehrt endlich noch folgende Betrachtung. Nach Arrhenius wird durchschnittlich in jedem Jahre ein neuer Stern gefunden. Die Novae bleiben aber in den allermeisten Fällen nicht als Stern oder Nebel bestehen, sondern leuchten nur kurze Zeit. Bei einigen beträgt die Lebensdauer nur einige Wochen, andere leuchten mehrere Jahre. Alle übrigen am Himmel sichtbaren Sterne sind jedoch

---

a) die Nebelmassen besaßen so gut wie keine eigene (Rotations-)Bewegung;

b) die Sonne ging außerhalb des Nebels an demselben vorbei.

Denn wenn die Sonne den Nebel durchschritt, so mußten die Nebelmassen auf der einen Seite ihrer Bahn sie in entgegengesetzter Richtung umkreisen, als die Massen auf der andern Seite. An dieser Tatsache wird auch dann nichts wesentliches geändert, wenn die eigene (Rotations-)Geschwindigkeit der Nebelmassen gegenüber der Fortschreitungsrichtung der Sonne im Innern des Nebels nicht vernachlässigt werden dürfte; es bliebe sogar zweifelhaft, ob auch, selbst in dem Falle, wo die Sonne an dem Nebel vorbeiginge, die entstehenden Revolutionsrichtungen stets dieselben würden.

3. Drang die Sonne nicht in den Nebel ein, so war keine zerstreute Materie vorhanden, welche die stark exzentrischen Planetenbahnen in Kreise umzuformen vermöchte. Dem Äther allein darf man die behauptete Wirkung nicht zuschreiben.

4. Da die mit der Sonne sich vereinigenden und sie erhitzenden Nebelmassen nicht senkrecht auf sie herunterfielen, sondern seitwärts, nach derselben Richtung wie die Planetenmassen, abgelenkt wurden, ihre Oberfläche also mit schiefem Stoße trafen, so mußte die kinetische Energie dieser Stöße zu einer Rotationsbewegung der Sonne im Sinne der Revolutionsbewegung der Planeten Komponenten liefern. Die angegebenen Nebelmassen mußten ferner, da sie der Sonne einen solchen Gewinn an potentieller und Wärmeenergie erteilten, daß sie Jahrmillionen hindurch bis zur Gegenwart ihren Wärmeverlust zu decken vermochte, eine beträchtliche Masse besitzen, also auch die Rotationsenergie der Sonne bedeutend vergrößern. Die Rotationsenergie der Sonne ist jedoch sehr klein. Um den Widerspruch zu heben, müßte man die ebenfalls sehr hypothetische Annahme machen, daß die Sonne vor dem Vorbeigange an dem Nebel ungefähr in der umgekehrten Richtung rotierte als jetzt und dabei eine große Rotationsenergie besaß, daß diese aber allmählich aufgehoben und die Rotation endlich sogar in die entgegengesetzte verwandelt wurde.

5. Nach unserer Auseinandersetzung in dem Abschnitte „Die Eiszeit" (S. 203) ist es sehr unwahrscheinlich, daß sich die Sonne durch ein Eindringen in eine Nebelmasse beträchtlich zu erhitzen vermochte. Die Nebelumhüllung eines neuen Sternes dürfte zu seinem Aufleuchten nur auf die Weise in ein kausales Verhältnis zu bringen sein, daß man die Entstehung des Nebels auf das Aufleuchten des Sternes, anstatt umgekehrt das Aufleuchten des Sternes auf ein Eindringen desselben in Nebelmassen, zurückführte.

Nimmt man alles zusammen, so erscheint die kritisierte Theorie sehr wenig glaubwürdig.

anderer Art. Sie strahlen unmeßbare Zeitperioden hindurch mit unvermindertem Glanze, können also nicht wie die Novae entstanden sein. —

Unsere Überlegungen zeigen, daß die Entwicklung der Himmelskörper immer nur in einer bestimmten Richtung stattfinde, indem sie sich als ein Streben nach Konzentration, nach Anhäufung der Materie in Zentren von immer größerer Masse äußert, daß sie zwar gelegentlich einmal, bei Zusammenstößen zweier Weltkörper, auf eine frühere Stufe zurückversetzt werden könne, daß aber eine völlige Rückbildung der Weltkörper in diffuse Nebelmassen ausgeschlossen sei. Wie stellt sich nun die Wirklichkeit zu dieser Folgerung? Steht sie nicht in schroffem Widerspruche zu unserer Darstellung? Hätten nicht, da doch schon eine Ewigkeit abgelaufen ist, alle Entwicklungsmöglichkeiten erschöpft und die Welt längst am Ende ihrer Entwicklung angelangt sein müssen? Leuchten aber nicht noch Millionen von Sonnen? Gibt es nicht noch eine Unzahl von Nebeln, die erst am Anfange der Entwicklung zu leuchtenden Sonnen stehen? Woher stammen sie? Von Anfang an können sie nicht gewesen sein, da sie sich sonst längst zu Sonnen hätten umbilden müssen. Ebensowenig ist es denkbar, daß sie aus immer neu zusammenfließenden, den Weltäther durchsetzenden Massen entstehen; denn auch dieser Prozeß hätte, da ein begrenzter Teil des unendlichen Raumes immer nur eine endliche Menge Materie enthält, in der unendlichen Vergangenheit längst beendet sein müssen. Zwingt das Dasein der Nebel uns deswegen nicht, eine Neubildung derselben zu postulieren? Aber wollen wir dies gegen unsere bessere Überzeugung tun? Lehrt uns nicht auch der 2. Hauptsatz der Wärmetheorie, daß die Zustände unserer Welt asymptotisch einem Endzustande zustreben, in welchem alle Wärmegegensätze ausgeglichen sind und der also keine neuen Entwicklungsmöglichkeiten mehr in sich schließt? Daß unsere Schlüsse falsch seien, erscheint uns ausgeschlossen, und doch straft jeder Stern uns Lügen. Gibt es einen Ausweg aus dieser Wirrnis?[1] — Von Fr. Pfaff („Entwicklung der Welt" S. 210) ist ein Ausweg angegeben worden. Ebenso wie wir über die noch immer fortbestehende Entwicklung der Welt sich wundernd, kommt er zu dem Schlusse, daß ihre vergangene Entwicklungszeit eine begrenzte und daß folglich ein Urheber, ein Schöpfer angenommen werden müsse, der zu einer Zeit durch sein allmächtiges „Es werde!" das Weltenrad in Gang gesetzt habe. Wir wählen einen andern Ausweg. Wir sind der Überzeugung, daß die Entwicklung, welche der Mensch sieht und sich in seinem

[1]) Von zukünftigen Aufschlüssen auf dem Gebiete der Radioaktivität der Körper eine Lösung des Problems zu erhoffen, wie Prof. See es tut, halten wir für gänzlich aussichtslos. Die auf Blaise Pascal (Pensées) zurückgehende Vermutung, daß die Weltkörper, wenn sie sämtlich erkaltet und erstarrt seien, sich zu lebensfähigen Gebilden höherer Ordnung, ähnlich wie die Atome zu den Körpern unserer Welt, zusammensetzen möchten, ist zwar sehr phantasievoll, aber dem exakten naturwissenschaftlichen Denken nicht recht angepaßt.

Denken konstruiert, fälschlich als eine absolute, von seinem Denken unabhängige betrachtet werde. Wenn wir uns des idealistischen Charakters unseres ganzen Erkennens und der Erkenntnisgegenstände, zu denen als Wahrnehmungen alles, Erde, Sonne und die unendliche Sternenwelt, gehört, bewußt werden, wenn wir uns klar machen, daß alle diese Dinge doch nur in unserem Intellekt ein Dasein führen, und wenn wir uns endlich mit unserem großen Philosophen Kant darauf besinnen, daß der unendliche Raum, in welchem sie geordnet sind, und die unendliche Zeit, durch welche wir rückwärts und vorwärts ihre Entwicklung verfolgen, nichts anderes als Anschauungsformen des animalischen Erkennens sind, so werden wir nicht mehr fragen, wozu sich alle diese Dinge entwickeln, wenn einmal, nach Erkaltung der Sonne, kein Wesen mehr auf der Erde lebt, in dessen Denken sich eine solche Entwicklung darstellt. Denn mit dem Tode des letzten erkennenden Wesens sinken Raum und Zeit und mit ihnen alle Sonnen und Welten in sich zusammen, und es bleibt nichts, als das, was ewig ist, das raum- und zeitlose Urwesen, welches uns und durch uns die ganze Welt in sich trägt, und welches in anderen Erkenntnisformen neue Welten aus sich herausgebären mag, wenn sich die Entwicklungsmöglichkeiten dieser Welt ausgelebt haben.